生物有機化学入門

奥 忠武・北爪智哉・中村 聡・西尾俊幸・河内 隆・廣田才之／著

講談社サイエンティフィク

執 筆 者 一 覧 (カッコ内は執筆分担)

奥　　忠武　日本大学大学院生物資源科学研究科
　　　　　　（2.3）
北爪　智哉　東京工業大学名誉教授
　　　　　　（2.2, 2.4, 2.5, 3.2, 3.3）
中村　　聡　東京工業大学大学院生命理工学研究科
　　　　　　（2.6, 3.1, 3.5）
西尾　俊幸　日本大学大学院生物資源科学研究科
　　　　　　（2.1, 3.4）
河内　　隆　元日本大学大学院生物資源科学研究科
　　　　　　（1.1～1.5）
廣田　才之　日本大学名誉教授
　　　　　　（1.1～1.5）

序　文

「生物有機化学（Bio-Organic Chemistry）」は有機化学の手法や考え方で生物をとらえ研究する学問である．10年前の1996年春に(株)講談社から「生物有機化学概論」を出版し，9刷を重ねることができた．

この10年間の「生物有機化学」に関係する研究分野ではデータベースの充実により情報量が巨大化し，また，同時に質である精度・正確度ならびに解析の速さは，新しい手法や，田中耕一（2002年ノーベル化学賞）氏の開発したMALDI-TOF質量分析機に代表されるような機器の出現に負うところが大きい．たとえば，生物有機化学で常用する生体分子の立体構造（3D）についてPDB（Protein Data Bank）上の数を調べてみると，その進展ぶりは一目瞭然である．前書を著した1996年当時は合計5,240分子であったが，4年後の2000年では14,063分子，さらに2005年6月末の時点では32,104分子と急激な増大ぶりである．

近年これらの生体分子のデータや情報の巨大化と相まって，「生物情報科学（Bioinformatics）」や「システム生物学（System Biology）」という新しい学問も台頭してきている．すなわち，本書の著者のうち3人が加わった「生物有機化学概論」を著してわずか10年であるが，「生物有機化学」という学問のおかれている状況が大きく変化し，各項目にわたって補充や再構成すべき部分が目につくようになってきた．このような経緯から，新しい著者にも加わっていただき前書の内容を再吟味し，その後の進歩も取り入れ，新しい時代に即した「入門書」として新たに発行するに至った．

本書は新しい時代の流れを考え，次の特徴と構成をもつようにした．

1)　生物，化学，理工学，生物資源科学，農学，医学，薬学，食品化学，環境学など生物と直接かかわりをもつ読者層はもとより，必ずしも生物と直接かかわりの多くない純工学系などの方々が部分的に読まれても理解できるよう，図表や分子構造をできるかぎり多く用いるように努めた．

2)　「生物有機化学」を短期間で系統的にも，また断片的に興味ある特定の項目を選んでも十分に理解できるように，まず最小限の有機化学（第1章）を述べたのち，次に生体物質の化学（糖質，脂質，タンパク質，酵素，核酸など）（第2章）と生命現象の化学（代謝，情報伝達や免疫など）（第3章）について述べ

序文

てある．なお，研究の進歩が比較的急速でないビタミンの項は，前著書の原稿の大半を活用させていただいた．

3) 「生物有機化学」の重要な基礎事項をできるかぎり平易に記述するだけでなく，立体化学，質量分析やX線解析など最新の分析技術，糖鎖工学，酵素を用いる有機合成反応，プロテオミクス，遺伝子工学，情報伝達と受容体，免疫化学など最近の話題も取り上げてある．

4) 最新の話題については，「コラム」欄を各章に設け，興味を深めるとともに基本事項の重要性も認識できるようにしてある．さらにノーベル賞と関連づけて学べるように，巻末に化学賞と生理医学賞を掲載した．

21世紀の「生物有機化学」分野の最重要課題は，分子や細胞の構造と機能の解明といわれている．生体分子の調整法は，合成化学に加えて，1974年のバイオテクノロジーの出現により一変した．生体分子の構造や性質などの解析法は，コンピューターと機器の精密・高度化に伴い，より微視的な方向と，逆に過多ともいえるデータ・情報の蓄積により巨大科学が生み出されるという巨視的方向とが，ともに宇宙の膨張のように拡大されている．そのために，この分野に携わる者は多難な時代ともいわれている．しかしながら，情報過多の問題は，しょせん人間が入力したものであり，使用者の取捨選択の問題につきるといえる．また，自然科学全体がこのように微視化と巨視化の両方向に膨張し混沌とするこの時代にこそ，とりわけ生命科学やその関連分野では，「生物有機化学」の必要性と重要性がいっそう増すものと確信している．

この入門書が，これから「生物有機化学」や生命科学を学ぼうとする学生・若者にとってお役に立てば著者一同望外の喜びである．

本書刊行のさきがけとなった「生物有機化学概論」の執筆では，東京工業大学名誉教授 掘越弘毅先生，島根大学名誉教授 平山修先生，前日本獣医畜産大学非常勤講師 西田恂子先生に大変お世話になりました．ここに記して，心から感謝を申し上げたい．

終わりに，本書の構成に適確なご助言を賜った東京工業大学大学院生命理工学研究科の大倉一郎教授にお礼を申し上げたい．また，本書の出版・編集に格別のご尽力をいただいた(株)講談社サイエンティフィクの太田一平氏に謝意を表する．

2006年1月

著 者 一 同

目　　次

序　文 ·· v

1　有機化学の基礎 ·· 1
1.1　生物有機化学の概念 ·· 1
1.2　有機化合物の構造と官能基 ·· 2
1.2.1　炭素骨格による分類 ·· 4
1.2.2　官能基による分類 ··· 7
1.3　有機化合物の反応 ··· 14
1.4　有機化合物の異性体 ·· 15
1.4.1　構造異性体 ·· 16
1.4.2　立体異性体 ·· 16
1.5　生体関連物質の分離と分析 ·· 24
1.5.1　抽出と分離・精製 ·· 24
1.5.2　同定のための機器分析 ··· 25

2　生体物質の化学 ·· 35
2.1　糖質の化学 ··· 35
2.1.1　糖質の定義と分類 ·· 35
2.1.2　糖質の構造と性質 ·· 36
2.1.3　複合糖質と糖鎖生物学・糖鎖工学 ··· 47
2.2　脂質の化学 ··· 53
2.2.1　中性脂質と油脂 ·· 54
2.2.2　複合脂質 ·· 54
2.2.3　脂質の機能 ·· 56
2.3　タンパク質の化学 ··· 57
2.3.1　アミノ酸の定義，構造と性質 ·· 57
2.3.2　ペプチドの構造と性質 ··· 67
2.3.3　タンパク質の定義と分類 ··· 70

目 次

- 2.3.4 タンパク質の構造と性質 …………………………………71
- 2.3.5 金属タンパク質による酸素運搬・貯蔵と電子伝達 ……87
- 2.3.6 プロテオミクス …………………………………………90
- 2.4 酵素の化学 ……………………………………………………92
  - 2.4.1 酵素の定義と分類 ……………………………………92
  - 2.4.2 触媒としての特性 ……………………………………95
  - 2.4.3 酵素の活性中心 ………………………………………96
  - 2.4.4 誘導効果 ………………………………………………98
  - 2.4.5 反応の機構 ……………………………………………98
  - 2.4.6 酵素を用いる有機合成反応 …………………………101
- 2.5 ビタミンの化学 ………………………………………………109
  - 2.5.1 ビタミンの定義と分類 ………………………………109
  - 2.5.2 ビタミンの化学構造と作用機構 ……………………110
- 2.6 核酸の化学 ……………………………………………………118
  - 2.6.1 核酸の定義と分類 ……………………………………118
  - 2.6.2 遺伝子としての DNA …………………………………120
  - 2.6.3 DNA の立体構造と物理化学的性質 …………………121
  - 2.6.4 DNA の自己複製 ………………………………………124
  - 2.6.5 RNA を介した遺伝情報の発現 ………………………125
  - 2.6.6 遺伝子工学を支える基盤技術 ………………………128
  - 2.6.7 遺伝子工学の応用 ……………………………………132

3 生命現象の化学 …………………………………………………137

- 3.1 細胞構造に基づく生物の分類と進化 ………………………137
  - 3.1.1 細胞の構造と機能 ……………………………………137
  - 3.1.2 生物の分類と進化 ……………………………………140
- 3.2 自由エネルギー ………………………………………………143
- 3.3 代謝回路 ………………………………………………………144
  - 3.3.1 生体物質の代謝 ………………………………………144
  - 3.3.2 糖質の代謝 ……………………………………………145
  - 3.3.3 脂質の代謝 ……………………………………………148
  - 3.3.4 クエン酸回路 …………………………………………149
  - 3.3.5 物質代謝とエネルギー ………………………………150
  - 3.3.6 ATP の生成と貯蔵 ……………………………………152
  - 3.3.7 電子伝達系 ……………………………………………152

3.3.8　プロトンポンプ機構 ……………………………………………154
3.4　生化学的情報伝達 …………………………………………………………155
　　3.4.1　情報伝達物質と受容体 …………………………………………155
　　3.4.2　ホルモン …………………………………………………………157
　　3.4.3　神経伝達物質 ……………………………………………………163
　　3.4.4　アゴニストとアンタゴニスト …………………………………166
3.5　免疫の化学 …………………………………………………………………169
　　3.5.1　免疫の機構 ………………………………………………………169
　　3.5.2　抗体の構造と多様性 ……………………………………………170
　　3.5.3　モノクローナル抗体とハイブリドーマ ………………………173
　　3.5.4　抗体の応用 ………………………………………………………176

参　考　書 …………………………………………………………………………181
付　　　録 …………………………………………………………………………183
索　　　引 …………………………………………………………………………191

コラム一覧

- サリドマイドの光と影 ……………………………………………23
- 失敗は成功のもと …………………………………………………31
- 特定保健用食品としてのオリゴ糖 ………………………………42
- 牛海綿状脳症（BSE） ……………………………………………79
- アルツハイマー病（Alzheheimer's disease） …………………85
- 有機フッ素化合物を合成する酵素 ………………………………107
- 抗体触媒の作用を利用するドラッグデリバリー
  システム …………………………………………………………108
- ゲノムは生命の設計図 ……………………………………………135
- クローン技術 ………………………………………………………142
- 情報伝達物質としてのNOとバイアグラ ………………………156
- 神経ガス・サリンによる急性中毒 ………………………………165

1章　有機化学の基礎

1.1　生物有機化学の概念

　本書のタイトルにある「生物有機化学」とは，生体を構成する成分や，生物が吸収・排出する物質を対象とし，さまざまな生命現象を有機化学の観点から研究を行う学問分野である．

　有機化合物は人間の生活と非常に密接なかかわりをもっているのは言うまでもないであろう．たとえば，生命体の構成物質であるタンパク質，炭水化物，脂質，核酸や生体反応をつかさどる酵素，ホルモン，ビタミン類などは有機化合物である．また，われわれの身の回りは，食品，衣類，フィルム，プラスチック，石鹸，香料そして医薬品など，さまざまな有機化合物で満ちあふれている．有機化合物の定義は，生物の構成成分とその関連物質，およびその起源が生命体である石炭や石油から作られる炭素化合物の総称とされており，無機化合物とは性質が大きく異なっている（表1.1）．

表 1.1　有機化合物と無機化合物の相違点

	有機化合物	無機化合物
含有元素種	炭素(C)，水素(H)，酸素(O)，窒素(N)のほか，硫黄(S)，リン(P)，ハロゲン(Cl, Br, I, F)など	周期表上の元素
種類	50万種以上	3万種程度
性質	一般に沸点，融点が低い	一般に沸点，融点ともに高い
	燃焼すると水と二酸化炭素を生ずる	不燃性のものが多い
溶解性	水に溶けにくいものが多い	水によく溶ける
	有機溶媒に溶けやすい	有機溶媒には溶けにくい

　さて，有機化合物とは，1800年代のはじめには，生物という有機体から得られる物質を指していた．また，このような物質は生命の力を借りなければ生成させることができないと信じられていた．ところが，1828年ウェーラー(F. Wöhler)は，シアン酸アンモニウム(NH_4OCN)を作る目的で，シアン酸カリウム($KOCN$)と硫酸アンモニ

1

ウム（$(NH_4)_2SO_2$）の混合水溶液を加熱させたところ，偶然に，尿から無色の結晶としてすでに知られていた尿素（NH_2CONH_2）が生成されることを見いだした（(1.1)，(1.2) 式）．現在，尿素は (1.3) 式のように工業生産されるが，生体内では酵素反応により合成（生合成）されている．

$$2\,KOCN + (NH_4)_2SO_4 \xrightarrow{\text{加熱}} K_2SO_4 + 2\,NH_4OCN \qquad (1.1)$$

$$NH_4OCN \xrightarrow{\text{異性化}} NH_2CONH_2 \qquad (1.2)$$

$$CO_2 + 2\,NH_3 \xrightarrow{\text{加熱，高圧}} NH_2CONH_2 \qquad (1.3)$$

すなわち，有機化合物の生成には「生物の生命力」を必要としないという大発見に至ったのである．したがって，現在では，有機化合物とは炭素原子（C）を含む物質を指している．

1953 年ミラー（S. L. Miller）は，原始大気モデル（水素ガス（H_2），メタンガス（CH_4），アンモニアガス（NH_3），水蒸気（H_2O）の混合気体）を循環させながら，放電による火花を与えることによって，アミノ酸や尿素などの有機化合物が生成することを見いだした．次いで，オパーリン（A. I. Oparin）は化学物質の進化によって生命が発生するという説を発表し，1955 年には，赤堀四郎がホルムアルデヒド（HCHO），アンモニア（NH_3），シアン化水素（HCN）から作られるアセトニトリルを重合・加水分解してできるポリグリシンが原始タンパク質の前駆体であるという説を唱えた．このように，有機化合物の存在と生命の進化とは深く関連しており，さまざまな生命活動を有機化学の観点から研究を進める生物有機化学の研究分野は，非常に重要であることが理解できるだろう．

1.2　有機化合物の構造と官能基

有機化合物は，炭素原子（C）に水素原子（H），酸素原子（O），窒素原子（N）などが結合することにより，さまざまな構造をとることができる．有機化合物の化学的性質や反応性を決定する原子団を官能基といい，表 1.2 のようなものがある．有機化合物を官能基の種類で分類する方法は，生体を構成する有機化合物の性質を理解するうえで重要となる．また，メチル基やエチル基のようなアルカンを含む置換基の総称をアルキル（alkyl）基とよび，フェニル基のようなベンゼン環を含む置換基の総称をアリール（aryl）基とよぶ．

表1.2 さまざまな官能基と有機化合物の例

官能基名称	記号	構造	有機化合物の例	
ハロゲン	$-X$	$-X$	クロロメタン	CH_3Cl
ヒドロキシル基（水酸基）	$-OH$	$-OH$	エタノール	CH_3CH_2OH
			フェノール	C₆H₅-OH
アルデヒド基	$-CHO$	$-C(=O)H$	アセトアルデヒド	CH_3-CHO
ケトン基（RCOR′(R,R′は炭化水素基)またはその誘導体に含まれる）	$>CO$	$>C=O$	アセトン	$CH_3-CO-CH_3$
カルボキシル基	$-COOH$	$-C(=O)OH$	酢酸	CH_3-COOH
アミノ基	$-NH_2$	$-NH_2$	アニリン	C₆H₅-NH₂
ニトロ基	$-NO_2$	$-NO_2$	ニトロベンゼン	C₆H₅-NO₂
ニトロソ基	$-NO$	$-N=O$	ニトロソアニリン	H_2N-C₆H₄-NO
ニトリル基（シアノ基）		$-C\equiv N$	アセトニトリル	CH_3CN
エーテル結合	$R-O-R'$	$R-O-R'$	ジエチルエーテル	$CH_3CH_2-O-CH_2CH_3$
エステル結合	$-COOR$	$-C(=O)OR$	酢酸エチル	$CH_3-C(=O)OCH_2CH_3$
ジアゾ結合	$X-N=N-X$	$X-N=N-X$（同一原子に結合）	塩化ベンゼンジアゾニウム	C₆H₅-N=N-Cl
スルホン酸基	$-SO_3H$	$-S(=O)_2-OH$	ベンゼンスルホン酸	C₆H₅-SO_3H
アセチル基	$-COCH_3$	$-C(=O)-CH_3$	アセチルサリチル酸（アスピリン）	アスピリン構造
メチル基	$-CH_3$	$-CH_3$		
エチル基	$-C_2H_5$	$-CH_2-CH_3$		
フェニル基	$-C_6H_5$	$-C_6H_5$	トルエン	C₆H₅-CH_3
ペプチド結合	$-CONH-$	$-C(=O)NH-$	ジペプチド	$R-CH(NH_2)-CO-NH-CH(R')-COOH$

1 有機化学の基礎

一方，有機化合物を炭素原子の骨格構造から分類すると，図1.1に示すように，いくつかのグループに分かれる．

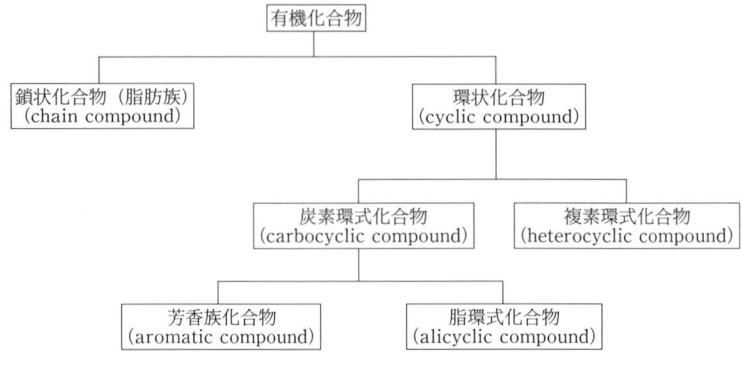

図1.1 有機化合物の炭素骨格による分類

1.2.1 炭素骨格による分類

A. 脂肪族化合物

炭素と水素だけから成る鎖状の有機化合物を脂肪族炭化水素 (aliphatic hydrocarbon) といい，メタンなどのアルカン (alkane，表1.3)，エチレンなどのアルケン (alkene，表1.4)，アセチレンなどのアルキン (alkyne，表1.5) に分類される．

表1.3 アルカン (C_nH_{2n+2})

炭素数	構造	名称(英語)	置換基名(英語)	沸点*(℃)	融点(℃)
1	CH_4	メタン (methane)	メチル (methyl)	−161.5	−182.5
2	CH_3-CH_3	エタン (ethane)	エチル (ethyl)	− 89.0	−183.6
3	$CH_3-CH_2-CH_3$	プロパン (propane)	プロピル (propyl)	− 42.1	−187.7
4	$CH_3-(CH_2)_2-CH_3$	ブタン (butane)	ブチル (butyl)	− 0.50	−138.3
5	$CH_3-(CH_2)_3-CH_3$	ペンタン (pentane)	ペンチル (pentyl)	36.1	−129.7
6	$CH_3-(CH_2)_4-CH_3$	ヘキサン (hexane)	ヘキシル (hexyl)	68.7	− 95.3
7	$CH_3-(CH_2)_5-CH_3$	ヘプタン (heptane)	ヘプチル (heptyl)	98.4	− 90.7
8	$CH_3-(CH_2)_6-CH_3$	オクタン (octane)	オクチル (octyl)	125.7	− 56.8
9	$CH_3-(CH_2)_7-CH_3$	ノナン (nonane)	ノニル (nonyl)	150.8	− 51.0
10	$CH_3-(CH_2)_8-CH_3$	デカン (decane)	デシル (decyl)	174.0	− 29.7
11	$CH_3-(CH_2)_9-CH_3$	ウンデカン (undecane)	ウンデシル (undecyl)	195.9	− 25.6
12	$CH_3-(CH_2)_{10}-CH_3$	ドデカン (dodecane)	ドデシル (dodecyl)	216.3	− 12.0
20	$CH_3-(CH_2)_{18}-CH_3$	イコサン (icosane)	イコシル (icosyl)	205**	36
21	$CH_3-(CH_2)_{19}-CH_3$	ヘンエイコサン (heneicosane)	ヘンエイコシル (heneicosyl)	215**	40.5
30	$CH_3-(CH_2)_{28}-CH_3$	トリアコンタン (triacontane)	トリアコンチル (triacontyl)	235***	66
40	$CH_3-(CH_2)_{28}-CH_3$	テトラコンタン (tetracontane)	テトラコンチル (tetracontyl)	150	80

*760 mmHg, **15 mmHg, ***1 mmHg での測定値

表1.4　アルケン(C_nH_{2n})

炭素数	構造	名称(英語)	沸点(°C)	融点(°C)
2	$CH_2=CH_2$	エテン(ethene)	−104	−169.2
		慣用名:エチレン(ethylene)		
3	$CH_2=CH-CH_3$	プロペン(propene)	−47.0	−185.2
		慣用名:プロピレン(propylene)		
4	$CH_2=CH-CH_2-CH_3$	1-ブテン(1-butene)	−6.3	−185.4
	$CH_3-CH=CH-CH_3$	cis-2-ブテン(cis-2-butene)	3.7	−138.9
		$trans$-2-ブテン($trans$-2-butene)	0.88	−105.6

表1.5　アルキン(C_nH_{2n-2})

炭素数	構造	名称(英語)	沸点(°C)	融点(°C)
2	$CH≡CH$	エチン(ethyne)	−83.6	−169.2
		慣用名:アセチレン(acetylene)		
3	$CH≡C-CH_3$	プロピン(propyne)	−23.2	−185.2
4	$CH≡C-CH_2-CH_3$	1-ブチン(1-butyne)	8.1	−125.7
	$CH_3-C≡C-CH_3$	2-ブチン(2-butyne)	27.0	−32.3

アルカンはおもに原油に含まれており,種類により沸点の異なることを利用した,分留とよばれる方法によって得られる.

二重結合を2個有する化合物をジオレフィンとよび,ブタジエンに含まれる,1つおきにある二重結合を共役二重結合(conjugated double bond)という.この化合物は,二重結合の部分に付加性が強く,特にハロゲンが付加しやすい(図1.2).

$$CH_2=CH-CH=CH_2 \xrightarrow{Br_2} \underset{1,2\text{-付加}}{CH_2-CH-CH=CH_2} + \underset{1,4\text{-付加}}{CH_2-CH=CH-CH_2}$$
$$\qquad\qquad\qquad\quad\;\; |\;\;\; |\qquad\qquad\quad |\qquad\qquad\; |$$
$$\qquad\qquad\qquad\quad\; Br\; Br\qquad\qquad\; Br\qquad\qquad Br$$

図1.2　ブタジエンの付加重合

B.　脂環式化合物

環式の炭化水素化合物で,脂肪族炭化水素に似た性質をもつ環状の有機化合物を脂環式炭化水素(alicyclic hydrocarbon)といい,シクロパラフィンやシクロオレフィン,テルペン,ステロイドなどが含まれる.個々の化合物の名前はシクロプロパン,シクロブタンなどのように,接頭語に「シクロ(cyclo)」をつける.特に,炭素数5~6個の環構造が安定である(図1.3).

C.　芳香族化合物

ベンゼン環を含む有機化合物を芳香族炭化水素(aromatic hydrocarbon,表1.6)といい,芳香性などの特異な臭気をもち,水に不溶であるが,有機溶媒に可溶である.

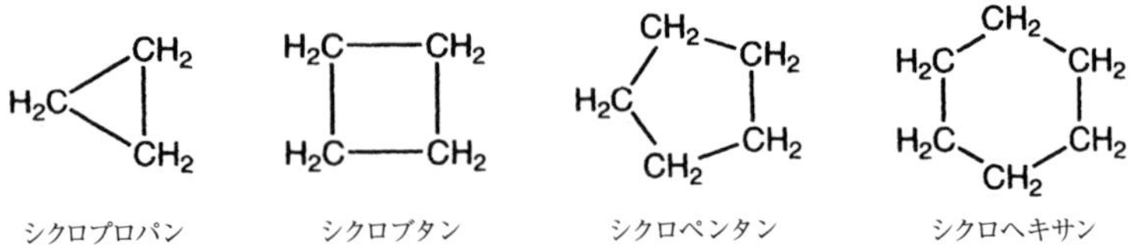

図1.3 おもなシクロパラフィンの構造式

表1.6 おもな芳香族炭化水素

名称（英語）	主な性質	用途	沸点（℃）	融点（℃）
ベンゼン（benzene）	特有の臭気を有する無色の液体	さまざまな化学製品の原料	80.1	5.5
トルエン（toluene）	ベンゼンと似た臭気を有する	安息香酸，火薬（TNT）の原料，有機溶媒として使用される	111	−95
o-キシレン（o-xylene）	特有の臭気を有する液体	さまざまな薬品の原料	144	−25
m-キシレン（m-xylene）			139	−48
p-キシレン（p-xylene）		テレフタル酸（合成繊維）の原料	138	13
ナフタレン（naphthalene）	特有の臭気を有する白色結晶	殺虫剤，合成染料の原料	218	80
アントラセン（anthracene）	青色の蛍光を有する無色結晶	合成染料の原料	342	216

特に，化合物中の炭素比率が高いため，空気中で燃焼させると，すすの多い炎をあげてよく燃える．

これらは石炭から得られるコークスやコールタールなどに多く含まれており，ベンゼン，トルエン，キシレン，フェノール，ナフタレン，アントラセン，フェナントレン，クレゾール，ピリジンなどの成分が，分留により得られている（図1.4）．

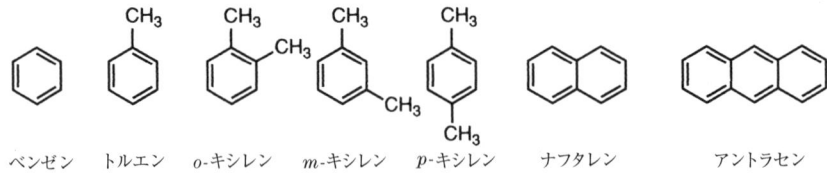

図1.4 おもな芳香族炭化水素の構造式

D. 複素環式化合物

炭素の環構造中に窒素，酸素，硫黄などのヘテロ元素が加わった安定な化合物が天然に存在しており，これらを複素環式化合物（heterocyclic compound，図1.5）とい

う．ピリミジンやプリンは生命の遺伝情報をになう DNA や RNA に含まれており，生命現象をになう重要な化合物である．ピリジンは水によく溶け，塩基性を示し，骨油やコールタールに存在する，きわめて強い悪臭のある液体であり，いろいろな誘導体の原料となる．また，窒素を複素環として含む塩基性の植物成分としてアルカロイドがあり，ニコチン（血管収縮作用，神経を興奮させる作用をもつ），カフェイン（茶，コーヒーに含まれ，中枢神経，心臓，腎臓などに作用する．強心剤，利尿剤に利用されている）など，生体中でさまざまな作用を示す化合物として知られている．

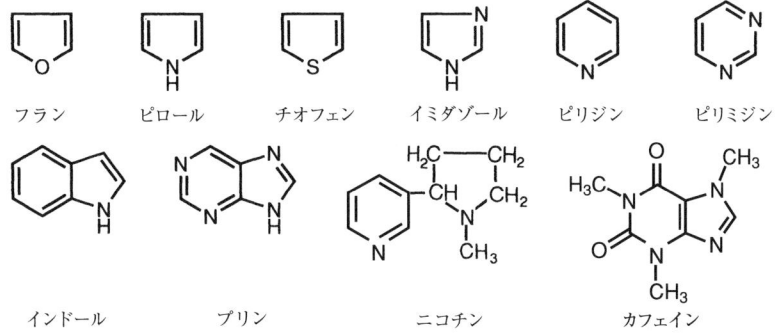

図1.5　おもな複素環式化合物の構造式

1.2.2　官能基による分類

A.　アルコール

脂肪族炭化水素の水素原子が水酸基(-OH)に置換されたものを脂肪族アルコール(aliphatic alcohol)といい，飽和炭化水素を骨格にもつものを飽和アルコール，不飽和炭化水素からのものを不飽和アルコールとそれぞれよぶ．おもなアルコールを表1.7に示す．

表1.7　おもなアルコール

構造	名称（英語）	沸点（℃）
CH_3OH	メタノール (methanol)	64.5
CH_3CH_2OH	エタノール (ethanol)	78.3
$CH_2=CHCH_2OH$	アリルアルコール (arylalcohol)	97.0
$CH_3(CH_2)_{11}OH$	ラウリルアルコール (laurylalcohol)	255
$C_6H_5CH_2OH$	ベンジルアルコール (benzylalcohol)	205
$C_{10}H_{17}OH$	ゲラニオール (geraniol)	230

水酸基が結合している炭素原子の炭素置換数に応じて，第一級アルコール(RCH_2OH)，第二級アルコール(R_2CHOH)，第三級アルコール(R_3COH)と分類される（図

7

1 有機化学の基礎

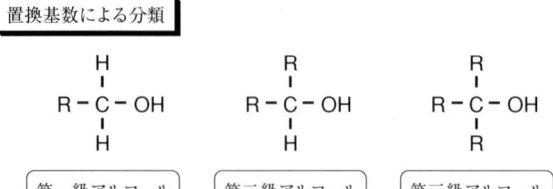

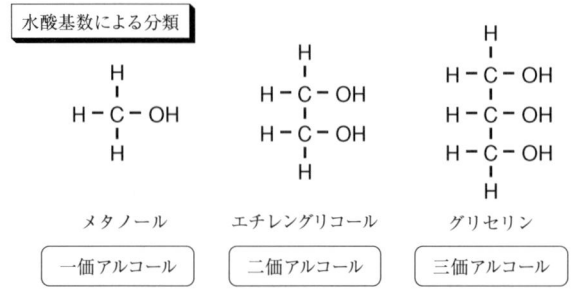

図1.6 アルコールの構造式と分類

1.6).ここで,置換基 R は同一である必要はなく,異なった置換基を強調する意味で R,R′,R″ とそれぞれ表記することもある.

また,水酸基の数によって一価アルコール,二価アルコール,三価アルコールとよばれており,二価以上を多価アルコールという.アルコールは容易に合成でき,反応性にも富むので,さまざまな化合物の合成原料として使用される.

脂肪族一価アルコールのうち,炭素数の少ない低級アルコールは無色,揮発性の液体で,水とよく混和するが,炭素数の多い高級アルコールは芳香性が少なく,特に,炭素数が 16 個以上になると無臭の固体となる.脂肪族アルコールは,アルカリ金属と反応して水素を発生し((1.4)式),酸と反応してエステルを作る((1.5)式).酒に含まれているエタノールは,微生物である酵母によって,グルコースなど炭素6個から構成される糖である六単糖($C_6H_{12}O_6$)1分子が,エタノール2分子と二酸化炭素2分子に変換されることによって作られる((1.6)式,アルコール発酵という).

$$2\,C_2H_5OH + 2\,Na \longrightarrow 2\,C_2H_5ONa + H_2 \qquad (1.4)$$
$$CH_3COOH + HOC_2H_5 \longrightarrow CH_3COOC_2H_5 + H_2O \qquad (1.5)$$
$$C_6H_{12}O_6 \longrightarrow 2\,C_2H_5OH + 2\,CO_2 \qquad (1.6)$$

脱水剤を加えて熱するとアルケンまたはエーテルを生成する.おだやかに酸化するとアルデヒドまたはケトンに変わる(p.10 の D 項参照).

一方，炭素骨格の側鎖に水酸基をもつ芳香族化合物を芳香族アルコールといい，香料によく利用される．

B. フェノール

ベンゼン環に水酸基が直接結合した化合物はフェノール類と総称される．おもなフェノール類を図1.7に示す．

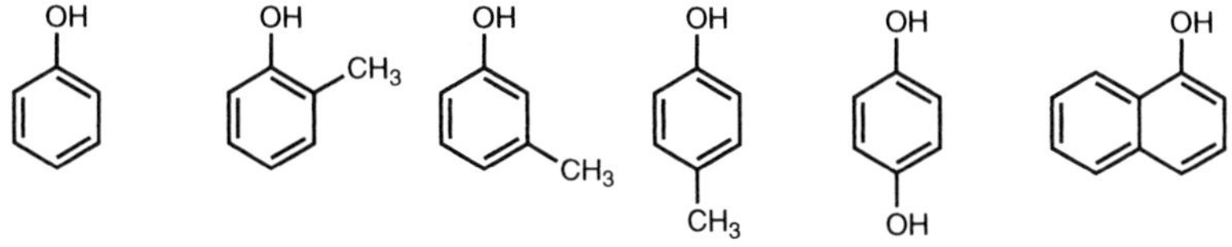

フェノール　　o-クレゾール　　m-クレゾール　　p-クレゾール　　ヒドロキノン　　α-ナフトール

図1.7　おもなフェノール類

フェノール類は一般に弱酸性を示し，水酸化ナトリウムと反応してナトリウム塩を生じる（(1.7)，(1.8) 式）．また，$FeCl_3$ 水溶液を加えると特有の呈色反応（青紫色）を示すことを利用して，フェノール類の検出が可能である．

$$C_6H_5\text{-}OH + NaOH \longrightarrow C_6H_5\text{-}ONa + H_2O \quad (1.7)$$

フェノール　　　　　　　　　　　　ナトリウムフェノキシド

$$C_6H_5\text{-}ONa + HCl \longrightarrow C_6H_5\text{-}OH + NaCl \quad (1.8)$$

C. エーテル

アルコールの水酸基の H をアルキル基(-R)で置換したものを脂肪族エーテルといい，フェノールの水酸基の H をアルキル基(-R)またはアリール基(-Ar)で置換したものを芳香族エーテルという．低級エーテルは揮発性の液体で（ただし，ジメチルエーテル(CH_3OCH_3)は気体），水に溶けにくく，有機溶媒には溶けやすい．また，ヨウ化水素(HI)などの無機酸と反応し，分解される（(1.9)式）．エーテルは，アルコールに濃硫酸（脱水剤）を加えて熱する方法や，アルコラートまたはフェノラートにハロゲン化アルキルを作用させること（(1.10) 式）によって得られる．おもなエーテルを表1.8に示す．

$$R\text{-}O\text{-}R + HI \longrightarrow R\text{-}I + R\text{-}OH \quad (1.9)$$

$$R\text{-}ONa + IR' \longrightarrow R\text{-}O\text{-}R' + NaI \quad (1.10)$$

1 有機化学の基礎

表1.8 おもなエーテル

構造	名称(英語) 慣用名(英語)	沸点(℃)
CH_3-O-CH_3	メトキシメタン(methoxymethane) ジメチルエーテル(dimethylether)	−23.6
$CH_3-O-CH_2CH_3$	メトキシエタン(methoxyethane) メチルエチルエーテル(methylethylether)	10.8
$CH_3CH_2-O-CH_2CH_3$	エトキシエタン(ethoxyethane) ジエチルエーテル(diethylether)	34.5
$CH_3CH_2-O-C_6H_5$	エトキシベンゼン(ethoxybenzene) エチルフェニルエーテル(ethylphenylether)	172

D. アルデヒド,ケトン

第一級アルコールを酸化するとアルデヒドが得られ,さらに酸化するとカルボン酸が得られる((1.11)式).アルデヒドは還元性をもち,アンモニア性硝酸銀溶液を還元して銀鏡を生成したり,フェーリング試薬を還元してCu_2Oを沈殿させる性質を有する.おもなアルデヒドを表1.9に示す.

第二級アルコールを酸化するとケトンが得られるが((1.12)式),第三級アルコールを酸化しても反応は起こらない.おもなケトンを表1.10に示す.

$$\underset{\text{第一級アルコール}}{R-\underset{H}{\overset{OH}{\underset{|}{\overset{|}{C}}}}-H} \xrightarrow[\text{酸化剤}]{-2H} \underset{\text{アルデヒド}}{R-\overset{O}{\overset{\|}{C}}-H} \xrightarrow[\text{酸化剤}]{+O} \underset{\text{カルボン酸}}{R-\overset{O}{\overset{\|}{C}}-O-H} \quad (1.11)$$

表1.9 おもなアルデヒド

構造	名称(英語) 慣用名(英語)	沸点(℃)
H−CHO	メタナール(methanal) ホルムアルデヒド(formaldehyde)	−21.0
CH_3−CHO	エタナール(ethanal) アセトアルデヒド(acetaldehyde)	20.8
OHC−CHO	エタンジアール(ethanedial) グリオキサル(glyoxal)	50.4
CH_2=CH−CHO	プロペナール(propenal) アクロレイン(acrolein)	52.5

$$\underset{\text{第二級アルコール}}{R-\underset{R'}{\overset{OH}{\underset{|}{\overset{|}{C}}}}-H} \xrightarrow[\text{酸化剤}]{-2H} \underset{\text{ケトン}}{R-\overset{O}{\overset{\|}{C}}-R'} \quad (1.12)$$

表1.10 おもなケトン

構造	名称(英語) 慣用名(英語)	沸点(℃)
$CH_3-CO-CH_3$	プロパノン(methanal) アセトン(acetone)	56.1
$CH_3-CO-CH_2CH_3$	ブタノン(butanone) メチルエチルケトン(methylethylketone)	79.6
$CH_3CH_2-CO-CH_2CH_3$	3-ペンタノン(3-pentanone) ジエチルケトン(diethylketone)	102
$CH_3-CO-CH_2-CO-CH_3$	2, 4-ペンタンジオン(2, 4-pentanedione) アセチルアセトン(acetylacetone)	137

アルデヒドもケトンも，ともにカルボニル基 C=O を含むので共通の性質(還元性)をもち，付加反応や縮合反応を起こしやすい((1.13)，(1.14)式，および1.3節参照)．

$$付加反応 \quad {H \atop R}\!\!>\!\!C=O + H_2 \longrightarrow R-\underset{H}{\overset{H}{C}}=OH \tag{1.13}$$

$$縮合反応 \quad 2CH_3-\underset{}{\overset{H}{C}}=O \longrightarrow CH_3-\underset{}{\overset{OH}{CH}}-CH_2-\underset{}{\overset{H}{C}}=O \xrightarrow{-H_2O} CH_3-CH=CH-\underset{}{\overset{H}{C}}=O \tag{1.14}$$
　　　　　　　　　　　　　　　　　　アルドール　　　　　　　　　　　クロトンアルデヒド

E. 高分子化合物

樹脂状の外観をもち，適当な可塑性をもつものを高分子化合物といい，合成ゴムのように人工的に合成されるものをプラスチック（合成樹脂）という．また，合成樹脂のうち，特に糸としての性質が優れているものを合成繊維という．一方，天然に存在する繊維としては，糖類が重合したセルロースから成る植物繊維や，タンパク質から成る動物繊維がある．

F. その他

キノン(quinone)はC=O基をもつが，このCがベンゼン環の一員であるため，ケトンとはかなり異なる性質をもち，染色における発色団として用いられる．発色団とは不飽和結合をもつ原子団の総称である．一方，酸性または塩基性を有する原子団は色素化合物が繊維などを化学的に染色する際に必要なので，助色団とよばれる(図1.8)．

脂肪族の飽和炭化水素の水素がカルボキシル基で置換されたものを飽和脂肪酸，不飽和炭化水素からのものを不飽和脂肪酸といい，これらは有機酸（aliphatic acid）と総称されている．カルボキシル基の数によってモノカルボン酸，ジカルボン酸などとよぶ．特に，自然界に存在する高級脂肪酸は，ほとんどが偶数個の炭素原子をもつ．おもな脂肪酸を表1.11に示す（2.2節参照）．

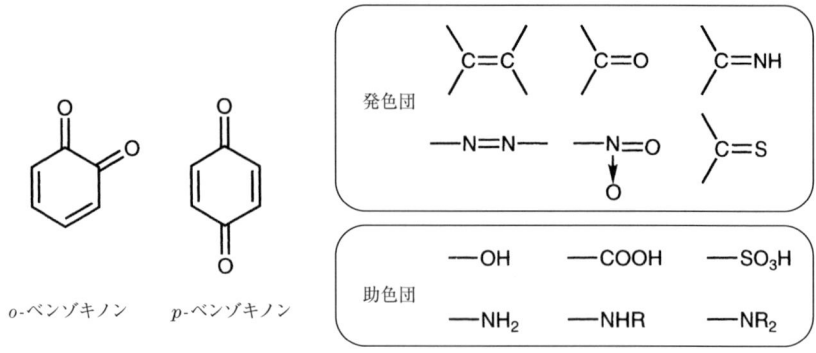

図1.8 ベンゾキノンとおもな発色団，助色団

表1.11 おもなカルボン酸

構造	名称(英語) 慣用名(英語)	沸点(°C)
H–COOH	メタン酸(methanoic acid) ギ酸(formic acid)	100.5
CH$_3$–COOH	エタン酸(ethanoic acid) 酢酸(acetic acid)	118
CH$_3$CH$_2$–COOH	プロパン酸(propanoic acid) プロピオン酸(propionic acid)	141
CH$_3$–(CH$_2$)$_2$–COOH	ブタン酸(butanoic acid) 酪酸(butyric acid)	162.5
(CH$_3$)$_2$–CH–COOH	2-メチルプロパン酸(methanoic acid) イソ酪酸(isobutyric acid)	154.4
CH$_2$=CH–COOH	プロペン酸(propenoic acid) アクリル酸(acrylic acid)	141
HOOC–COOH	ジエタン酸(ethandioic acid) シュウ酸(oxalic acid)	190
HOOC–CH$_2$–COOH	ジプロパン酸(propanedioic acid) マロン酸(malonic acid)	135
HOOC–(CH$_2$)$_2$–COOH	ジブタン酸(butanedioic acid) コハク酸(succinic acid)	187

炭化水素の水素原子がニトロ基($-NO_2$)に置換されたものはニトロ化合物といい，芳香性のある液体または固体でニトロ基が容易に還元されてアミノ基($-NH_2$)になる．

アンモニア(NH_3)の水素原子がアルキル基またはアリール基で置換されたものをアミンという．また，アルコールの場合と同様に，アミンは置換基 R の数に応じて，第一級アミン(RNH_2)，第二級アミン(R_2NH)，第三級アミン(R_3N)とよぶ．また，アミンの窒素原子には非共有電子対(孤立電子対)が存在しており，4つめの置換基がこの非共有電子対を介して結合すると，第四級アンモニウムイオン(R_4N^+)が生成して＋に荷電し(図1.9)，マイナスイオンと結合してイオン化合物を生成する．置換基

Rは同一である必要はなく，異なった置換基を強調する意味でR，R′，R″，R‴と表記することもある．

```
    H              H              R                  R
    |              |              |                  |
R-N-H          R-N-H          R-N-R              R-N⁺-R
    |              |                                 |
    H              R                                 R

第一級アミン    第二級アミン    第三級アミン      第四級アンモニウムイオン
```

図1.9　第一級，二級，三級アミン，および第四級アンモニウムイオンの構造式

脂肪族アミンの低級のものはアンモニア臭のある気体または液体で，水に可溶である．高級のものは無臭の固体で水に溶けない．また，脂肪族アミンは窒素原子のもつ1対の非共有電子対がH^+を取り込んで，塩基性を示す（図1.10）．

```
    H                              H
    |                              |
H₃C-N:   +   H₂O   ———→    H₃C-N⁺-H    +   :ȮH⁻
    |                              |
    H                              H

メチルアミン                    メチルアンモニウムイオン
```

図1.10　アミンの塩基性

脂肪族アミンと亜硝酸ナトリウムとの反応は，アミンの級数によって異なるため，アミンの級数を調べる定性反応として用いられる（図1.11）．

(1) 第一級アミン　　$RNH_2 \xrightarrow{HNO_2} R^+ + N_2$　　（N_2ガス発生）

(2) 第二級アミン　　$R_2NH \xrightarrow{HNO_2} R_2N-NO$　　（黄色油状物生成）

(3) 第三級アミン　　$R_3N \xrightarrow{HNO_2} R_3N^+-H$　　（均一な溶液）

図1.11　アミンと亜硝酸の反応

また，亜硝酸ナトリウムはハム，ソーセージなどの加工肉の発色剤として使用されているが，二級アミンと反応すると，強力な発がん物質であるN-ニトロソアミンを生成する．このため，食肉中の亜硝酸ナトリウムの濃度は厳しく規制されている．

芳香族アミンは特異臭のある液体または固体で，水に溶けない．NH_3のHをベンゼン環で置換したものをアニリン(C_6H_5-NH_2)といい，亜硝酸と塩酸に反応してN=N二重結合をもつ塩化ベンゼンジアゾニウムを生成する（ジアゾ化）．

一方，カルボキシル基の-OH部分のみをNで置換したものをアミドといい，一級アミド(-$CONH_2$)，二級アミド(-CONHR)，三級アミド(-CONRR′)に分類される．ア

ミド結合はアミノ酸からタンパク質を生成する際の重要な結合である．

シアノ基（ニトリル基）をもつものをニトリル化合物といい，芳香性を有しており，無機シアン化物（KCN など）に比べると毒性が低い．また，加水分解によりカルボン酸となり，還元すると一級アミンを生成する．

1.3 有機化合物の反応

酵素の働きにより行われている生体内の反応を生化学反応という．本書の以降の説明で，さまざまな生化学反応が登場するが，けっして丸覚えで対応してはならない．では，どうすればよいのだろうか．生化学反応はいくつかの有機反応の組み合わせに過ぎないという原則に戻り，見つめなおす作業が必要となる．この際，有機反応をまとめておくことは重要であると思われるので，特に生化学反応の理解のうえで，基本となる 4 つの有機反応を説明する．

付加反応
2 つの反応物が原子をまったく余すことなく結合して，ただ 1 つの生成物を形成する反応を付加反応という．特に，アルケン，アルキンは付加反応性が高い．たとえば，エチレンは水素ガス（H_2）と反応し，アルカンを生成する（(1.15) 式）．

$$\underset{\text{エチレン}}{\overset{H}{\underset{H}{>}}C=C\overset{H}{\underset{H}{<}}} + H-H \longrightarrow \underset{\text{エタン}}{H-\overset{H}{\underset{H}{C}}-\overset{H}{\underset{H}{C}}-H} \tag{1.15}$$

置換反応
2 つの反応物がその一部を交換して 2 つの新しい生成物を与える反応を，置換反応という．たとえば，メタンの H が Cl に置き換わり，2 種類の新しい生成物になる（(1.16) 式）．

$$\underset{\text{メタン}}{H-\overset{H}{\underset{H}{C}}-H} + Cl-Cl \longrightarrow \underset{\text{クロロメタン}}{H-\overset{H}{\underset{H}{C}}-Cl} + H-Cl \tag{1.16}$$

脱離反応
脱離反応とは，付加反応の逆反応と考えてよい．つまり，1 つの反応物が 2 つの生成物に分裂する反応を脱離反応という．この反応の例には，アルコールの脱離反応があり，エタノールは酸触媒（H_2SO_4）とともに反応させると，エチレンと水が生成する（(1.17) 式）．

$$\underset{\text{エタノール}}{\overset{\text{H H OH H}}{\underset{\text{H H}}{H-C-C-H}}} \xrightarrow[\text{触媒}]{H_2SO_4} \underset{\text{エチレン}}{\overset{H}{\underset{H}{C}}=\overset{H}{\underset{H}{C}}} + H_2O \qquad (1.17)$$

転位反応

1つの反応物が結合と原子の再編成を受け,1つの異性体を生成物として与える反応を転位反応という.たとえば,*cis*-2-ブテンが酸触媒(H_2SO_4)による処理で*trans*-2-ブテンに変換される反応は,転位反応である（(1.18)式）．

$$\underset{cis\text{-2-ブテン}}{\overset{H_3C\ \ \ CH_3}{\underset{H\ \ \ \ \ H}{C=C}}} \xrightarrow[\text{触媒}]{H_2SO_4} \underset{trans\text{-2-ブテン}}{\overset{H_3C\ \ \ \ H}{\underset{H\ \ \ \ CH_3}{C=C}}} \qquad (1.18)$$

1.4 有機化合物の異性体

有機化合物には,分子式が同じであっても分子の形や性質の異なるものがあり,それらを互いに異性体という．特に,さまざまな生体分子を扱う生物有機化学においては,異性体はきわめて重要なものとなるので,詳しく述べることにする．

有機化合物の異性体は,原子間の結合順序が異なる構造異性体(constitutional isomer)と,立体的な構造が異なる立体異性体(stereoisomer)とに大別される．また,それらはさらにいくつかの異性体に分類されている（図1.12）．

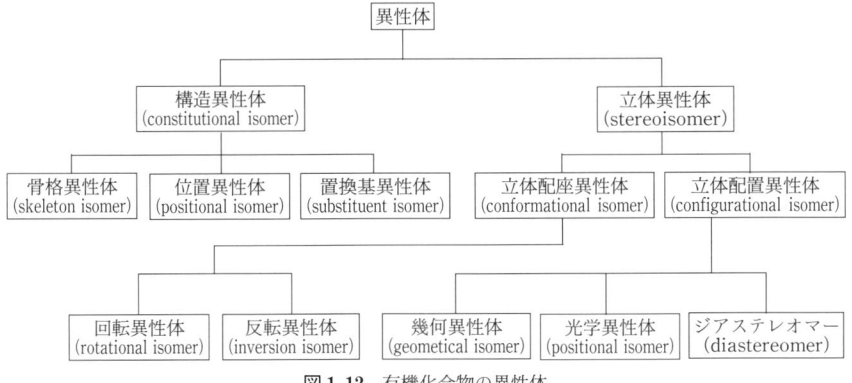

図1.12 有機化合物の異性体

1.4.1 構造異性体

構造異性体は，ブタンと 2-メチルプロパン（骨格異性体，skeleton isomer という），エタノールとジメチルエーテル（置換基異性体，substituent isomer），および 3 種類のニトロトルエンの関係（位置異性体，positional isomer）にみられるように，原子間の結合順序が異なっているために生じる異性体の総称である（図 1.13）．

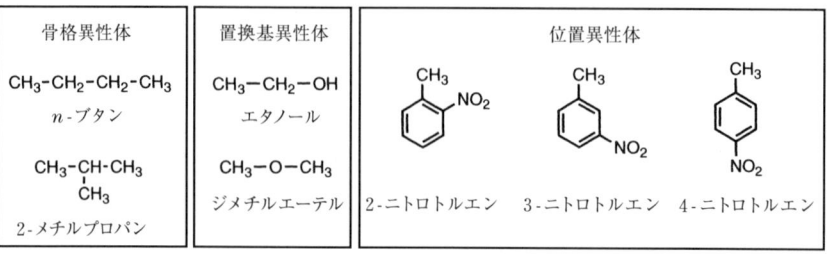

図 1.13　有機化合物の構造異性体の例

1.4.2 立体異性体

一方，立体異性体は原子間相互の結合順序は変わらないが，原子の空間的な配列が異なる異性体の総称である．有機化合物の異性体を紙に書いて表す場合に，構造異性体なら一見してすぐに，その違いが見分けられるが，立体異性体の場合は特異的な表現法を用いても，その違いがすぐにわからない．その理由は，三次元的な構造を紙面という二次元平面で表現しているからである．しかし，有機化合物の性質や反応性は，立体的な構造の違いによって大きく左右される場合があり，また，生体分子を研究していくうえでも，きわめて重要となる．

立体異性体は大きく分けて，立体配座異性体(conformational isomer)と立体配置異性体(configurational isomer)に区別できる．

A. 立体配座異性体

立体配座異性体とは，単結合の周りの原子や置換基の空間的な配列（立体配座）の異なる異性体のことである．立体配座異性体は温度や溶媒のような物理的条件を変えることにより，単結合の回転や環の反転が起こってできるもので，相互の変換は化学反応を伴わずに容易に可能である．

たとえば，図 1.14 に示す 1,2-ジブロモエタンのニューマン(Newman)投影式において，点（・）で示した手前の炭素に結合する臭素原子（Br）と円で示した後ろ側の炭素に結合する臭素原子が，同じ側にある a のゴーシュ型と反対側にある b のアンチ

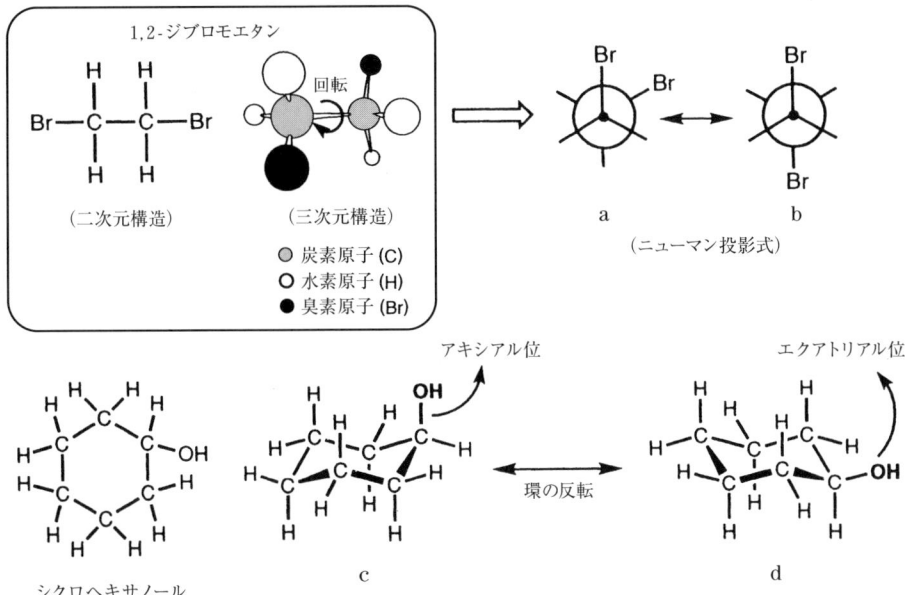

図1.14 立体配座異性体の例

型とは，回転異性体 (rotational isomer) の関係にある．また，環式化合物であるシクロヘキサノールにおいて，その水酸基が環に対して垂直（アキシャル位）に出ている c と，環に対して平行（エクアトリアル位）に出ている d とは，反転異性体 (inversion isomer) の関係にある．

B. 立体配置異性体

立体配置異性体とは，1 原子の周りの原子や置換基の空間的な配列，および二重結合に関する原子や置換基の空間的な配列の異なる異性体の総称であり，結合の開裂と再結合のような化学反応によってのみ，相互の異性体の変換が可能となる．立体配置異性体は，さまざまな生体分子の研究に重要なものである．生体分子の反応を触媒する酵素は，これらの立体構造を厳密に認識しており，そうすることによって生命を維持しているのである．

立体配置異性体は，さらに幾何異性体 (geometrical isomer)，光学異性体 (optical isomer)，およびジアステレオマー (diastereomer, dia：〜の間) に分類することができる．

a. 幾何異性体

幾何異性体は，二重結合を形成する炭素原子に結合した原子または置換基の種類や位置が異なるために生じる異性体である．二重結合は単結合と異なり，回転すること

1 有機化学の基礎

ができない．このため，図 1.15 に示す 2-ブテンのような分子は，二重結合を形成する炭素原子に結合したメチル基が，分子平面空間において同じ側に存在するもの（シス型，*cis*）と，反対側に存在するもの（トランス型，*trans*）の 2 種類ができる．このような異性体は互いに物理的性質も化学的性質も異なっており，一般的にシス型はトランス型に比べて不安定である．

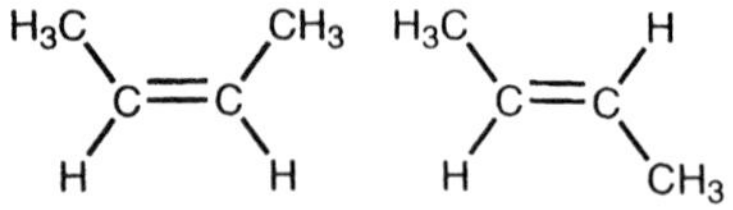

```
     H3C     CH3        H3C       H
        \   /              \     /
         C=C                C=C
        /   \              /     \
       H     H            H       CH3
           a                   b
       cis-2-ブテン          trans-2-ブテン
```

図 1.15 幾何異性体の *cis*-，*trans*-表示

上記の 2-ブテンではシス-トランス異性体が明確に記述できるが，異なる置換基が 3 つ以上結合した 2-クロロ-2-ブテンのような化合物では，基準が不明瞭となる．そこで，このような化合物については，二重結合の炭素原子に結合している 2 個ずつの原子または置換基について，表 1.12 に示す優先順位規則（カーン・インゴールド・プレローグ則，Cahn-Ingold-Prelog system，CIP 則ともいう）に従って順位を決定し，上位のものが同じ側にあるものは Z（ドイツ語 zusammen，一緒に）の記号を，反対側にあるものを E（ドイツ語 entgegen，反対の）の記号をつけることが推奨されている（図 1.16）．

表 1.12 優先順位規則（CIP 則）

---
(1) 原子番号が大きいほど順位が高い．
例：I > Br > Cl > F > OH > NH_2 > CH_3 > H
(2) 同じ原子の場合は次に結合する原子で比較する．
例：OCH_3 > OH，$N(CH_3)_2$ > $NH(CH_3)$ > NH_2
(3) 多重結合ではその原子が二重，三重についているとみなす．
例：COOH > CHO > CH_2OH
C_6H_5 > CH ≡ C > CH_2 = CH > $(CH_3)_2CH$

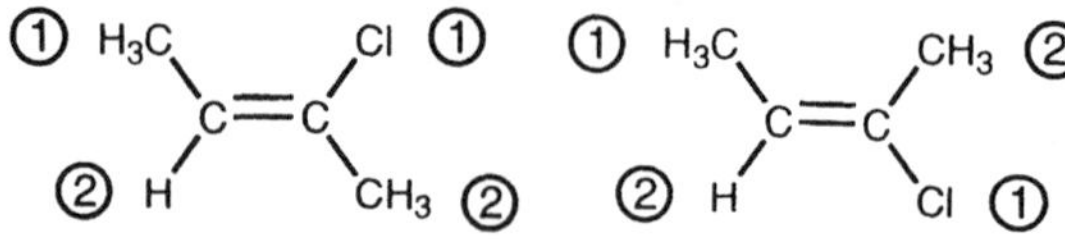

```
    ①H3C      Cl①         ①H3C     CH3②
         \   /                   \   /
          C=C                     C=C
         /   \                   /   \
    ②H       CH3②          ②H       Cl①
            a                        b
      Z-2-クロロ-2-ブテン         E-2-クロロ-2-ブテン
```

図 1.16 幾何異性体の *E*-，*Z*-表示

b. 光学異性体

　光学異性体は，4つの異なった原子あるいは置換基と結合する炭素原子を有する分子に存在する．たとえば，図1.17のように，炭素原子にX，Y，Z，Wの4種類の置換基が結合し，それらの空間配置が異なるaとbでは互いに重ね合わせることができない．つまり，左手と右手の関係と同じであり，これらの分子は互いに鏡像の関係にある．これは，左手を鏡に映してみるとその鏡像は右手となり，左手と右手はけっして重ね合わすことができないことを想像すれば考えやすいだろう．すなわち，手の表，裏，小指，親指がそれぞれ置換基と考えれば，小指同士と親指同士を重ねようとすると表と裏が逆向きになり，表と裏を同じ向きに重ねようとすると双方の小指と親指が重なり合ってしまう．このような異性体を鏡像異性体(エナンチオマー，enantiomer)または対掌体(antipode)といい，中心の炭素原子を不斉炭素(asymmetric carbon)あるいはキラル炭素（chiral，手）などという．

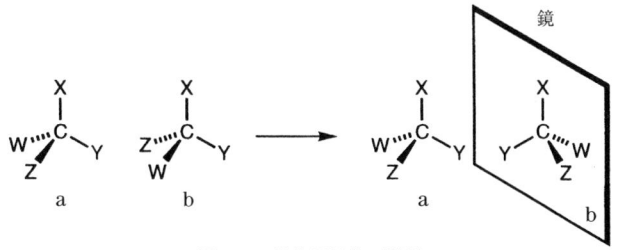

図1.17　鏡像異性体の関係

　光学異性体の特徴として，その溶液に平面偏光を入射させると，通過後の平面偏光面を一方は左に，そしてもう一方は右に同じ角度（図1.18の α）だけ回転させる性質（旋光性）がある．また，このような旋光性があることを光学活性という．偏光面を右に回転させる場合を右旋性(dextrorotatory)といい（＋）で表し，左に回転させる場合

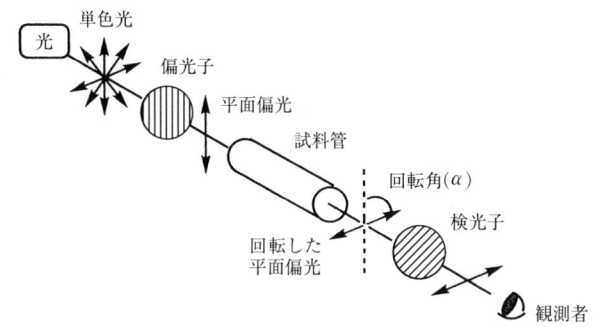

図1.18　旋光度測定の原理

を左旋性(levorotatory)といい(−)で表す．光学異性体の名称はこのような現象からきている．旋光度測定の原理を図1.18に示す．

　光学異性体を区別して表示する方法には，実際の立体配置を直接的に示す絶対立体配置（*R*-, *S*-表示法）と，グリセルアルデヒドの立体配置と比べることにより間接的に決める相対立体配置（D-, L-表示法）がある．

　絶対立体配置の決定方法について，*R*-体のグリセルアルデヒドを例に，その概念を図1.19に示す．不斉炭素原子に結合する4つの原子または置換基のうち，表1.12の優先順位規則で最低順位のものを自分の目から遠くなるようにおき，あとは優先順位の通りにたどる．このとき，右回りであれば*R*-体（ラテン語 rectus, 右）であり，左回りであれば*S*-体（ラテン語 sinister, 左）となる．

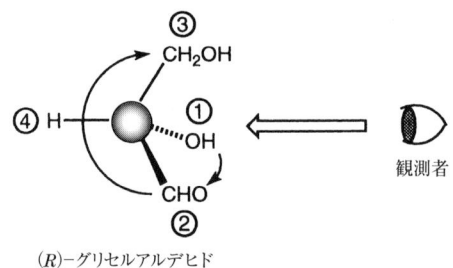

図 1.19　鏡像異性体に対する絶対配置の決め方

　一方，相対立体配置は，グリセルアルデヒドの一対のエナンチオマーを基準に考え，右旋性（＋）のものをD-体，左旋性（−）のものをL-体とする．D-体は不斉炭素原子に結合する置換基が図1.20のaのような配置で，L-体はbのような配置であり，この立体配置と試料化合物の異性体の立体配置を比べ，相当する方の記号をつけて表す．しかし，D-およびL-系列と旋光性との間には相関はなく，化合物によってはD-系列のものでも左旋性（−）を，L-系列のものでも右旋性（＋）を示すものもあるので，注意が必要である．図1.20には，乳酸とアミノ酸の一種であるセリンのD-体とL-体を示す．この例のように，生体分子である糖やアミノ酸では特にD-, L-表示法が用いられている．

　以上から，D-(＋)-グリセルアルデヒドを絶対立体配置で表示すると(*R*)-(＋)-グリセルアルデヒドに，L-(−)-グリセルアルデヒドを絶対立体配置で表示すると(*S*)-(−)-グリセルアルデヒドになることがわかるであろう．さらに，相対立体配置と絶対立体配置との間にも相関がなく，D-体だからといって*R*-体とはかぎらず，化合物によっては*S*-体である場合もあるので，注意が必要である．

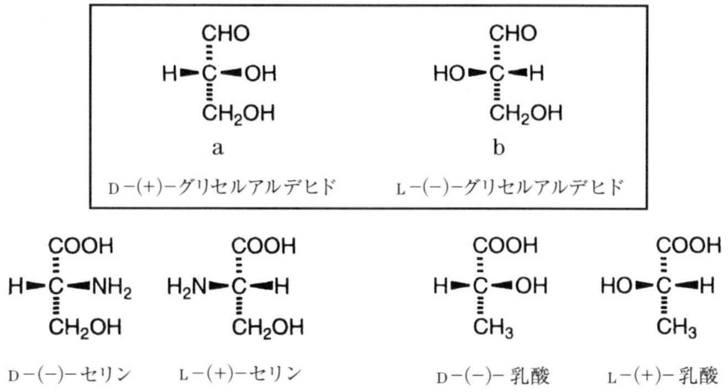

```
        CHO                    CHO
   H─C─OH                  HO─C─H
       CH₂OH                  CH₂OH
         a                      b
   D-(+)-グリセルアルデヒド      L-(-)-グリセルアルデヒド
```

```
     COOH          COOH          COOH          COOH
  H─C─NH₂      H₂N─C─H       H─C─OH        HO─C─H
     CH₂OH         CH₂OH         CH₃           CH₃
  D-(-)-セリン   L-(+)-セリン   D-(-)-乳酸    L-(+)-乳酸
```

図1.20　D-およびL-グリセルアルデヒドを基準とした鏡像異性体の相対立体配置の決め方

エナンチオマーは異なる化合物であるが，それらの物理化学的性質は同じである．また，この異性体の等量混合物をラセミ体(rasemate)とよび，双方の異性体が互いに打ち消しあって，光学的には不活性なものとなる．

c. ジアステレオマー

今までは1つの不斉炭素をもつ化合物について説明してきたが，分子中に2つ以上の不斉炭素をもつ化合物の立体異性体を考えてみると，鏡像の関係にないものが存在する．このように不斉炭素をもつがエナンチオマーでないものをジアステレオマーという．ジアステレオマーの物理化学的性質は異なっている．

さらに，同一置換基のため一対の鏡像が互いに重なり合い，不斉炭素をもちながら光学的に不活性となるものがあり，これをメソ(meso)体という．図1.21には，酒石酸の立体異性体を例として，これらのことを示した．酒石酸の2つの不斉炭素の組み合わせとしては，a (R, R)，b (S, S)，c (R, S)，d (S, R) の4つが考えられる．aとbは互いに鏡像の関係にあり，エナンチオマーであるが，aとc(またはd)，bとc(またはd)は鏡像の関係になく，ジアステレオマーである．また，cとdは互いに紙面上で180°回転させると完全に重なり合い，同一の分子であることがわかる．aやbのように同一の官能基が反対側にあるものをトレオ(threo)型，c(またはd)のように同一の官能基が同じ側にあるものをエリトロ(erythro)型とよぶ．図1.21のように立体構造を紙面上に表す方法をフィッシャー(Fischer)投影式という(2.1.2 A 参照)．

アミノ酸や糖類などの生体分子や抗がん剤，抗生物質などの生理活性物質の多くは，分子中に不斉炭素原子をもっており，生体はそれらの立体構造を厳密に認識している．特に，生体に入り生理活性を示す医薬品は，光学異性体間でその活性が異なるものが数多くみられる．また，活性の強弱だけでなく，毒性や副作用などで問題となる場合がある．鎮静剤サリドマイド(図1.22)は，R-体のものはめだった副作用がみ

られないが，*S*-体のものは強い催奇性副作用を示す．この薬が使用された当時はラセミ体で用いられていたため，深刻な社会問題となった．世界中で使用されている医薬品の 4 分の 1 はラセミ体で販売されているが(図 1.23)，サリドマイド事件の猛反省か

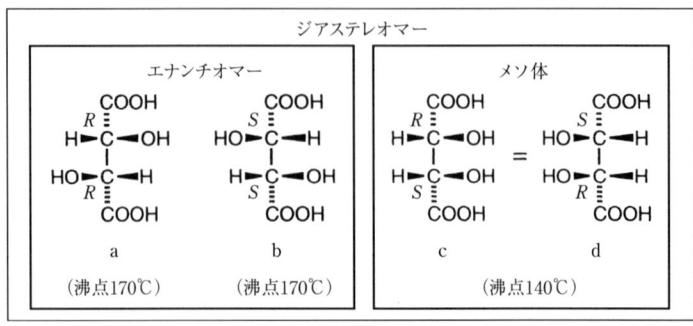

図 1.21　酒石酸のさまざまな光学異性体

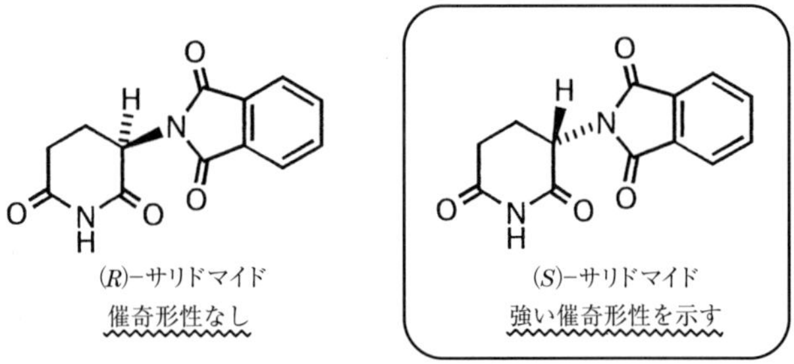

図 1.22　鎮静剤サリドマイドの立体異性体

- 全医薬品 1850
  - 天然または半合成医薬品 523(28.3)
    - 非キラル化合物 6(0.3)
    - キラル化合物 517(28.0)
      - 単一異性体 509(27.5)
      - ラセミ体 8(0.4)
  - 合成医薬品 1328(71.7)
    - 非キラル化合物 799(43.2)
    - キラル化合物 528(28.5)
      - 単一異性体 61(3.3)
      - ラセミ体 467(25.2)

図 1.23　医薬品と立体異性体．数字は医薬品の数，(　) 内は%を示す
[*Chem. & Eng. News*, March 19, p. 40(1990)]

ら，光学異性体間に効果や副作用などの点で差がみられるものについては，ラセミ体で開発しないようしている．光学異性体は分子式や物理的性質は同じであるが，三次元構造が異なる分子であり，生理活性が異なるのはむしろ当然のことであろう．

━━ サリドマイドの光と影 ━━

　サリドマイド（図1.22）は，ドイツのグリュネンタール社が睡眠薬として開発し，副作用が少なく目覚めもよかったことから，1957年10月に大衆薬（医師の処方箋が不要）として販売された．当時はラセミ体で生産されていたが，動物実験では致死量が決定できないくらい毒性が低いため，その安全性を信じた多くの人が使用しており，さらに妊娠時のつわりにもよく効くとして，妊婦に対しても使用されていた．ところが，妊娠した動物での安全性試験が行われていなかったため，その強力な催奇形性（胎児に奇形を引き起こす作用）が見逃されていたのである（その後 S-体に催奇形性があることが判明）．その結果，妊娠初期の女性が服用した場合，アザラシ症という手足のない子供の誕生を引き起こすことが明らかになり（サリドマイド事件），わが国では1962年9月18日に医薬品としての発売が中止された．

　ところが，近年，サリドマイドに，がんに伴って起こる血管新生（新たに血管が増生すること）をブロックする「血管新生阻害作用」が発見されたことから，再び医薬品として注目を浴びるようになった．この作用は，サリドマイドの催奇形性の原因でもあるが，現在有効な治療法がない多発性骨髄腫（骨髄のがん）の治療において，有効性が指摘されており，骨髄腫患者にとって希望の光となっている．

　平成17年1月21日，厚生労働省薬事・食品衛生審議会はサリドマイドを「希少疾病用医薬品」に指定した．「希少疾病用医薬品」とは，医療上の必要性は高いが，薬を必要とする患者数が少ない病気に使う医薬品のことをいう．新薬の研究開発には膨大な研究費がかかるため，まれな疾患を治療する医薬品では採算に合わないとして，製薬企業は開発に熱心ではない．そこで，国は「希少疾病用医薬品」を開発するメーカーに対して，他の医薬品に優先して審査を受けられる，開発費の助成が得られる，などの優遇措置を与えることで，医薬品開発を促進させる政策をとっている．今後，サリドマイドの医薬品承認へ向けた臨床試験が実施予定であるが，過去に起きた薬害を教訓に，新たな医薬品としての使用方法について，再び過ちを起こさないためにも議論が必要であろう．

1.5 生体関連物質の分離と分析

1.5.1 抽出と分離・精製

生体成分の研究は抽出(extraction), 分離(separation)・精製(purification)を行い, 材料から目的とする物質を単離(isolation)することから始まる.

抽出とは, 生体から目的物質を溶液として取り出すことで, 分離・精製とは, 抽出溶液から共存物質（不純物）を除き, 目的物質だけを純粋な形で取り出していくことである.

生体にはさまざまな種類の物質が存在しているが, 一般的に低分子化合物と高分子化合物に大別することができる. たとえば, 酵素をはじめとするタンパク質は, 分子量が数万の巨大分子であり高分子化合物に属するが, その構成単位であるアミノ酸は, 大きいものでも分子量 200 程度の低分子化合物である. また, 低分子化合物でも, 糖類に代表されるように, 水によく溶ける親水性のものがあれば, 中性脂肪のように水にほとんど溶けない疎水性のものもある. このようにさまざまな性質をもつ生体成分を, まったく同じ操作により抽出, 分離・精製することはできないが, 条件は異なるが同じような手法を用いることが多い.

抽出操作では, 生体組織や細胞を①機械的破砕（ホモジナイザー, ブレンダーなどの機器を使用), ②酵素処理（リゾチーム, セルラーゼなどの細胞壁分解酵素を使用), ③浸透圧ショックなどのさまざまな方法により破砕した後, 目的物質が溶解しやすい溶媒を加えて可溶化させる. 用いる抽出溶媒としては, 目的物質が親水性であれば水やメタノールなどの極性のより高いものを用い, 疎水性である場合は酢酸やエーテルなどの極性の小さい有機溶媒で抽出する. また, 細胞膜中の物質などは界面活性剤を含む溶液によって抽出し, 可溶化させることがしばしば行われる. 抽出によく用いられる溶媒を極性の小さい方から順にあげると, 石油エーテル, ヘキサン, ベンゼン, クロロホルム, 塩化メチレン, エーテル, 酢酸エチル, アセトン, ブタノール, イソプロパノール, エタノール, メタノール, 水などがある.

次に, 分離操作であるが, 低分子化合物の場合は液相間の分配を利用した有機溶媒による分画を行うことが多い. この操作で, 抽出液から, きょう雑している高分子化合物や, 極性の異なる低分子化合物群を, ある程度取り除くことができる. 一方, タンパク質などの高分子化合物の場合は, 溶解性の違いを利用した塩析（硫安分画）や有機溶媒沈殿（主にアセトンによる), または両性物質であることを利用した等電点沈殿などの分別沈殿法により回収し, 抽出液中に可溶化したままの低分子化合物や性質

の異なる他の高分子きょう雑物質と分けることが一般的に行われる．

最後に，精製操作については，低分子化合物の場合は，各種クロマトグラフィーおよび結晶化などの操作によって行われるのが一般的であるが，高分子化合物の場合も，各種カラムクロマトグラフィーや結晶化などによって行われることが多い．表 1.13 にクロマトグラフィーの種類と使用される充填剤を示す．

表 1.13 クロマトグラフィーの種類と充填剤

クロマトグラフィー	分離の原理	充填剤
吸着式	分子の吸着性の差	活性炭，アルミナ，ゼオライト，シリカゲル，…
分配式	分子の液相間の分配の差	シリカゲル，セルロース粉末，…
イオン交換	分子の解離性の差	イオン交換合成樹脂，糖ポリマー系イオン交換体（セルロース，デキストランなど）
分子ふるい	分子の大きさの差	ポリアクリルアミドゲル，糖ポリマー系ゲル（デキストランなど），合成樹脂系ゲル

精製されたものについては，その純度を調べることが必要となる．低分子化合物の場合，純度検定には高速液体クロマトグラフィーやガスクロマトグラフィーが一般的に用いられている．また，タンパク質や核酸などの高分子化合物では，ポリアクリルアミドゲルやアガロースゲルを用いた電気泳動が，純度検定に用いられる．

1.5.2 同定のための機器分析

生物有機化学では，生体分子を有機化合物ととらえて研究を行うことが大きな特徴であることは，これまでに述べた．したがって，有機化合物の化学構造を調べること，すなわち，構造解析を行うことは，さまざまな生体分子の機能を考えるうえで，きわめて重要となる．

有機化合物の構造解析に汎用されている方法には，大きく分けて 2 つあり，電磁波分析法（分子スペクトル分析法）と質量分析法がある．これらの方法は，主に医薬品をはじめとする低分子化合物の構造解析に利用されていたが，機器の進歩により，現在では高分子化合物，特にタンパク質についても解析が可能となってきている．

A. 電磁波の種類と分光法

電磁波分析法は，広い波長領域を有する電磁波と物質との相互作用に基づく分析法である．さまざまな電磁波の周波数（または波数）が変わると，物質との相互作用の様式も変化する．低分子化合物の構造解析には，電磁波として紫外線，赤外線，電波（ラジオ波）などが，また，タンパク質のような高分子化合物の立体構造解析には X 線が利用されている．その他にも，さまざまな分析手法に電磁波が使用されているが，これらをまとめたものが図 1.24 である．

1 有機化学の基礎

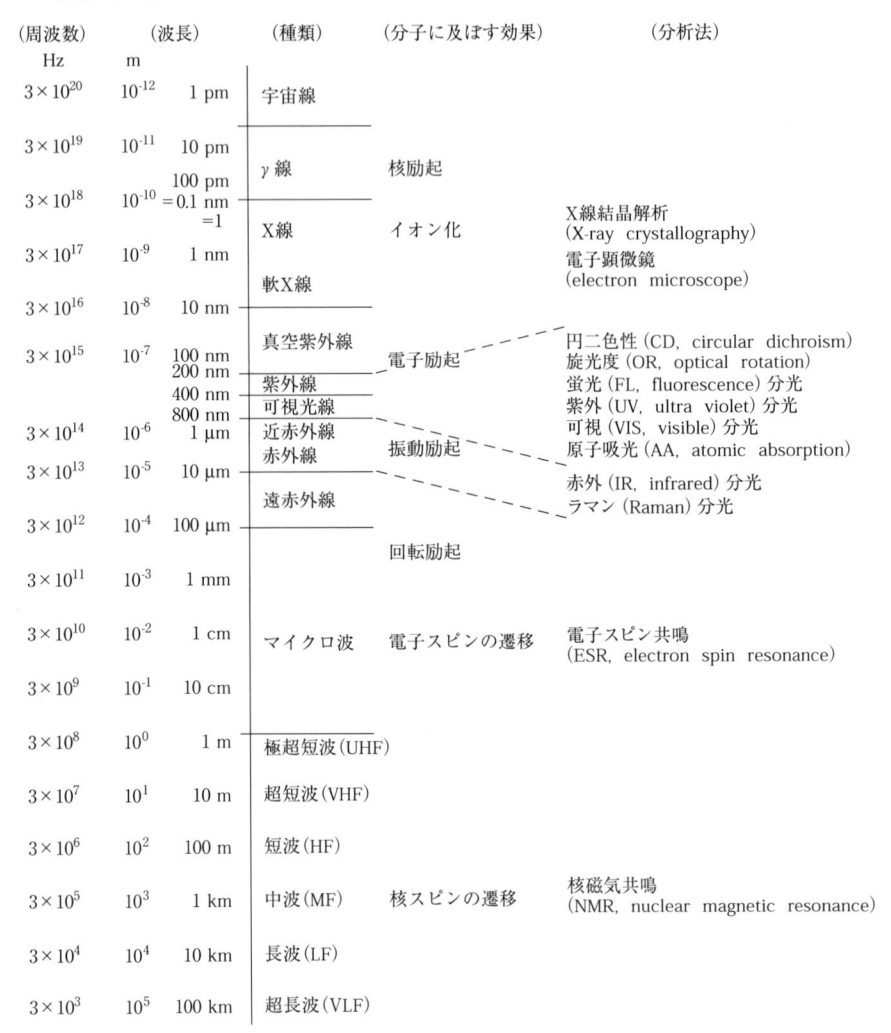

(周波数) Hz	(波長) m		(種類)	(分子に及ぼす効果)	(分析法)
3×10^{20}	10^{-12}	1 pm	宇宙線		
3×10^{19}	10^{-11}	10 pm	γ線	核励起	
3×10^{18}	10^{-10}	100 pm = 0.1 nm = 1	X線	イオン化	X線結晶解析 (X-ray crystallography)
3×10^{17}	10^{-9}	1 nm	軟X線		電子顕微鏡 (electron microscope)
3×10^{16}	10^{-8}	10 nm	真空紫外線		
3×10^{15}	10^{-7}	100 nm 200 nm	紫外線	電子励起	円二色性 (CD, circular dichroism) 旋光度 (OR, optical rotation) 蛍光 (FL, fluorescence) 分光 紫外 (UV, ultra violet) 分光
		400 nm 800 nm	可視光線		可視 (VIS, visible) 分光
3×10^{14}	10^{-6}	1 μm	近赤外線 赤外線	振動励起	原子吸光 (AA, atomic absorption)
3×10^{13}	10^{-5}	10 μm			赤外 (IR, infrared) 分光 ラマン (Raman) 分光
3×10^{12}	10^{-4}	100 μm	遠赤外線	回転励起	
3×10^{11}	10^{-3}	1 mm			
3×10^{10}	10^{-2}	1 cm	マイクロ波	電子スピンの遷移	電子スピン共鳴 (ESR, electron spin resonance)
3×10^{9}	10^{-1}	10 cm			
3×10^{8}	10^{0}	1 m	極超短波(UHF)		
3×10^{7}	10^{1}	10 m	超短波(VHF)		
3×10^{6}	10^{2}	100 m	短波(HF)		核磁気共鳴 (NMR, nuclear magnetic resonance)
3×10^{5}	10^{3}	1 km	中波(MF)	核スピンの遷移	
3×10^{4}	10^{4}	10 km	長波(LF)		
3×10^{3}	10^{5}	100 km	超長波(VLF)		

図 1.24 電磁波の種類と波長および分析方法

　本書では，有機化合物の各種分析法のうち，核磁気共鳴スペクトル分析法，赤外吸収スペクトル分析法，および X 線解析法の概略について解説する．

a. 核磁気共鳴スペクトル分析法

　一般にこの方法は NMR とよばれるが，これは nuclear magnetic resonance（核磁気共鳴）のそれぞれの英単語の頭文字をとったものである．この分析方法により，分子中における原子の結合様式，位置関係など多くの情報を得ることができる．これまでは，低分子化合物のみに適応範囲がかぎられていたが，機器の高機能化に伴い，最

近では高分子化合物であるタンパク質の高次構造についての分析も可能となってきている．

本書では，低分子化合物である酢酸エチルについて分析を行った例について簡単に説明する．酢酸エチルを適当な重水素溶媒で希釈して細いガラス管に入れ，図1.25のように強力な磁場の中に置いて発振器から電磁波を照射すると，ある周波数のところで酢酸エチルの水素原子核（プロトン，^1H）が共鳴を起こしてエネルギー吸収が起こり，その結果，受信コイルに微小電流が流れる．それを検知し，横軸に照射電磁波の周波数を，縦軸に電流の強さを記録すると，それぞれのシグナルが酢酸エチルの各水素原子に対応した図1.26のようなスペクトルが得られる．

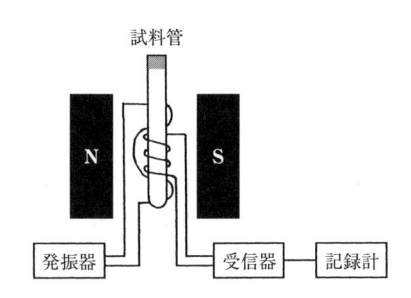

図1.25 核磁気共鳴分析装置の原理

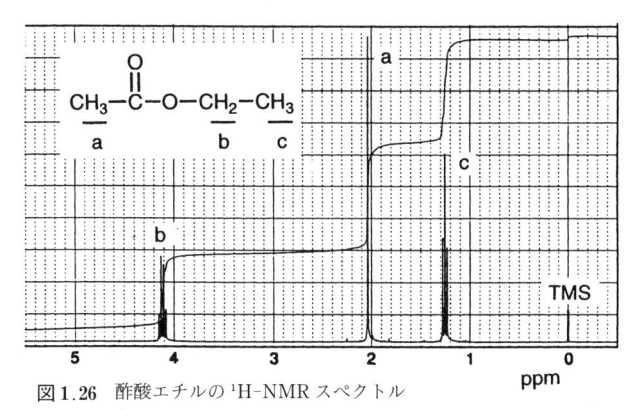

図1.26 酢酸エチルの ^1H-NMR スペクトル
[掘越弘毅ら著，生物有機化学概論，p.24，講談社（1996）]

横軸において，各水素原子のシグナルの位置は化学シフト（chemical shift, δ）とよばれており，ゼロ基準物質であるテトラメチルシラン（TMS）のシグナルからのずれとして記録され，δ＝○○ ppm のように表示する．

$$\delta(\text{ppm}) = \{\text{TMS からのズレ(Hz)} \div \text{装置の測定周波数(MHz)}\} \times 10^6$$

1 有機化学の基礎

　この化学シフトの違いから，酢酸エチル分子中での各水素原子の化学的環境に関する情報を得ることができる．化学的に等価な水素原子の化学シフトは同じである．

　また，図 1.26 をさらに細かく見ると，シグナルが 3 本，4 本と分裂したものが見られる．これらの分裂は，その水素原子に隣接する水素原子により影響を受けて生じたものであり，これはスピン-スピン結合(spin-spin coupling)として知られている現象によって生じる．シグナルの分裂本数は隣接水素原子の数によって決まる．また，分裂したシグナルの間隔を結合定数(coupling constant, J)とよび，Hz 単位で表す．このようなシグナルの分裂の様子と結合定数から，炭素原子に結合する水素原子の位置に関する情報を得ることができる．

　さらに，図 1.26 には，各シグナルの上に曲線が示されているが，この曲線の高さはそのシグナルの面積強度を表しており，分子中の化学的に等価な水素原子の相対数を示すものであり，面積曲線とよぶ．

　以上の化学シフト，スピン-スピン結合による分裂，および面積強度は分子構造を推定するうえで強力な情報を与える．

　なお，ここでは水素原子核を対象とした NMR(^{1}H-NMR)について述べたが，炭素原子核を対象にしたもの(^{13}C-NMR)など，さまざまな原子核を対象とした NMR もある．詳細は他の専門書を参照してほしい．

b. 赤外吸収スペクトル分析法

　一般にこの方法は IR とよばれるが，これは赤外線(infrared)の英単語の一部をとったものである．この分析方法により，特に低分子化合物中の特定の官能基の存在を確認するための情報が得られる．

　分子を構成する原子間の共有結合はばねに例えられ，図 1.27 に示すような，ある種の振動をしている．この振動数に対応する波長の光が当たると，分子は基底状態 E から励起状態 E' に遷移し，$E' - E = \Delta E$ の光エネルギーを吸収する．この装置は，適当な方法で保持した試料分子に赤外線を当て，その波長の光の吸収を記録している．

　吸収される波長の光は，分子を構成する原子の種類と結合の強さ，すなわち官能基の種類によって異なるので，多くの種類の官能基を有している分子ではいくつもの吸

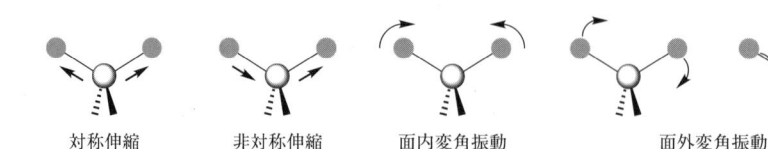

対称伸縮　　　非対称伸縮　　　面内変角振動　　　面外変角振動

図 1.27　3 原子間での振動

収帯が観測される．このような官能基に特有な吸収帯のことを特殊吸収帯という．

赤外吸収スペクトルは，横軸に cm で測った波長の逆数（波数, cm^{-1}）を，縦軸に透過度(%)で表す．図 1.28 のアスピリンの赤外吸収スペクトルにおいて，$1700\,cm^{-1}$ 付近に見られる 2 つの強い吸収は，一般にエステルやカルボキシル基の C=O によるものであることから，エステル結合やカルボキシル基の存在がわかる．

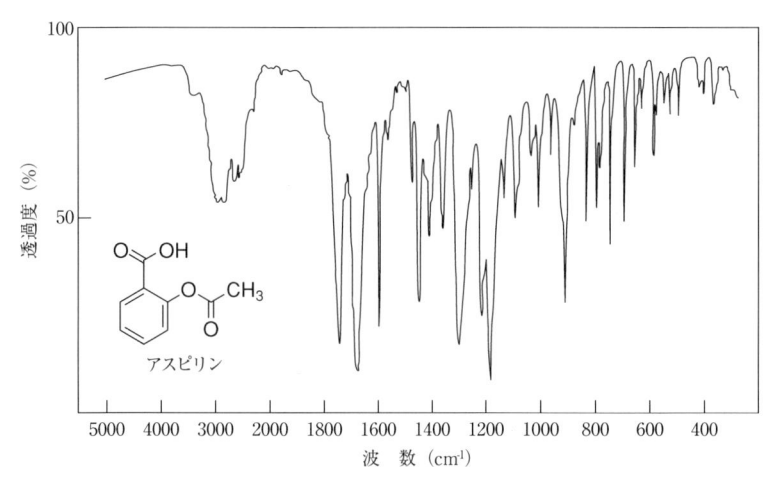

図 1.28　アスピリンの赤外吸収スペクトル
［掘越弘毅ら著，生物有機化学概論，p. 27, 講談社 (1996)を改変］

c. X 線解析法

以上述べてきた方法は，有機化合物の立体構造解明という見地からは，やや間接的であると言わざるを得ない．これに対して，X 線解析法を用いると分子の立体構造が直接求められることから，近年，特にタンパク質の立体構造解析に用いられるようになり，タンパク質の形とそれ自身が有する機能（生命機能など）との関係を明らかにしようとする研究分野（構造生物学という）の進展に大きく貢献している．しかし，試料状態に制約があり，つねに本法を適用できないのが大きな欠点である．すなわち，X 線解析法ではある程度の大きさをもった良質の単結晶を使用する必要があり，ここでは深く述べないが，良質の結晶を得るための条件検討は，いまだに試行錯誤で行われているのが通例である．

結晶を用いる X 線結晶解析法では，X 線の回折現象（図 1.29）を利用し，物質中の原子の立体配置を高精度で決定することのできる，ほとんど唯一の手段である．適当な大きさの単結晶に X 線を照射し，回折像を X 線フィルムに記録する．分子や結晶は明確な規則性をもって配列した原子より構成されていることから，フィルムに写る回

折像は結晶を構成している原子・分子の三次元構造を反映しており，回折実験から得られる回折波の方位と強度から，結晶の構造を解析する．現在までに数多くの結晶・分子構造が解明されており，きわめて高い精度でこれらの立体配置を把握することに成功している．

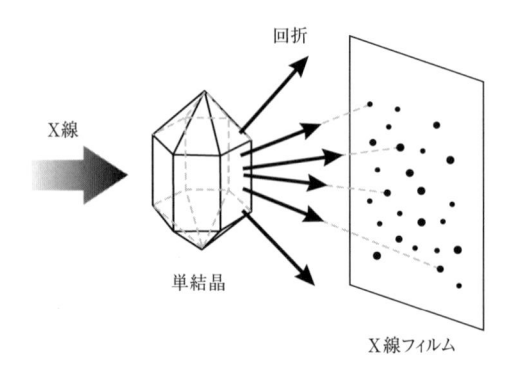

図1.29 X線回折の原理

B. 質量分析法

この方法はMSと省略されることが多いが，これは質量分析(mass spectrometry)の英単語の頭文字をとったものである．この分析方法により，化合物の質量に関する情報や構造を推定するための情報が得られる．NMRと同様に，これまで，低分子化合物のみに分析範囲がかぎられていたが，2002年度のノーベル化学賞を受賞した田中耕一氏とジョン・フェン(J. B. Fenn)氏の功績により，最近では高分子化合物であるタンパク質の分子量や構造についても分析可能となったことは記憶に新しい．

質量分析計は，試料分子をさまざまな方法でイオン化してできた分子イオン(molecule ion)や，それが開裂して生じたフラグメントイオン(fragment ion)を，その質量 m と電荷 z の比 (m/z) の大きさ順に分離し，記録する装置であり，図1.30に示すように，3つの主要な部分から構成されている．

試料分子は高真空のイオン化室でイオン化された後，加速電圧によりはじき出されて，イオンビームとして入口のスリットから発射され，強い均一な磁場あるいは電場

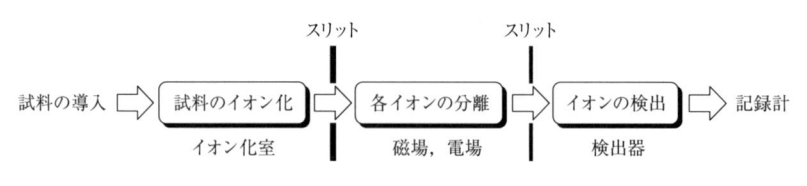

図1.30 質量分析計の原理

を有する分離室に入る．ここで，いろいろな質量をもつ各イオンは，磁場あるいは電場により，質量／電荷（m/z）に応じてその進行方向を曲げられて分離される．分離されたイオンは，出口のスリットを通り抜けて検出器に入り，記録される．得られた各イオンのスペクトルをマススペクトル(mass spectrum)とよび，各イオンのピークは m/z の大きさの順に並べられる．マススペクトルは図1.31のように，横軸に m/z，縦軸にイオンの相対強度(relative intensity)で表されている．通常，低分子有機化合物の分析では，横軸は整数値である．また，棒グラフで示される縦軸はイオンの量を

失敗は成功のもと

2002年のノーベル化学賞は，タンパク質などの生体高分子の構造解析に新しい道を切り開いた，田中耕一氏を含む3名が受賞した．田中氏の受賞理由は，質量分析のための「ソフトレーザー脱離イオン化法」を開発したこと，つまり，質量分析法でタンパク質を研究する道を開いたことにある．質量分析機の構造は図1.30に示したが，分子の質量測定にはイオン化を行う必要がある．従来までのイオン化法は強力であり，タンパク質などの生体高分子はばらばらに分解されてしまうため，不向きであった．ところが1985年2月，田中氏を含む5人の研究チームが，それまで不可能とされていた「タンパク質を壊さないでイオン化すること」に世界で初めて成功した．この方法では，マトリックスと試料を混ぜたのち，レーザー光を照射することでタンパク質がイオン化される．マトリックスは，レーザー光のエネルギーを吸収し，試料分子をほとんど分解させることなくイオン化させるための補助剤として加えられており，コバルトとグリセリンの混合物が用いられていた．この発見は田中氏の功績の1つであるが，実は逸話がある．コバルトを溶解させる溶媒として使用していたアセトンの代わりに，まちがえてグリセリンを使ってしまうという重大な失敗を犯してしまったのだが，コバルトは高価であり，「そのまま捨てるのはもったいない」と実験を続けた結果，ノーベル賞につながる大発見を生み出したとのことである．まさに，"失敗は成功のもと"である．その後，多くの研究者の手により改良が加えられ，「マトリックス支援レーザー脱離イオン化法（MALDI法）」となるまでに田中氏の技術は発展を重ねた．現在では，タンパク質の質量を正確に測定することで物質の同定が可能となったため，プロテオミクス研究の基盤技術として用いられている．タンパク質異常が原因で起こる病気の診断や，その薬の開発にまで応用されるようになった（2.3.6項参照）．

意味しているが，その絶対量は試料の導入量によって変化するので，最大強度のピークを100％とした相対値で表すことになっている．

低分子化合物の測定例として，カフェイン（分子量194.19）を電子衝撃イオン化法（EI法）という，高真空下で試料分子に熱をかけて気化させたものに電子ビームを当てる方法でイオン化して測定した場合，図1.31のスペクトルを得ることができる．このスペクトルで，横軸（m/z）の194の所にカフェインの質量を反映する分子イオンピーク M^+ と，さらにいくつかのフラグメントイオンピークが現れている．フラグメントイオンは分子イオンがある一定の様式で開裂して生じたものであり，試料分子の構造推定のために多くの情報を提供する．スペクトルの縦軸は各ピークの相対強度を表しており，一番大きい m/z 194のイオンピーク（基準ピーク）を100として，各ピークの強度はその相対値で表す．カフェインの場合，分子イオンピークが基準ピークとなっている．

また，同位体存在比の高いハロゲンを含む分子は，特徴的な分子イオンピークを示すことから，分子中のハロゲンの存在も確認できる．

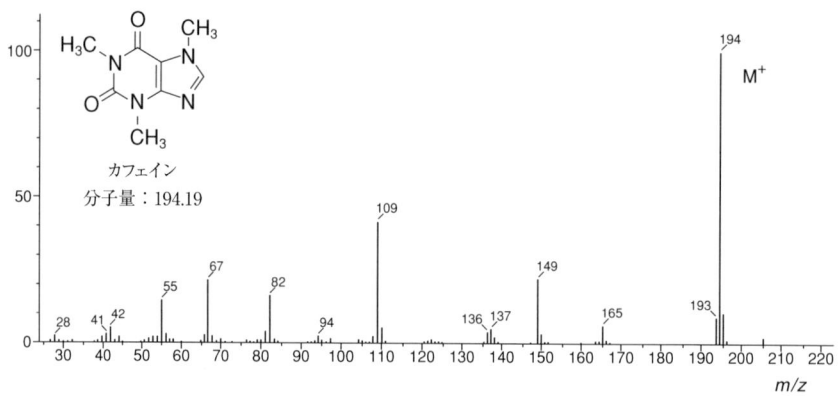

図1.31　カフェインのマススペクトル
［掘越弘毅ら著，生物有機化学概論，p.26, 講談社（1996）を改変］

C. その他

低分子化合物の機器分析には，以上の方法の他に，元素分析，融点測定，および不斉炭素原子をもつものは旋光度測定（図1.18参照）などがあり，構造決定のための重要な手段となりうる．

一方，高分子化合物，特に遺伝子研究（ゲノム解析，ゲノミクスともいう）においては，DNAの塩基配列順序を調べるDNAシークエンサー（塩基配列決定装置）が汎用されている．

また，近年，生体分子の研究において重要であるタンパク質研究（プロテオーム解析，プロテオミクス）においては，上述の質量分析計が使用される場合がほとんどではあるが，タンパク質を構成するアミノ酸について，その種類と含量を測定するアミノ酸分析計，およびタンパク質のアミノ酸配列順序を調べることができるプロテインシークエンサー（アミノ酸配列決定装置）も使用されることがある．

2 生体物質の化学

生体を構成する成分の大部分は水（70～80％）であるが，残りの大部分は糖質，タンパク質，脂質，核酸など，生体の構成や生命の活動・維持に働いている有機化合物によって占められている．また，ビタミンやホルモンなどのように，微量ではあるが生命活動にとって重要な役割をもつ有機化合物もある．これらの化合物は，低分子量のものから高分子に至るまできわめて多種多様であり，それぞれ特有の性質と構造を有しているがゆえに，生体において固有の役割をもって働いている．また，これらの化合物は互いに深く関わり合いながら，生体の中で共存している．

本章では，糖質，タンパク質，脂質，核酸，ビタミンについて述べる．

2.1 糖質の化学

2.1.1 糖質の定義と分類

はるか太古から，光合成を行うことができる生物は，太陽から降り注がれる光エネルギーを利用して，環境中に豊富に存在する二酸化炭素（CO_2）と水（H_2O）を糖分子に変換することで，光エネルギーを貯蔵可能な化学エネルギーの形に変え，生命活動のための安定したエネルギー源として利用できるようにしてきた．また，糖質を生体構成のための材料としても利用してきた．このようにして，糖質はバイオマス資源として地球上に大量に蓄えられるようになり，多くの生物の生存にとって重要な役割を担うようになった．

糖質は一般的に $C_n(H_2O)_m$ から成る組成式をもつことから，炭素の水和物と考えられ，炭水化物（carbohydrate）ともよばれているが，構成原子として C, H, O から成るものでもこの組成式に当てはまらないものや，N や S などのヘテロ原子を含むものなど，さまざまなタイプのものがあり，生命活動においてさまざまな役割を担っている．

糖質は，通常の加水分解条件ではそれ以上分解できない最小単位である単糖

(monosaccharide)と，数個の単糖がグリコシド結合によりつながった少糖(オリゴ糖，oligosaccharide)，さらに多数の単糖が結合してできた巨大ポリマー分子である多糖(polysaccharide)に大別される．身近な例をあげると，単糖のD-グルコース（ブドウ糖）は多くの生物にとって重要なエネルギー源であり，この単糖が2つ結合してできたオリゴ糖（二糖）の中には，マルトース（麦芽糖）などがあり，またグルコースが数多く結合してできた多糖の中には，グリコーゲンやデンプンなどの動植物のエネルギー貯蔵の役割をもつものや，セルロースなど植物細胞壁を構成するようないわゆる構造多糖とよばれているものがある．また糖質には，エネルギー源や生体構成物質としての役割を有するものばかりでなく，糖以外のさまざまな有機分子が単糖やオリゴ糖と結合した物質があり，これらを一般に配糖体(glycoside)とよんでおり，テルペノイド類，フラボノイド類，抗生物質などさまざまなものがある．さらに生体には，糖鎖とタンパク質あるいは脂質が結合した糖タンパク質(glycoprotein)や糖脂質(glycolipid)が存在し，生命活動のための重要な役割を担っている．近年，細胞膜の糖タンパク質の糖鎖の重要性がクローズアップされ，糖鎖生物学・糖鎖工学として，その研究分野が発展している．

単糖は，複数の不斉炭素原子を有することから多くの立体異性体が存在し，さらに結合の形成に関与する水酸基を複数有する一種のポリアルコールであることから，それらが結合して少糖や多糖を形成する場合には，多種多様なものができる可能性がある．実際に，自然界にはきわめて多くの種類の糖質が存在している．

2.1.2 糖質の構造と性質

A. 単糖の構造と性質

単糖は，アルデヒド基を有するポリヒドロキシアルデヒドと，ケトン基を有するポリヒドロキシケトンの立体異性体群であり，前者をアルドース(aldose)，後者をケトース(ketose)とよぶ．最も簡単なアルドースはグリセルアルデヒドであり，ケトースはジヒドロキシアセトンである．これらの単糖は，炭素原子3個からできているためトリオース(triose)とよばれる．また，炭素原子数が4，5，6個と増えるに従い，それぞれテトロース(tetrose)，ペントース(pentose)，ヘキソース(hexose)とよばれる．つまり，炭素数6のアルドースならアルドヘキソース，ケトースならケトヘキソースとなる（表2.1）．

グリセルアルデヒドは，不斉炭素原子を1つもっているため，D-体とL-体の2つの立体異性体がある（1.4.2項参照）．すべての単糖の立体異性体を区別する場合，このグリセルアルデヒドを基準とする．すなわち，アルデヒド基（またはケトン基）より最も遠い不斉炭素の立体配置が，D-グリセルアルデヒドに対応するものをD-系列の

2.1 糖質の化学

表 2.1 アルドースとケトース

	トリオース	テトロース	ペントース	ヘキソース	
アルドース	CHO *CHOH CH$_2$OH グリセル アルデヒド	CHO *CHOH *CHOH CH$_2$OH	CHO *CHOH *CHOH *CHOH CH$_2$OH	CHO *CHOH *CHOH *CHOH *CHOH CH$_2$OH	1 2 3 4 5 6
ケトース	CH$_2$OH C=O CH$_2$OH ジヒドロキ シアセトン	CH$_2$OH C=O *CHOH CH$_2$OH	CH$_2$OH C=O *CHOH *CHOH CH$_2$OH	CH$_2$OH C=O *CHOH *CHOH *CHOH CH$_2$OH	1 2 3 4 5 6

*不斉炭素原子

糖，L-グリセルアルデヒドに対応するものを L-系列の糖とよんで，区別している．図 2.1 に，アルドヘキソースであるグルコースの D-体と L-体について，単糖の立体化学に大きく貢献した化学者であるフィッシャー (H.E.Fischer) の投影式を用いて示す．D-グルコースと L-グルコースは，互いに鏡像の関係にあるエナンチオマーである．

単糖の不斉炭素原子の数が増えると立体異性体の数も増える．不斉炭素原子が n 個あれば立体異性体の数は 2^n 個となる．アルドテトロースであれば 4 個，アルドペント

D-(+)-グリセルアルデヒド　　L-(−)-グリセルアルデヒド

D-(+)-グルコース　　L-(−)-グルコース

エナンチオマー

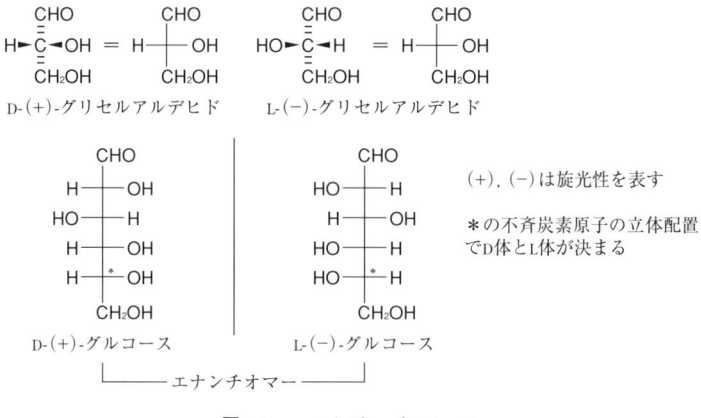

(+)，(−)は旋光性を表す

*の不斉炭素原子の立体配置で D 体と L 体が決まる

図 2.1　D- および L-グルコース

ースであれば8個，アルドヘキソースであれば16個となり，それらのうちの半分はD-型で，他の半分はL-型のものとなる．つまりアルドヘキソースであれば，D-グルコースとL-グルコースのようなエナンチオマーの組が8つあることになる．そして，D-型（あるいはL-型）の8つのアルドヘキソースは，それぞれ互いにジアステレオマーの関係にある．図2.2に，炭素数3～6のD-系列のアルドースについて，立体配置を関連づけながらフィッシャーの投影式を用いて示す．

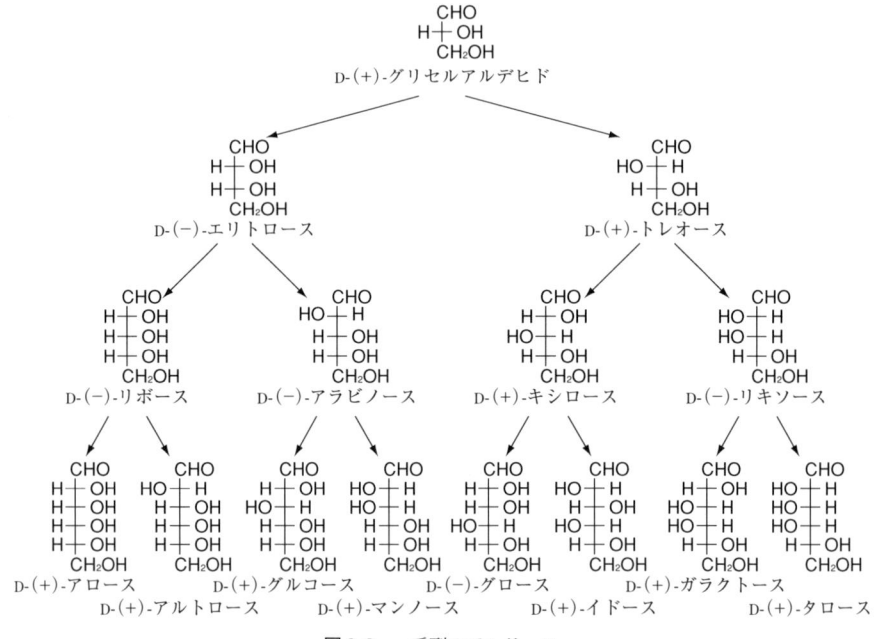

```
                                CHO
                              H─┼─OH
                               CH₂OH
                        D-(+)-グリセルアルデヒド
                ↙                              ↘
              CHO                              CHO
            H─┼─OH                           HO─┼─H
            H─┼─OH                            H─┼─OH
             CH₂OH                             CH₂OH
         D-(−)-エリトロース                  D-(+)-トレオース
         ↙           ↘                     ↙           ↘
        CHO          CHO                  CHO          CHO
      H─┼─OH       HO─┼─H               H─┼─OH       HO─┼─H
      H─┼─OH        H─┼─OH             HO─┼─H        HO─┼─H
      H─┼─OH        H─┼─OH              H─┼─OH        H─┼─OH
       CH₂OH         CH₂OH               CH₂OH         CH₂OH
    D-(−)-リボース  D-(−)-アラビノース  D-(+)-キシロース D-(−)-リキソース
    ↙    ↘        ↙    ↘         ↙    ↘        ↙    ↘
   CHO   CHO    CHO    CHO      CHO    CHO    CHO    CHO
 H─OH  HO─H   H─OH   HO─H    H─OH   HO─H   H─OH   HO─H
 H─OH  H─OH   HO─H   HO─H    H─OH   H─OH   HO─H   HO─H
 H─OH  H─OH   H─OH   H─OH    HO─H   HO─H   HO─H   HO─H
 H─OH  H─OH   H─OH   H─OH    H─OH   H─OH   H─OH   H─OH
 CH₂OH CH₂OH  CH₂OH  CH₂OH   CH₂OH  CH₂OH  CH₂OH  CH₂OH
D-(+)- D-(+)- D-(+)- D-(+)-  D-(−)- D-(+)- D-(+)- D-(+)-
アロース アルト グルコ マンノ  グロース イドー ガラク タロース
       ロース ース   ース            ス   トース
```

図2.2 D-系列のアルドース

D-アルドペントースのうち，D-リボースは，リボ核酸（RNA）の骨格を形成する糖である．D-アルドヘキソースのうち，天然に広く存在するのはD-グルコース，D-マンノース，およびD-ガラクトースである．これらのアルドヘキソースは，それぞれのジアステレオマーの関係にある．D-グルコースとD-マンノースを比べてみると，4つの不斉炭素原子のうち2位の立体配置が異なっている．このように2位の炭素の配置が異なるものどうしを，特にエピマー（epimer）とよんでいる．現在では，2位炭素だけでなく，D-グルコースとD-アロースあるいはD-グルコースとD-ガラクトースのように，3位あるいは4位の炭素の立体配置のみが異なるものどうしについても，エピマーとよぶ場合があるようである．厳密には，フェニルヒドラジンとの反応において，同じオサゾンを与える2位炭素の配置に関する異性体のことだけを意味する．

2.1 糖質の化学

　今までは単糖の炭素骨格を直鎖状で示してきた．しかし，D-グルコースは明らかに2種類の異性体として結晶化され単離できることや，多くのアルドースがアルデヒド基の検出に用いられるシッフ試薬と反応しないことなどのさまざまな実験結果から，これについて，アルデヒドと水酸基の1つが分子内反応により環状ヘミアセタールを可逆的に形成し，不斉炭素原子が新たに1つ増えた糖の環状構造が考えられ，証明された．種々の単糖についても，同様に環状構造を有するものが多い．D-グルコースの例をあげると，アルデヒド基から最も遠い5位の不斉炭素原子の水酸基酸素が，アルデヒド基の炭素原子に求核付加反応することによって，可逆的な2種類の六員環（ピラノース，pyranose）構造を形成する（図2.3）．この2つの環状糖は，アルデヒド基の炭素原子が反応によって新たに不斉中心となり生じた異性体で，α-D-グルコピラノースとβ-D-グルコピラノースである．両者の関係をアノマー(anomer)とよび，新たにできたその不斉炭素原子を，アノマー炭素原子(anomeric carbon)とよぶ．糖が環状構造を形成するときにできる，アノマー炭素原子（アルドースでは1位炭素，ケトースでは2位炭素）に結合する水酸基（アノマー水酸基）が，フィッシャーの投影式において，D, L-系列を決定する基準炭素原子の水酸基と同じ側にあるものをα-アノマー，反対側にあるものをβ-アノマーとよぶ（図2.3）．また，両アノマーは水などの溶液中ではアルデヒド型を介して平衡関係にあり，結局はα-アノマーとβ-アノマーが一定の割合で含まれる混合物となって，同一の比旋光度（$[\alpha]_D$ +52.5°(H_2O)）を示すようになる（比旋光度については1.4.2項参照）．この現象を変旋光(mutarotation)とよぶ．ちなみにD-グルコースの場合，水溶液中での平衡状態におけるα-アノマーとβ-アノマーの存在比は，おおよそ36：64である．

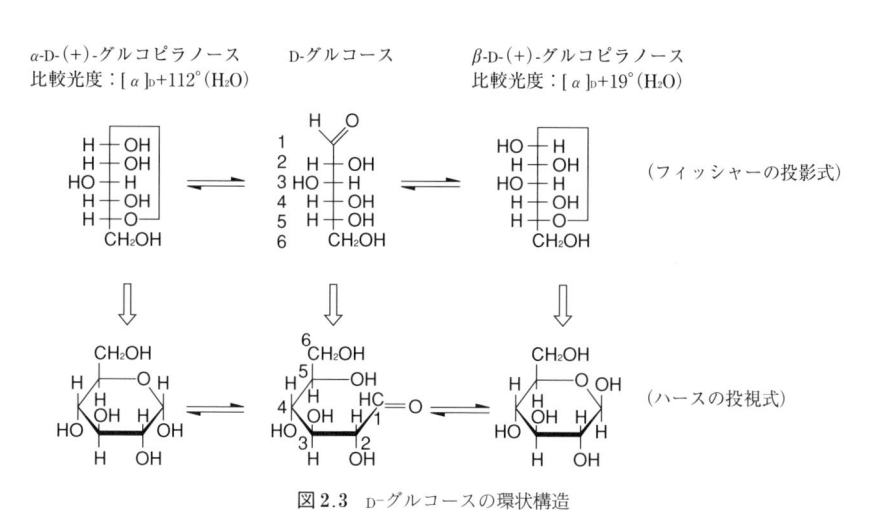

図2.3　D-グルコースの環状構造

2 生体物質の化学

　D-グルコースは、4位の水酸基がアルデヒド基と反応することによって五員環(フラノース, furanose) 構造もとれるが、それはほとんど存在しない。しかし、糖の種類によっては、おもにフラノース型をとるものもある。

　環状構造を有する単糖の命名について、α-D-グルコピラノースを例に、図2.4に示す。

α-D-glucopyranose

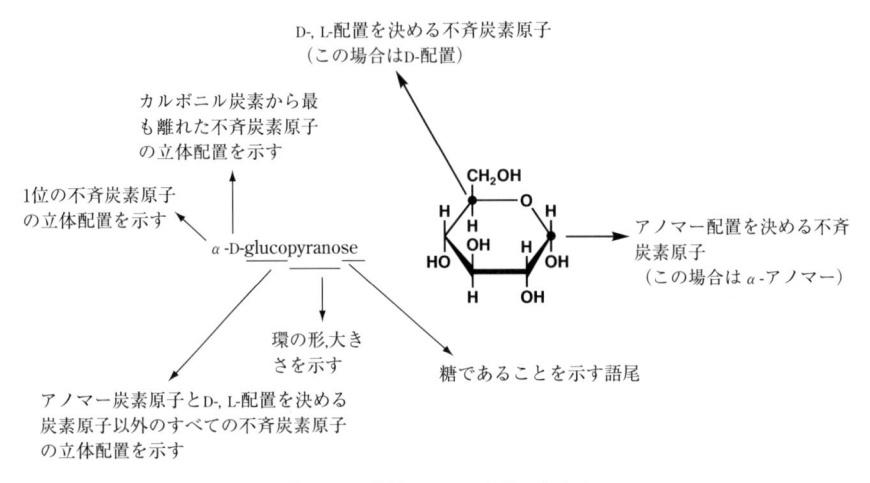

- 1位の不斉炭素原子の立体配置を示す
- カルボニル炭素から最も離れた不斉炭素原子の立体配置を示す
- D-, L-配置を決める不斉炭素原子（この場合はD-配置）
- アノマー配置を決める不斉炭素原子（この場合はα-アノマー）
- 環の形, 大きさを示す
- 糖であることを示す語尾
- アノマー炭素原子とD-, L-配置を決める炭素原子以外のすべての不斉炭素原子の立体配置を示す

図2.4　環状構造をもつ単糖の命名法

　今までは、糖の環状構造をハース(W.N.Haworth)の投視式を用いて示してきたが、ピラノースでは、その立体配座を加味して椅子型構造を用いて書き表すことが多い。たとえば、α-およびβ-D-グルコピラノースを椅子型構造で示すと、図2.5のようになる。この構造式におけるアノマー水酸基の向きは、α-アノマーでは環に垂直なアキシアル位に、そしてβ-アノマーでは環に平行なエクアトリアル位にある。上図のようないす型構造をC1型とよび、D-グルコピラノースでは通常この配座が安定であり、2, 3, 4位の水酸基と6位の-CH₂OH基は、すべてエクアトリアル位にある。D-マンノピラノースはD-グルコピラノースの2位エピマーであるから、2位の水酸基がアキシアル位にある。また、環が反転してアノマー炭素が上向きになった構造を1C型とよび、この場合はアキシアル位とエクアトリアル位が逆転し、α-アノマーにおいては1位水酸基がエクアトリアル位に、β-アノマーにおいては1位水酸基がアキシアル位になる。アルドペントースやケトヘキソースなどのフラノース構造を有するものでは、このようないす型構造にはならない。

　以上、C, H, Oから成る中性糖、特にアルドースを中心に単糖の化学を述べてきたが、天然にはさまざまな単糖の誘導体が存在している。それらをすべて紹介すること

40

図2.5 D-グルコースのC1いす型構造

は紙面の都合からも無理であるが，生体にあるいくつかの単糖の誘導体を図2.6に示す．α-D-グルコース1-リン酸などの単糖のリン酸エステルは，糖質代謝の重要な中間体となっている．2位の酸素原子を欠いたデオキシ糖である2-デオキシ-D-リボースは，遺伝子情報を有する核酸であるDNAの骨格を形成する糖である．D-グルコサミンなどのような，水酸基の1つがアミノ基に置換されたアミノ糖（アザ糖ともよぶ）

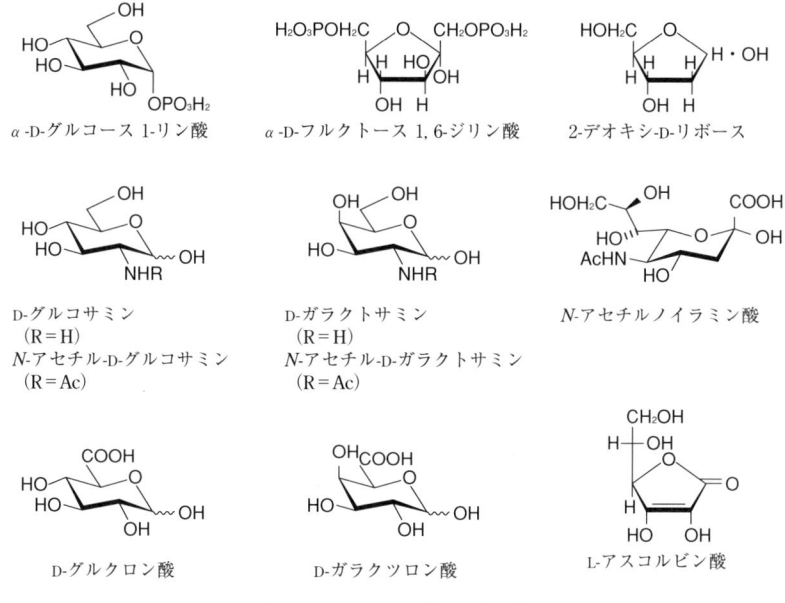

図2.6 生体にある単糖の誘導体

や N-アセチルノイラミン酸は，糖タンパク質や糖脂質の成分として含まれ，生理機能において重要な役割を担っている．6位の-CH_2OH 基が-$COOH$ 基となった一連の糖をウロン酸とよび，D-グルコースのウロン酸である D-グルクロン酸などは，さまざまな多糖体の成分になっている．アスコルビン酸はビタミン C として知られている．

　ここでは，たとえば D-グルコースをその環構造を明確に示すため，D-グルコピラノースと記述してきた．以降は特に環構造を強調する必要がないかぎり，環状糖であっても D-グルコースのように記述することにするので，誤解しないようにしていただきたい．

B. オリゴ糖

　アルドースを少量の塩化水素（酸触媒）を含むメタノール中で撹拌すると，アノマー水酸基がメチル化されたメチルアセタールが生成する．糖のアセタールを一般的にグリコシド（glycoside）とよび，語尾を-side にして区別する．上記の反応で，D-グルコースからは，メチル α-D-グルコピラノシドとメチル β-D-グルコピラノシドの両アノマーができる．グリコシドの形成によって，アルドースは環状構造が固定され，中性

━━ 特定保健用食品としてのオリゴ糖 ━━

　食用オリゴ糖としては，従来から甘味料として用いられているショ糖（スクロース），水飴の主成分である麦芽糖（マルトース），乳中に含まれる乳糖（ラクトース）などがよく知られている．しかし最近，これらとは別に，体内に入り，さまざまな有用生理的機能を示すオリゴ糖が，いろいろな食品に添加され，特定保健用食品の指定を受け，市場に出回るようになってきた．このようなオリゴ糖を，食用機能性オリゴ糖と総称している．当初，これらのオリゴ糖は，ショ糖などに比べ「虫歯になりにくい」とか「太らない」といった効能をもつ甘味料として，世間に出回った（p. 44 参照）．その後，ビフィズス菌のような腸内の善玉菌の増殖を促進して「整腸効果を示す」オリゴ糖が脚光を浴びるようになった．さらに，さまざまな機能性オリゴ糖の開発がさかんに行われるようになり，「免疫調節」や「ミネラル吸収促進」といった効果を示すものが登場してきた．これらの食用機能性オリゴ糖は，純粋あるいは準純粋製品として，また他の食品へ添加されて商品化されており，その市場は巨大なものになっている．

　おもな特定保健用食品指定オリゴ糖として，フラクトオリゴ糖，ガラクトオリゴ糖，乳果オリゴ糖，大豆オリゴ糖，キシロオリゴ糖，ラフィノース，ラクチュロース，イソマルトオリゴ糖などがあげられる．

2.1 糖質の化学

や塩基性の溶液中では鎖状構造との平衡状態をとらないので，変旋光の現象はみられなくなる．

　オリゴ糖や多糖は，糖どうしがこのようなグリコシドを形成して連結したものであり，この結合をグリコシド結合とよぶ．また，アノマー水酸基が遊離状態の糖は，アルデヒド（またはケトン）の性質を有し還元性を示すことから，オリゴ糖や多糖において，アノマー水酸基が遊離状態にある糖のほうを還元性末端とよび，逆の端のほうを非還元性末端とよぶ．

　天然に存在するオリゴ糖の中で量的に最も多いのは，単糖が2つグリコシド結合によりつながった二糖類である．これは，一方の単糖のアノマー水酸基と，もう一方の単糖のいずれかの水酸基の1つとが結合を形成したもので，グリコシドのアノマーを考えると組み合わせは数多くある．例として，天然に存在するD-グルコースどうしの二糖を図2.7に示す．マルトースを例にあげると，これはD-グルコースの α-アノマー水酸基と，もう1つのD-グルコースの4位の水酸基とが，グリコシド結合を形成しており，このような結合を α-1,4グリコシド結合とよび，$\alpha(1\to4)$ で表す．つまり，マ

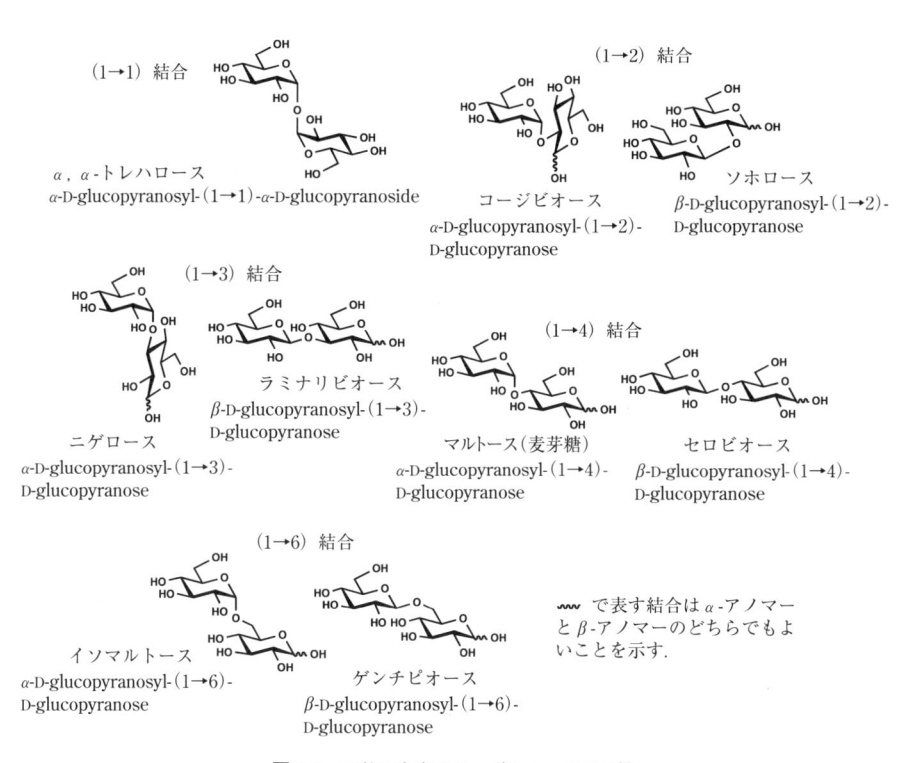

(1→1) 結合

α,α-トレハロース
α-D-glucopyranosyl-(1→1)-α-D-glucopyranoside

(1→2) 結合

コージビオース
α-D-glucopyranosyl-(1→2)-
D-glucopyranose

ソホロース
β-D-glucopyranosyl-(1→2)-
D-glucopyranose

(1→3) 結合

ニゲロース
α-D-glucopyranosyl-(1→3)-
D-glucopyranose

ラミナリビオース
β-D-glucopyranosyl-(1→3)-
D-glucopyranose

(1→4) 結合

マルトース（麦芽糖）
α-D-glucopyranosyl-(1→4)-
D-glucopyranose

セロビオース
β-D-glucopyranosyl-(1→4)-
D-glucopyranose

(1→6) 結合

イソマルトース
α-D-glucopyranosyl-(1→6)-
D-glucopyranose

ゲンチビオース
β-D-glucopyranosyl-(1→6)-
D-glucopyranose

〜 で表す結合は α-アノマーと β-アノマーのどちらでもよいことを示す．

図2.7　天然に存在するD-グルコースの二糖

ルトースは 2 個の D-グルコースが α-1,4 グリコシド結合でつながった二糖である．ちなみに，D-グルコースが β-1,4 グリコシド結合でつながった場合の二糖は，セロビオースとよぶ．

われわれの身近にある二糖としては，D-ガラクトースと D-グルコースから成り哺乳類の乳などに含まれるラクトース（乳糖）や，D-グルコースとケトースである D-フルクトースから成りサトウキビやビートから抽出・精製され甘味料として用いられているスクロース（ショ糖）などがある（図 2.8）．

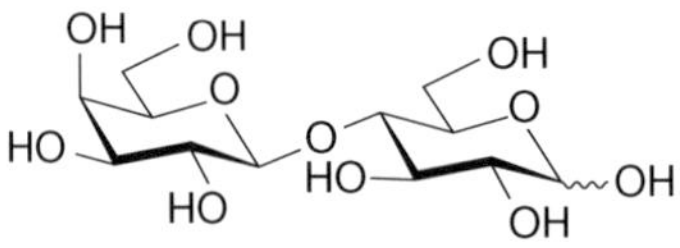

ラクトース（乳糖）
β-D-galactopyranosyl-(1→4)-
D-glucopyranose

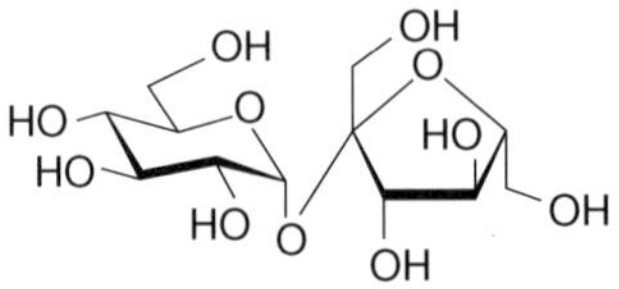

スクロース（ショ糖）
β-D-fructofuranosyl
α-D-glucopyranoside

図 2.8　天然に存在するヘテロオリゴ糖の一例

また近年，独特の生理機能を有するオリゴ糖が，機能性甘味料として注目されるようになってきた．たとえば「口内の虫歯菌によって利用されないので虫歯の原因になりにくい」，「難消化性のため低カロリーである」，「腸内の善玉細菌（ビフィズス菌など）の増殖を特異的に促進して整腸効果を示す」，「免疫調節機能がある」，「ミネラルの吸収を促進する」，といったようなさまざまな効果を発揮するものが知られている．図 2.9 に，機能性オリゴ糖の一例としてフラクトオリゴ糖，キシロオリゴ糖，および

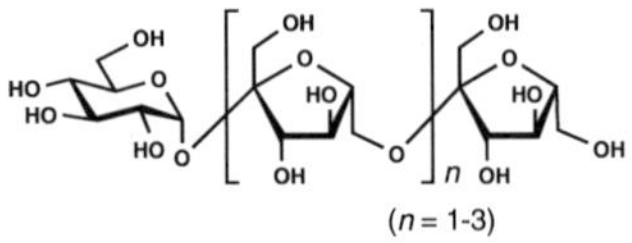

(n = 1-3)
フラクトオリゴ糖

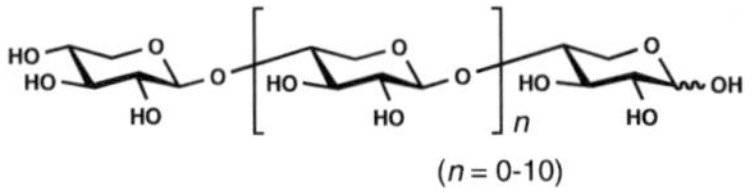

(n = 0-10)
キシロオリゴ糖

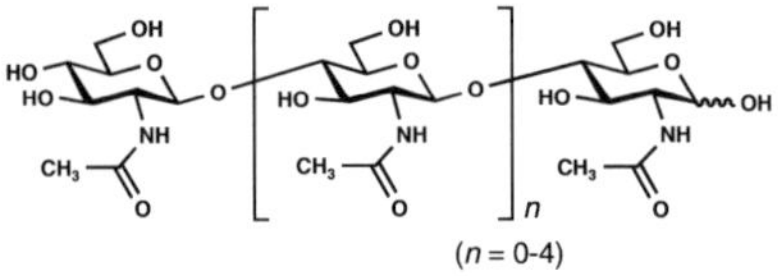

(n = 0-4)
キチンオリゴ糖

図 2.9　機能性甘味料としてのオリゴ糖の一例

キチンオリゴ糖の構造を示す．フラクトオリゴ糖やキシロオリゴ糖には，顕著なビフィズス菌増殖効果が確認されている．キチンオリゴ糖には免疫力増強効果などが確認されている．

トレハロースやスクロースのように，単糖のアノマー水酸基どうしが結合した二糖は，還元性がないため非還元性オリゴ糖とよばれている．

特殊なオリゴ糖としては，6〜8個のD-グルコースがα-1,4 グリコシド結合でつながり環状となった，シクロデキストリンがある．

C. 多糖

多糖は単糖の重合度が7〜10以上の糖質のことをいう．自然界に大量に存在する多糖としては，植物のセルロース（D-グルコースがβ-1,4 グリコシド結合によってつながったもの）やデンプン（D-グルコースがα-1,4 およびα-1,6 グリコシド結合によってつながったもの），カニやエビなどの甲殻類の殻を構成するキチン（N-アセチル-D-グルコサミンがβ-1,4 グリコシド結合によってつながったもの）などがよく知られている．これらは，単糖の重合度が非常に高い巨大高分子ポリマーである．デンプンやセルロースのように1種類の単糖だけから成るものを単純多糖（ホモグリカン）とよび，複数の種類の単糖から成るものを複合多糖（ヘテログリカン）とよぶ．また，グルコースのみから成る単純多糖を，グルカン(glucan)とよぶ（たとえばセルロースはβ-1,4-D-グルカンである）．

多糖は生物にとってさまざまな機能を果たしている．生物のエネルギー貯蔵物質としては，高等植物のデンプン，褐藻のラミナラン，動物のグリコーゲンなどがある．デンプンにはα-1,4-D-グルカンであるアミロースと，それにα-1,6 結合の枝分かれのあるアミロペクチンがある（図2.10）．ラミナランは基本的にはβ-1,3-D-グルカンであるが，β-1,6 結合の枝分かれのあるものや還元末端にマンニトールが結合したものがある．グリコーゲンはアミロペクチンと類似の構造をもつが，枝分かれの頻度がより高い．

構造維持の機能をもつ多糖としては，高等植物の細胞壁を構成しているセルロース，紅藻の細胞壁成分である寒天，動物の甲殻類や昆虫の表皮などの成分であるキチンなどがある．セルロースとキチンの構造については前述した．寒天には，1,3位で結合するβ-D-ガラクトース残基と1,4位で結合する3,6-アンヒドロ-α-L-ガラクトース残基が交互に配列した直鎖構造のアガロースと，それにウロン酸，ピルビン酸および硫酸を含むアガロペクチンがある．

その他，微生物の生産する多糖にはさまざまなものがある．代表的なものとしてはデキストラン（α-1,6-D-グルカン）があり，代用血漿などとして用いられており，その有用性から工業的に生産されている．

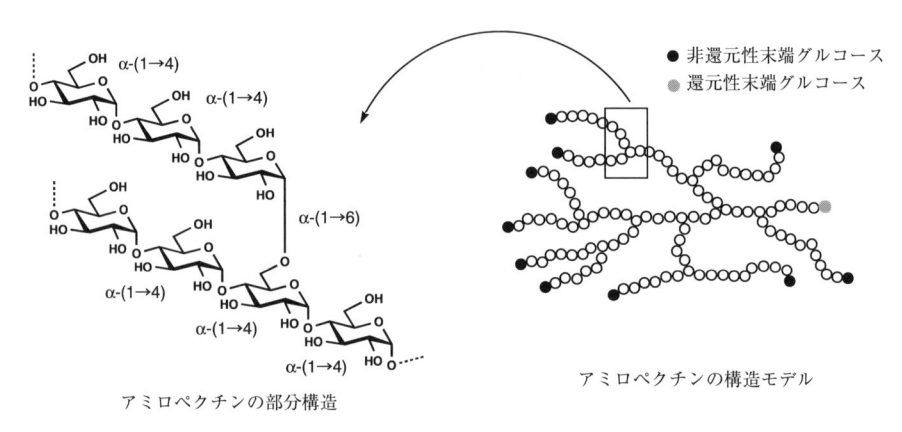

図 2.10　デンプンの構造

図 2.11　抗生物質としての配糖体の一例

D. 配糖体

糖以外の天然の有機化合物が単糖やオリゴ糖と結合したものを，配糖体とよんでいる．そのような物質として，テルペノイド，ステロイド，キノン類，フラボノイド，抗生物質などさまざまなものがある．これらの物質における糖の役割については明確なことはわからないが，たとえば水溶性や安定性の増大，細胞透過性の増大，生物活性発現への関与などが指摘されている．図2.11に配糖体としての抗生物質の一例を示す．

2.1.3 複合糖質と糖鎖生物学・糖鎖工学

糖タンパク質(glycoprotein)，プロテオグリカン(proteoglycan)，糖脂質(glycolipid)は，それぞれ糖鎖がタンパク質や脂質に結合してできた複合体物質である．これらの物質を総称して，複合糖質(glycoconjugateまたはcomplex carbohydrate)とよんでいる．これらの物質は，生命活動において多様かつ重要な生理機能をになっている．それらの機能発現には糖鎖が重要な役割を果たしていることから，糖鎖の構造や機能を解明していくことはきわめて重要なことである．近年，このような研究分野を糖鎖生物学(glycobiology)とよぶようになった．また，研究のための方法論や基盤となる技術，そしてそれらを踏まえての応用技術として，糖鎖工学(glycotechnology)の研究分野も発展してきた．これは，遺伝子工学，細胞工学，タンパク質工学などと同様に，ライフサイエンス研究における1つの大きな柱となりつつある．

A. 糖タンパク質

糖タンパク質には，さまざまな機能をもつ多種類のものがある．たとえば酵素，ホルモン，マメ科植物などに存在し細胞凝集作用を示すレクチン，構造タンパク質であるコラーゲン，貯蔵物質である牛乳のカゼインなどがよく知られている．また，ヒト血漿中には生体防御や物質運搬にかかわるものが数多く含まれている．ヒト赤血球膜に存在する血液型物質としての糖タンパク質もよく知られている．さらに，細胞の膜にはさまざまな糖タンパク質が存在しており，細胞外物質の情報認識や細胞どうしの接着などを通じ，生体機能の調節や細胞の活性化，分化，がん化など多彩な機能を担っている．そして，それらの過程において細胞膜の外側に突き出ている糖鎖が，重要な役割を果たしていることが知られている．炎症部位での白血球細胞による血管内皮細胞の認識や，ウイルスの宿主細胞への吸着にも，細胞膜のある種の糖タンパク質が関与しており，この観点からの新薬の開発も行われている．

糖タンパク質中で，糖鎖はアスパラギンやトレオニンやセリンなどのアミノ酸に結合している．アスパラギン結合型の糖は，アスパラギンと窒素原子を介して結合して

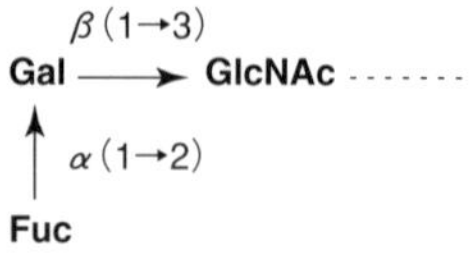

2 生体物質の化学

```
         β(1→3)
    Gal ─────→ GlcNAc ……
     ↑
     │ α(1→2)
    Fuc
```
O(H)型血液型を決定する糖鎖構造

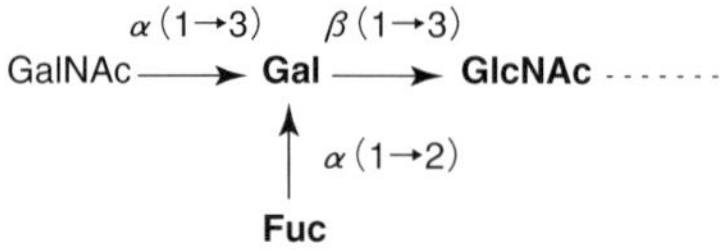

```
         α(1→3)     β(1→3)
GalNAc ─────→ Gal ─────→ GlcNAc ……
              ↑
              │ α(1→2)
             Fuc
```
A型血液型を決定する糖鎖構造

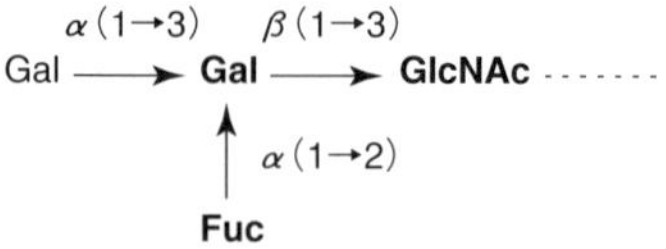

```
        α(1→3)     β(1→3)
   Gal ─────→ Gal ─────→ GlcNAc ……
              ↑
              │ α(1→2)
             Fuc
```
B型血液型を決定する糖鎖構造

図 2.12　ABO 式血液型を決める複合糖質の糖鎖の部分構造．Gal：ガラクトース，GalNAc：N-アセチルガラクトサミン，GlcNAc：N-アセチルグルコサミン，Fuc：フコース．太文字の部分は共通の部分オリゴ糖構造を示す

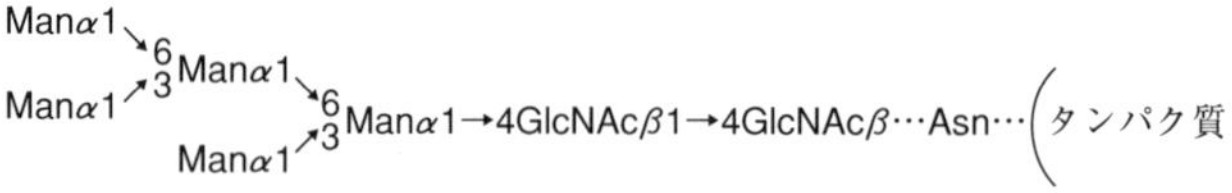

```
  Manα1 ↘6
         Manα1 ↘6
  Manα1 ↗3     3↗ Manα1→4GlcNAcβ1→4GlcNAcβ…Asn…(タンパク質
         Manα1 ↗
```
卵白アルブミンのGp-V糖鎖（高マンノース型）

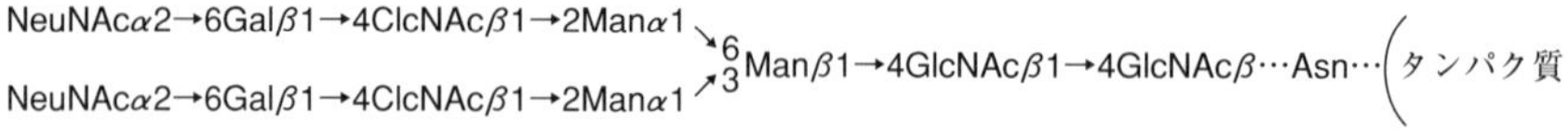

```
NeuNAcα2→6Galβ1→4ClcNAcβ1→2Manα1 ↘6
                                    Manβ1→4GlcNAcβ1→4GlcNAcβ…Asn…(タンパク質
NeuNAcα2→6Galβ1→4ClcNAcβ1→2Manα1 ↗3
```
ヒト血清トランスフェリンの糖鎖（複合型）

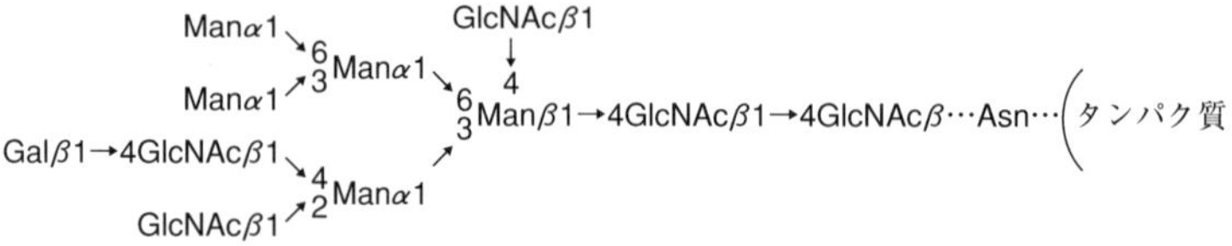

```
  Manα1 ↘6          GlcNAcβ1
         Manα1 ↘6       ↓4
  Manα1 ↗3         Manβ1→4GlcNAcβ1→4GlcNAcβ…Asn…(タンパク質
                      3↗
Galβ1→4GlcNAcβ1 ↘4
                  Manα1
         GlcNAcβ1 ↗
```
卵白アルブミンのGp-l糖鎖（混成型）

図 2.13　アスパラギン結合糖鎖の例．Man：マンノース

いるため N-グリコシド型とよび，また，トレオニンやセリン結合型の糖は，酸素原子を介して結合しているため O-グリコシド型とよぶ．また，構成糖としては N-アセチルグルコサミン，N-アセチルガラクトサミン，マンノース，ガラクトース，グルコース，シアル酸（N-アセチルノイラミン酸を基本とする糖残基の総称），フコースなど

が通常存在している．

例として，赤血球膜や種々の体液に存在する血液型関連物質である糖タンパク質や糖脂質における ABO 式血液型決定部分の糖鎖構造と，アスパラギン結合糖鎖(高マンノース型，複合型，混成型)の構造の一例を，図 2.12 と図 2.13 にそれぞれ示す．これらの糖タンパク質は，細胞内小器官である小胞体やゴルジ体において，さまざまな糖加水分解酵素や糖転移酵素によって構築されたのち，細胞膜に運ばれていく．

B. プロテオグリカン

プロテオグリカンは，グリコサミノグリカン（ムコ多糖）とタンパク質が結合した化合物の総称であり，コラーゲンタンパク質などとともに結合組織の細胞外マトリックス中の基質を形成し，組織安定化，潤滑剤機能，水分保持，電解質調節など，さまざまな役割を担っている．グリコサミノグリカンは，アミノ糖とウロン酸（またはガラクトース）との二糖単位（図 2.14）のくり返し構造から成る直鎖状の複合多糖で，それに含まれる複数のカルボキシル基や硫酸基の存在によって，高い負電荷をもつポリアニオンとなっている．

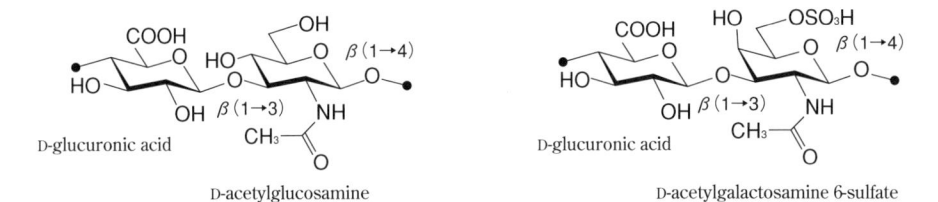

ヒアルロン酸　　　　　　　　　　　　　　コンドロイチン硫酸C

図 2.14　グリコサミノグリカン中のくり返し二糖の例

プロテオグリカンとして，ヒアルロン酸（ウシ眼ガラス体，皮膚，関節液，トサカなどに存在が確認されている），コンドロイチン(ウシ眼角膜，スルメイカ皮などに存在が確認されている)，コンドロイチン硫酸（軟骨などに存在が確認されている），デルマタン酸（皮膚，腱，心臓弁，大動脈などに存在が確認されている），ヘパリン（動物の肝，肺，小腸などに分布し，肥満細胞に多く含まれている．血液凝固阻止作用がある），ヘパラン硫酸(動物の諸臓器に存在が確認されている．血液凝固阻止作用はほとんどない)，ケラタン硫酸(ウシ眼角膜，髄核，椎間板，軟骨などに存在が確認されている）が知られている．

C. 糖脂質

糖脂質は，動物組織に存在するスフィンゴ糖脂質と，植物組織や微生物細胞に存在するグリセロ糖脂質に大別される．糖脂質の多くは，細胞膜中で糖鎖を細胞の外に向

け，脂質部分を膜に組み込んだ形で存在している．スフィンゴ糖脂質は，スフィンゴシンという塩基に脂肪酸が酸アミド結合したセラミドとよばれる脂肪部分に，糖鎖が結合した構造をしている．また，糖鎖の非還元性末端にシアル酸をもつ酸性スフィンゴ糖脂質はガングリオシドとよばれ，哺乳動物の神経系の主要な糖脂質として重要な役割を果たしている．ガングリオシドの糖鎖の例を図2.15に示す．グリセロ糖脂質はグリセロールに脂肪酸がエステル結合したものに糖鎖が結合した構造をしている．

$$
\begin{array}{c}
\text{Gal}\beta1{\rightarrow}3\text{GalNAc}\beta1{\rightarrow}4\text{Gal}\beta1{\rightarrow}4\text{Glc}\beta1{\rightarrow}1'\text{Cer} \\
3 \\
\uparrow \\
\text{NeuAc}\alpha2
\end{array}
$$

図 2.15　G_{M1} ガングリオシドの糖鎖．NeuAc：N-アセチルノイラミン酸，Cer：セラミド

D.　糖鎖工学

　糖タンパク質や糖脂質は，細胞膜に存在して細胞増殖，細胞分化誘導，細胞接着分子認識・情報伝達など，さまざまな生理機能を担っている．これらの機能発現には糖鎖部分が重要な役割を果たしていることが，糖鎖生物学の発展とともに徐々に明らかになってきた．これらの糖鎖の機能をより詳細かつ正確に解明していき，糖鎖生物学を発展させるためには，それらの構造を知ることがきわめて重要なことになってきた．そのためには，基盤となる糖鎖構造解析，糖鎖修飾，糖鎖構築（合成）の方法論の進歩が重要な課題となり，糖鎖工学として発展した．つまり，糖鎖工学は糖鎖生物学の発展のための基盤技術として，重要な役割をになっているのである．

　糖タンパク質の糖鎖の構造を解析するためには，まず糖タンパク質から糖鎖を切り出さなければならない．O-グリコシド型糖鎖と N-グリコシド型糖鎖の糖タンパク質への結合については，酸やアルカリに対する安定性に著しい違いが見られるため，それぞれ異なった方法が行われている．O-グリコシド型の場合は水素化ホウ素ナトリウム処理により，また，N-グリコシド型の場合はヒドラジン分解によって，それぞれタンパク質から糖鎖の切り出しが行われている．また，グリコペプチダーゼやエンドグリコシダーゼを用いる酵素法により，タンパク質から糖鎖を切り出す方法も行われている．タンパク質から切り出された糖鎖は，加水分解によりオリゴ糖や単糖にまで分解されたのち，高感度検出を可能にするためピリジルアミノ化などの修飾をほどこされて，順相カラムおよび逆相カラムを用いた HPLC などで分離される．そして，それぞれのクロマトグラムにおける溶出時間を，修飾グルコースオリゴマーの溶出時間を基にした二次元空間上に記し，既知の試料に関するデータベース上で比較することで同定を行い，試料糖の構造を推定する．これらの一連の作業を図2.16に示す．

2.1 糖質の化学

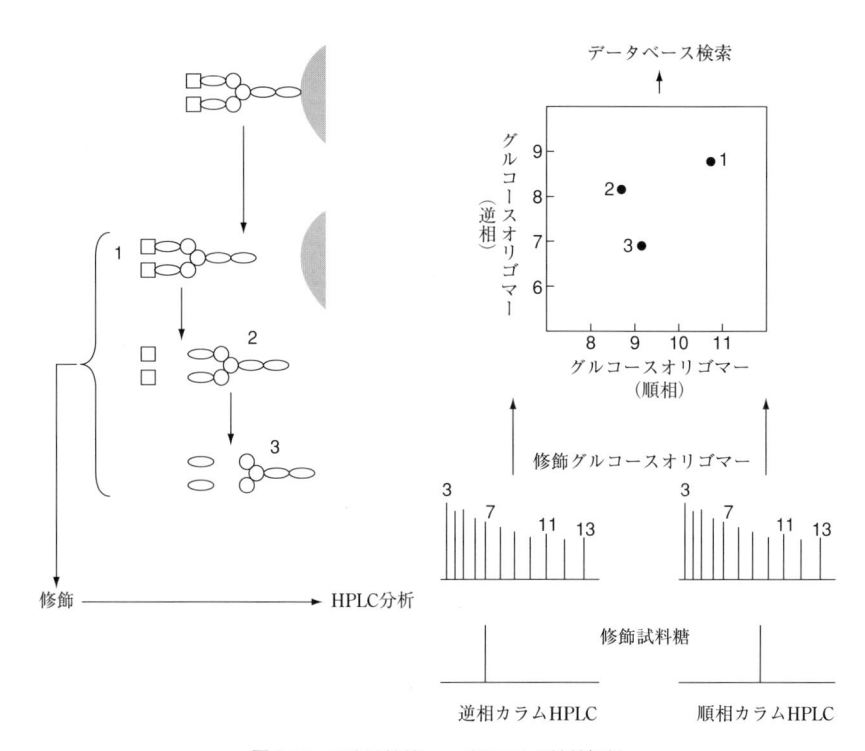

図 2.16　二次元糖鎖マップ法による糖鎖解析

　単糖誘導体からのオリゴ糖の合成には，ルイス酸などの化学試薬を反応促進剤（プロモーター）として用いる化学合成法と，酵素反応を利用する酵素法が行われている．図 2.17 に，グルコ二糖誘導体合成のための化学試薬によるグリコシル化反応について一例を示す．グルコースの 1 位の水酸基を，反応のプロモーター存在下で脱離する脱離基に変え，残りのすべての水酸基を保護したものを糖供与体として用い，また，グリコシド結合を形成させたい位置の水酸基を遊離の状態にさせ，残りのすべての水酸基を保護したものを糖受容体として用い，それらを有機溶媒中に混合したのち，プロモーターを添加することで反応を開始する．この場合，グリコシル化反応は S_N1 様の求核置換反応となるので，生成物として両アノマーが得られる．化学的グリコシル化の場合，基質となる糖の水酸基の選択的保護・脱保護や，生成物からのアノマーの分離といった繁雑な操作が必要になる．
　一方，酵素法としては，グリコシルトランスフェラーゼやグリコシダーゼの糖転移反応を利用した方法が行われている．図 2.18A にガラクトシルトランスフェラーゼによるラクトース誘導体の合成を，また B に α-グルコシダーゼによるイソマルトース

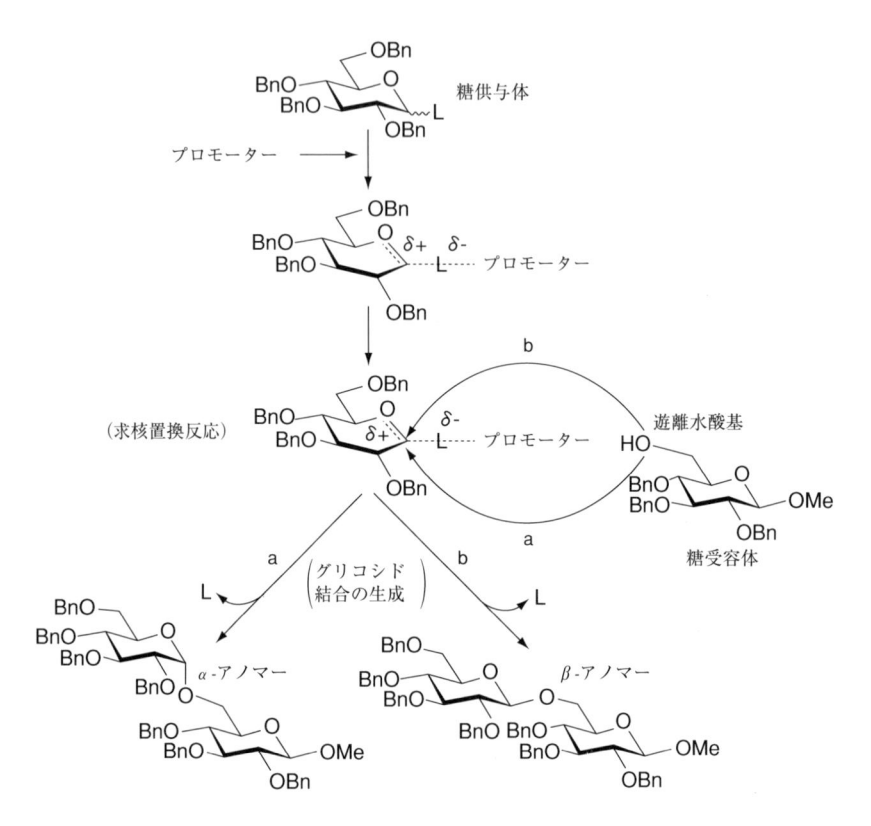

図 2.17 化学試薬を用いたグリコシル化反応による二糖の合成

誘導体の合成について示す．酵素によるグリコシレーションの場合，基質となる糖の種類と生成する結合のアノマー型は決まっており，また糖受容体上でグリコシド結合が形成する位置もほぼ決まっているので，化学的グリコシル化のように糖水酸基の選択的保護・脱保護や，生成したアノマーの分離などの操作は必要がない．したがって，特定のオリゴ糖を作るためには酵素法は便利である．しかし，酵素は基質特異性が高いため，合成できるオリゴ糖には限りがある．多種多様なオリゴ糖を作れるといった点では，操作が繁雑ではあるが化学的グリコシル化が便利である．このように化学法

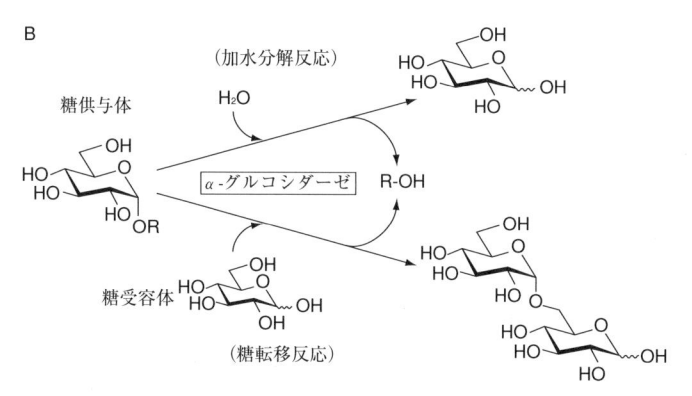

図2.18 ガラクトシルトランスフェラーゼとα-グルコシダーゼによる二糖合成の例

と酵素法はそれぞれ長所と短所があるが，両者をうまく使い分けてオリゴ糖合成を効率的に行うことが重要である．

2.2 脂質の化学

　生体成分のなかで，脂肪酸を主構成分としている一群の有機物質は脂質(lipid)とよばれており，水に不溶で有機溶媒には溶ける．脂質は，単純脂質（①中性脂質または油脂，②ロウ），複合脂質（③リン脂質，④糖脂質，⑤スフィンゴ脂質），およびイソプレノイド（⑥ステロイド，⑦カロテノイドなど）に分類される．油脂はエネルギー源として生体内で利用され，複合脂質は生体膜の構成成分として重要な役割を果たしている．

2.2.1 中性脂質と油脂

脂肪酸とグリセロールから形成されるエステルを，アシルグリセロールまたはグリセリドとよび，分子内に荷電をもたない分子であることから中性脂質といわれる．脂肪酸としては，飽和型のラウリン酸（炭素数12），パルチミン酸（炭素数16），ステアリン酸（炭素数18）などと，不飽和型のオレイン酸（炭素数18），リノール酸（炭素数18）などが知られており，結合する脂肪酸の数により，モノ-，ジ-，トリアシルグリセロールが生成する．フィッシャー投影式に従ってグリセロール誘導体を表示し，どの炭素に結合した水酸基がエステル結合を形成しているのかを明示するため，sn (stereospecific numbering) の記号をつけて，1-sn-モノアシルグリセロールのように表示する（図 2.19）．

$$
\begin{array}{cccc}
^1CH_2OH & ^1CH_2OCOR_1 & ^1CH_2OCOR_1 & ^1CH_2OCOR_1 \\
HO-^2C-H & HO-^2C-H & R_2OCO-^2C-H & R_2OCO-^2C-H \\
^3CH_2OH & ^3CH_2OH & ^3CH_2OH & ^3CH_2OCOR_3
\end{array}
$$

グリセロール　　1-sn-モノアシル　　1,2-sn-ジアシル　　トリアシル
　　　　　　　　グリセロール　　　グリセロール　　　　グリセロール

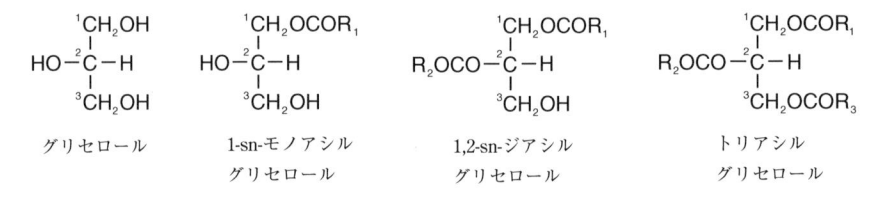

図 2.19　アシルグリセロールの構造

油脂は，トリアシルグリセロールから成り，構成脂肪酸の種類により，常温で固体のもの(fat)と液体のもの(oil)に分類される．植物油（オリーブ油，サフラワー油，ダイズ油など）にはオレイン酸，リノール酸が多く含まれ，液体であるが，動物油（牛油，豚油など）には，パルチミン酸，オレイン酸，ステアリン酸などが多く含まれるため，固体となる．

2.2.2 複合脂質

A. リン脂質

1,2-sn-ジアシルグリセロールの3位の水酸基がリン酸エステルを形成し，リン酸末端に窒素塩基，グリセリンなどがエステル結合すると，3-sn-グリセロリン脂質(glycerophospholipid)が生成する．リン脂質はリン酸による負の荷電をもつが，図 2.20 の例に示す PC, PE は塩基の正電荷をもつため，分子全体としては中性となる．PS, PI, PG は酸性リン脂質としてふるまう．リン脂質における脂肪酸の置換分布は，油脂の場合よりも明確に分かれており，1位に飽和酸，2位に不飽和酸が結合し，中性脂質よりも高度不飽和酸を多く有している場合が多い．リン脂質は生体膜を構成する成分として分布し，主成分は PC, PE である（図 2.20）．

B. 糖脂質

1,2-sn-ジアシルグリセロールの3位に糖が結合すると，グリセロ糖脂質(glyceroglycolipid)が生成する．ガラクトースが1分子あるいは2分子結合したモノ-，ジガラクトシルジアシルグリセロールは，植物に分布している．糖脂質は，リン脂質とともに生体膜構成成分として重要である（図2.21）．

C. スフィンゴ脂質

スフィンゲニンから誘導される脂質を，スフィンゴ脂質(sphingolipid)とよぶ（図2.22）．特に，スフィンゲニンのアミノ基に脂肪酸が結合すると，セラミドが生成する．動物の脳，神経などの膜構成成分として重要である．

$$\begin{array}{c} {}^1CH_2OCOR_1 \\ R_2OCO-{}^2C-H \\ {}^3CH_2OH \end{array} \longrightarrow \begin{array}{c} {}^1CH_2OCOR_1 \\ R_2OCO-{}^2C-H \\ {}^3CH_2OPO_3X \end{array}$$

1,2-sn-ジアシル
グリセロール

3-sn-グリセロリン脂質

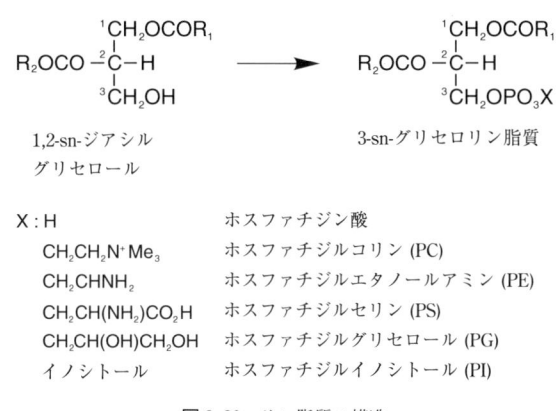

X : H　　　　　　　　　　　ホスファチジン酸
　　$CH_2CH_2N^+Me_3$　　　　ホスファチジルコリン (PC)
　　CH_2CHNH_2　　　　　　ホスファチジルエタノールアミン (PE)
　　$CH_2CH(NH_2)CO_2H$　　ホスファチジルセリン (PS)
　　$CH_2CH(OH)CH_2OH$　　ホスファチジルグリセロール (PG)
　　イノシトール　　　　　　ホスファチジルイノシトール (PI)

図2.20　リン脂質の構造

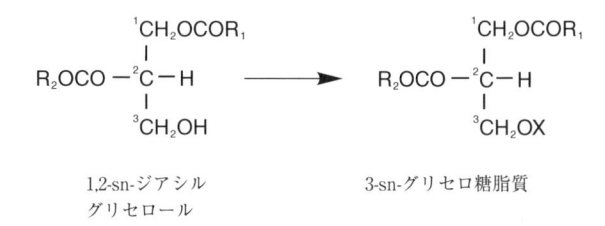

$$\begin{array}{c} {}^1CH_2OCOR_1 \\ R_2OCO-{}^2C-H \\ {}^3CH_2OH \end{array} \longrightarrow \begin{array}{c} {}^1CH_2OCOR_1 \\ R_2OCO-{}^2C-H \\ {}^3CH_2OX \end{array}$$

1,2-sn-ジアシル
グリセロール

3-sn-グリセロ糖脂質

X : ガラクトース　　　　　　モノガラクトシルジアシルグリセロール（MGDG）
　　ガラクトース-ガラクトース　ジガラクトシルジアシルグリセロール（DGDG）
　　スルホキノボース　　　　スルホキノボシルジアシルグリセロール（SQDG）

図2.21　糖脂質の構造

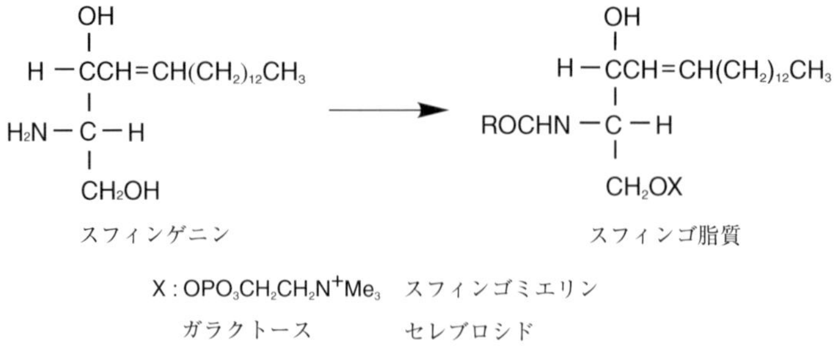

2　生体物質の化学

```
         OH                                    OH
         |                                     |
   H-CCH=CH(CH₂)₁₂CH₃                    H-CCH=CH(CH₂)₁₂CH₃
         |                     ——→            |
   H₂N-C-H                              ROCHN-C-H
         |                                     |
         CH₂OH                                 CH₂OX
         スフィンゲニン                          スフィンゴ脂質
```

X : OPO₃CH₂CH₂N⁺Me₃　　スフィンゴミエリン
　　ガラクトース　　　　　セレブロシド

図 2.22　スフィンゴ脂質の構造

2.2.3　脂質の機能

A.　中性脂質の役割

　中性脂質であるトリアシルグリセロールは，生物体のエネルギー源として体内に蓄えられており，1gあたり9.3kcalの高いエネルギーをもっている．炭水化物もグリコーゲンとして動物体内に貯蔵されているが，その量は多いものではなく，1gあたり4.1kcalと脂肪の値の半分にも満たない．また，炭水化物やタンパク質は親水性のため水と溶媒和しやすく，細胞内で水和水を多く含んでいるのに対して，脂肪は水と共存しないため，単位体積もしくは単位重量あたりのエネルギー貯蔵効率がきわめて高くなる．

B.　複合脂質の機能

a.　複合脂質の会合

　複合脂質では，その脂肪酸部分が疎水基，リン酸-塩基部分が親水基になるため，両親媒性物質となり，水中ではその濃度や脂質の構造によって複雑な会合を示す．低い濃度ではモノマーとして分子分散しているが，濃度が高くなるとミセルやラメラ膜(脂質二重膜)を形成する．さらに水層が少なくなると，ヘキサゴナル構造もしくは逆ミセル構造を構築する．脂質の挙動はその分子形に大きく影響され，親水基と疎水基がほぼ同じ大きさの分子(シリンダー型)はラメラ構造を作りやすく，疎水基のほうが大きいコーン型分子はヘキサゴナル構造をとりやすい．また，脂肪酸が1個とれたリゾ型リン脂質は逆コーン型分子となるため，ミセル，モノマーの形をとりやすい．このようなリン脂質の性質は，構成脂肪酸組成によっても影響されるため，生体膜の複雑な機能発現の要因ともなっている．

b.　生体膜の複合脂質

　細胞を構成する細胞膜，細胞小器官などの生体膜は，基本骨格として脂質二重層をもち，その中にタンパク質がモザイク状に点在する構造をとっている．脂質層は，常

温では液晶状態であり，膜内に存在するタンパク質はかなりの自由度をもって動くことができる(流動モザイクモデル)．一般に，膜脂質を構成する脂質は高度不飽和酸を多く含み，ステロールを含有するものが多い．このステロールは，複合脂質の配列の隙間を埋め，膜を機械的に強化するとともに，膜流動性を調節し，各種の膜機能を発現することに寄与している．

C. 脂肪酸の機能

脂肪酸は，エネルギー源や膜構成成分としての機能以外に，生理活性成分としても重要な役割を果たしている．生体膜を構成する高度不飽和酸は，酸化されてプロスタグランジン(prostaglandin)，トロンボキサン(thromboxane)やロイコトリエン(leukotriene)を生成する．プロスタグランジンは血管拡張作用により血圧を降下させ，トロンボキサン A_2 は血小板凝集，血管収縮などの作用がある．これらの生理活性成分は局所ホルモンともよばれ，体内の代謝調節，健康維持に大きく貢献している．

2.3 タンパク質の化学

タンパク質は細胞の主要構成成分であり，加水分解すると，中間体を経て最小構成分子であるアミノ酸が生成する．タンパク質は，生体内では構造以外に触媒，運動・収縮，防御，調節，運搬，貯蔵などの重要な機能を担っている．タンパク質(protein)の語源は，ギリシャ語の「第1位の」を意味するproteiosにちなんで，1938年にスウェーデンのベルセリウス(J. J. Berzelius)により命名された．

タンパク質の元素組成は，C (45〜55%)，H (6〜8%)，O (19〜25%)，N (14〜20%)とS (0〜4%)で，定量の容易なNの含量（約16%）から，試料中の粗タンパク質量（N含量(%) × (100/16)）が算出できる．

遺伝子工学が1970年代の半ばに確立され，1980年代にはタンパク質工学(protein engineering)が出現し，細胞の機能分子の中心であるタンパク質と酵素の作用機序の解明と，それらの有用な人工分子の作出が開始された．1990年代の後半には，遺伝子の翻訳産物である酵素をタンパク質の構造と機能について情報科学を取り入れ，系統的かつ包括的に取り扱うプロテオーム科学またはプロテオミクス(proteomics)が誕生し，タンパク質の化学も新しい時代を迎えた．

2.3.1 アミノ酸の定義，構造と性質

酸性のカルボキシル基(-COOH)と塩基性のアミノ基(-NH$_2$)を1分子中にもつ化合物を，アミノ酸(amino acid)という．

2 生体物質の化学

A. アミノ酸の構造と分類

タンパク質を構成するアミノ酸は，α 炭素にアミノ基が結合した α-アミノ酸である．代表的な 20 種アミノ酸を側鎖の化学的性質に基づき分類し，表 2.2 に示す．

アミノ酸は側鎖の水との親和性により，疎水性 (hydrophobic，非極性 nonpolar) アミノ酸と，親水性 (hydrophilic，極性 polar) アミノ酸とに分類される．もう1つは，側鎖のカチオンまたはアニオンにより，中性 (neutral)，酸性 (acidic)，および塩基性 (basic) アミノ酸に分類される．

タンパク質を構成する 20 種（表 2.2）以外のアミノ酸を図 2.23 に，その他の生体内アミノ酸例を図 2.24 に示す．

表 2.2 タンパク質構成アミノ酸（20種）の名称・構造と分類

分類	名称（英名）	略号 3文字	略号 1文字	構造	発見タンパク質（年代）
疎水性側鎖・中性アミノ酸	グリシン (glycine)	Gly	G	H-CH(NH₂)-COOH	ゼラチン(1820)
	アラニン (alanine)	Ala	A	CH₃-CH(NH₂)-COOH	絹フィブロイン(1879)
	バリン* (valine)	Val	V	(CH₃)₂CH-CH(NH₂)-COOH	カゼイン(1901)
	ロイシン* (leucine)	Leu	L	(CH₃)₂CH-CH₂-CH(NH₂)-COOH	羊毛・筋肉(1820)
	イソロイシン* (isoleucine)	Ile	I	CH₃-CH₂-CH(CH₃)-CH(NH₂)-COOH	血清フィブロイン(1904)
	システイン (cysteine)	Cys	C	HS-CH₂-CH(NH₂)-COOH	ケラチン(1902)
	メチオニン* (methionine)	Met	M	CH₃-S-CH₂-CH₂-CH(NH₂)-COOH	カゼイン(1922)
	フェニルアラニン* (phenylalanine)	Phe	F	C₆H₅-CH₂-CH(NH₂)-COOH	ルーピンもやし(1881)
	トリプトファン* (tryptophan)	Trp	W	(インドール)-CH₂-CH(NH₂)-COOH	カゼイン(1902)

（続く）

(続き)

分類	名称(英名)	略号 3文字	略号 1文字	構造	発見タンパク質(年代)
疎水性側鎖・中性アミノ酸	プロリン (proline)	Pro	P	$\underset{5}{H_2C}-\underset{4}{CH_2}-\underset{3}{CH_2}$; $\underset{5}{H_2C}-\underset{1}{N}-\underset{2}{CH}-COOH$	カゼイン(1849)
親水性側鎖・中性アミノ酸	セリン (serine)	Ser	S	$HO-CH_2-\underset{NH_2}{\overset{H}{C}}-COOH$	絹セリシン(1865)
	トレオニン* (threonine)	Thr	T	$CH_3-\underset{OH}{CH}-\underset{NH_2}{\overset{H}{C}}-COOH$	大麦トウモロコシタンパク(1925)
	チロシン (tyrosine)	Tyr	<u>Y</u>	$HO-\bigcirc-CH_2-\underset{NH_2}{\overset{H}{C}}-COOH$	カゼイン(1849)
	アスパラギン (asparagine)	Asn	<u>N</u>	$H_2N-\underset{O}{\overset{\|}{C}}-CH_2-\underset{NH_2}{\overset{H}{C}}-COOH$	大麻の実(1932)
	グルタミン (glutamine)	Gln	<u>Q</u>	$H_2N-\underset{O}{\overset{\|}{C}}-CH_2-CH_2-\underset{NH_2}{\overset{H}{C}}-COOH$	小麦グリアジン(1932)
親水性側鎖・酸性アミノ酸	アスパラギン酸 (aspartic acid)	Asp	<u>D</u>	$HOOC-CH_2-\underset{NH_2}{\overset{H}{C}}-COOH$	エンドウ(1868)
	グルタミン酸 (glutamic acid)	Glu	<u>E</u>	$HOOC-CH_2-CH_2-\underset{NH_2}{\overset{H}{C}}-COOH$	小麦グリアジン(1866)
親水性側鎖・塩基性アミノ酸	リジン* (lysine)	Lys	<u>K</u>	$H_2N-(CH_2)_4-\underset{NH_2}{\overset{H}{C}}-COOH$	カゼイン(1889)
	アルギニン (arginine)	Arg	<u>R</u>	$H_2N-C(=NH)-NH-(CH_2)_3-\underset{NH_2}{\overset{H}{C}}-COOH$	ケラチン(1895)
	ヒスチジン* (histidine)	His	H	イミダゾール環$-CH_2-\underset{NH_2}{\overset{H}{C}}-COOH$	サメの精子(1896)

*印は成人の必須アミノ酸9種を表す．1文字略号の下線は英名つづりの最初の文字でないアミノ酸を示す

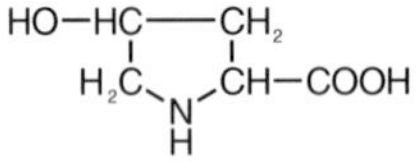

2　生体物質の化学

ヒドロキシプロリン (hydroxyprorine)

（ゼラチン，コラーゲン … 1902年発見）

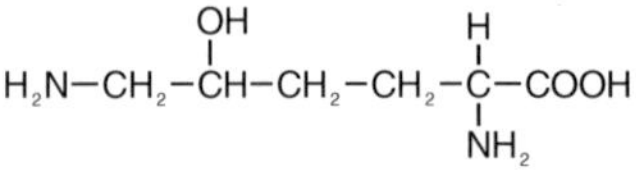

ヒドロキシリジン (hydroxylysine)

（魚ゼラチン，コラーゲン … 1925年発見）

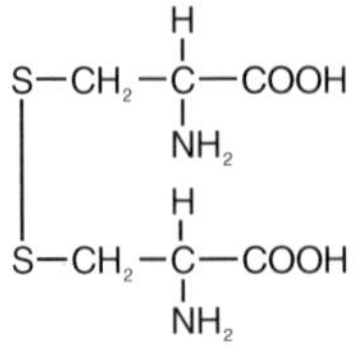

シスチン (cystine)

（毛髪，爪，羽毛などのケラチン）

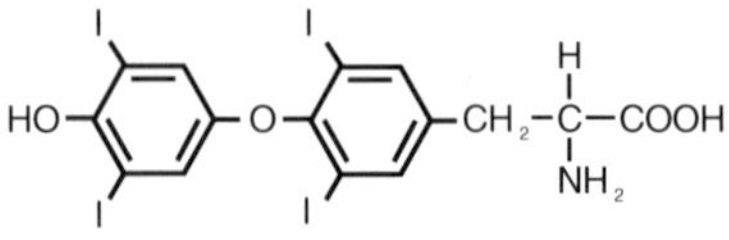

チロキシン (thyroxine)

（甲状腺ホルモン … 1915年発見）

図 2.23　その他のタンパク質構成アミノ酸の例

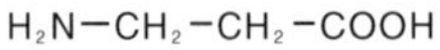

β-アラニン (β-alanine)

（筋肉，肝臓 … 1943年発見）

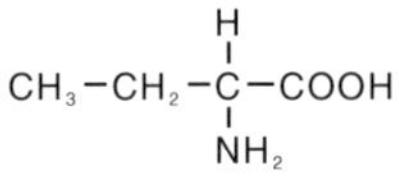

α-アミノ酪酸 (α-aminobutyric acid)

（尿 … 1887年発見）

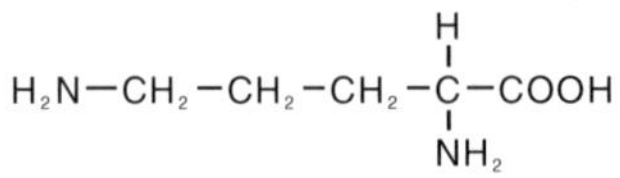

オルニチン (ornithine)

（尿素生合成中間体 … 1887年発見）

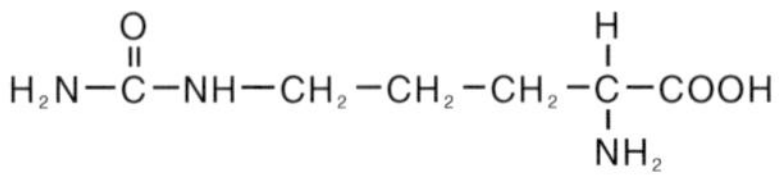

シトルリン (citrulline)

（尿素生合成中間体）

図 2.24　その他の生体内代謝で重要なアミノ酸の例

B.　アミノ酸の立体構造と光学活性

アミノ酸が光学活性を示すことは，1851年パスツール (L. Pasteur) により明らかにされた．これは，グリシン以外のアミノ酸の α 炭素は，不斉炭素（キラル炭素）であるためにエナンチオマーを生ずる (p.20 の b 項参照)．現在では図 2.25 に示すように，D 型および L 型の立体異性体として表し，その基準は単糖の場合と同様に，D- および L-グリセルアルデヒドの立体配置に準ずる．光学活性を示す分子は非対称であるため，図 2.25 の分子模型の D 型と L 型と同様に鏡像は重ね合わせることはできないので鏡像異性体（エナンチオマー）という．

天然のタンパク質を構成するアミノ酸はほとんど L 型で，D 型は希少であり，細菌細胞壁のペプチドグルカン構成成分として D-グルタミン酸や D-アラニンが，抗生物質

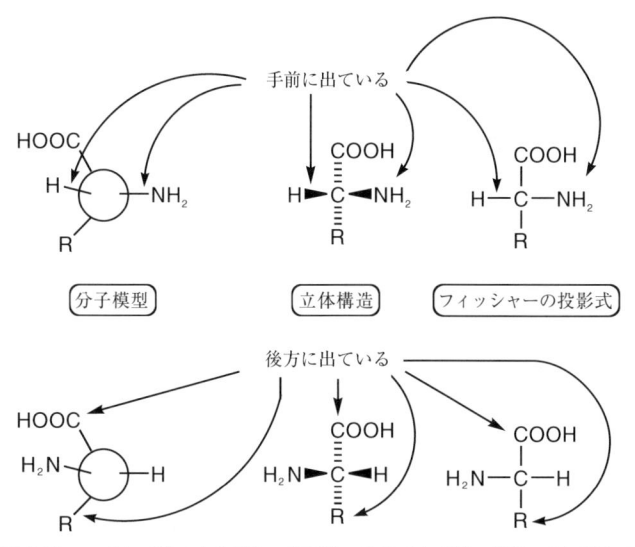

図 2.25　α-アミノ酸の立体構造の表記法．R はアミノ酸の側鎖により異なる

のグラミシジン S には D-フェニルアラニンが構成成分として存在する．化学合成で得られるアミノ酸は，D 型と L 型のラセミ体である．

　光学活性は旋光計ではかり，比旋光度で表し，偏光面の回転方向により右旋性(dextrorotatory)を＋または d (*dextro*，右)，左旋性(levorotatory)を－または l (*levo*，左)で示す．同一アミノ酸は一定条件で決まった比旋光度を示すが，アミノ酸の種類，溶液や pH，温度，溶媒の種類によって異なる．

　1 分子中にキラル炭素が 2 つ以上存在する場合の光学異性体は 2^n 種（n = キラル炭素の数），エナンチオマーは 2^{n-1} 組できる．トレオニンを例にとると，図 2.26 に示すように，光学異性体は 2^2 = 4 種，エナンチオマーは 2^{2-1} = 2 組である．D- と L-アロトレオニン(allo は同種異型の意味)も互いに同じことがいえるが，前 2 者と後 2 者間はエナンチオマーではない．また，2 つのキラル炭素のうちの一方のみを反転した場

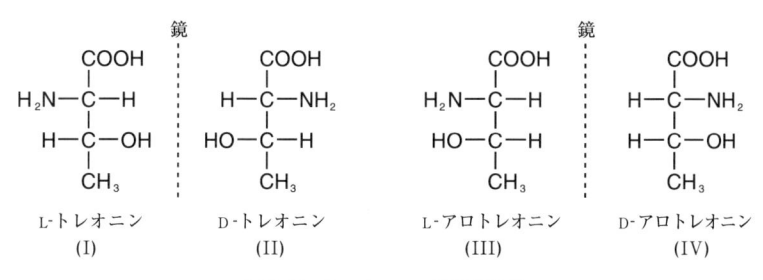

図 2.26　トレオニンの光学異性体

合，両者はエナンチオマーではなく，図 2.26 の I と III，I と IV，II と III，II と IV に それぞれみられるように，原子または原子団の相対的な空間関係の異なった異性体となり，これらはジアステレオマーである(p.22 の c 項参照)．物理化学的性質は，エナンチオマー間ではほぼ同一であるが，ジアステレオマー間では異なる．

C. アミノ酸の電離性と緩衝作用

アミノ酸は 1 分子中にアミノ基とカルボキシル基をもつので，中性領域では図 2.27 に示すとおり，両性イオン（amphoteric ion，双性イオン（zwitter ion）ともいう）である．これにアルカリを加えると，アミノ基はプロトン(H^+)を放出しアニオンとなり，逆に酸を加えると，カルボキシル基にプロトンが結合してカチオンとなる．すなわち，アミノ酸は緩衝作用(buffer action)を示す．

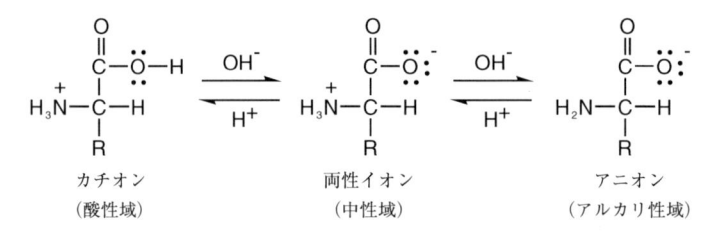

カチオン　　　　両性イオン　　　　アニオン
（酸性域）　　　（中性域）　　　（アルカリ性域）

図 2.27　水溶液におけるアミノ酸の解離

各アミノ酸の α-アミノ基，α-カルボキシル基，およびほかの側鎖の解離基は，表 2.3 に示すように異なる解離定数(pK)をもち，低い値から pK_1，pK_2，pK_3 とする．側鎖の解離状態を表 2.4 に示す．アミノ酸の各解離基の pK 値は，酸とアルカリで

表 2.3　20 種アミノ酸の各塩基の解離定数と等イオン点

アミノ酸	pK_1	pK_2	pK_3	pI
グリシン	2.34 (α-COOH)	9.60 (α-NH_3^+)		5.97
アラニン	2.34 (〃)	6.69 (〃)		6.00
バリン	2.32 (〃)	9.62 (〃)		5.96
ロイシン	2.36 (〃)	9.60 (〃)		5.98
イソロイシン	2.36 (〃)	9.68 (〃)		6.02
セリン	2.21 (〃)	9.15 (〃)		5.68
トレオニン	2.15 (〃)	9.12 (〃)		6.16
プロリン	1.99 (〃)	10.60 (〃)		6.30
フェニルアラニン	1.83 (〃)	9.13 (〃)		5.48
トリプトファン	2.38 (〃)	9.39 (〃)		5.89
メチオニン	2.28 (〃)	9.21 (〃)		5.74
チロシン	2.20 (〃)	9.11 (〃)	10.07 (OH) フェノール基	5.66
システイン	1.96 (〃)	10.28 (〃)	8.18 (SH) チオール基	5.07
アスパラギン	2.14 (〃)	8.72 (〃)		5.43
グルタミン	2.17 (〃)	9.13 (〃)		5.65
アスパラギン酸	1.88 (〃)	3.65 (β-COOH)	9.60 (α-NH_3^+)	2.77
グルタミン酸	2.19 (〃)	4.25 (γ-COOH)	9.67 (α-NH_3^+)	3.22
ヒスチジン	1.82 (〃)	6.00 イミダゾリウム基	9.17 (α-NH_3^+)	7.59
アルギニン	2.17 (〃)	9.04 (α-NH_3^+)	12.48 グアニジニウム基	10.76
リジン	2.18 (〃)	8.95 (α-NH_3^+)	10.53 (ε-NH_3^+) ε-アミノ基	9.74

表2.4 アミノ酸側鎖の解離

アミノ酸	側鎖解離基の解離	pK
アスパラギン酸	$\beta\text{-COOH} \rightleftharpoons \beta\text{-COO}^- + H^+$	3.65
グルタミン酸	$\gamma\text{-COOH} \rightleftharpoons \gamma\text{-COO}^- + H^+$	4.25
リジン	$\varepsilon\text{-NH}_3^+ \rightleftharpoons \varepsilon\text{-NH}_2 + H^+$	10.53
アルギニン(グアニジニウム基)	$\delta\text{-NH-C-NH}_2\,(\text{NH}_2^+) \rightleftharpoons \delta\text{-NH-C-NH}_2\,(\text{NH}) + H^+$	12.48
チロシン(フェノール基)	$\beta\text{-C}_6\text{H}_4\text{-OH} \rightleftharpoons \beta\text{-C}_6\text{H}_4\text{-O}^- + H^+$	10.07
ヒスチジン(イミダゾール基)	(イミダゾール環) $\rightleftharpoons$ (脱プロトン体) $+ H^+$	6.00
システイン(チオール基)	$\beta\text{-SH} \rightleftharpoons \beta\text{-S}^- + H^+$	10.28

別々に滴定し，pHと酸アルカリ当量の滴定曲線を作成して，その変曲点のpHはpKの逆数値 (pK = -log$K$) に等しいので，各基のpKが求められる．各pK値は，その解離基が1/2解離しているpHであり，また，最も緩衝作用の強いpHでもある．

アミノ酸の正と負の電荷イオン数が等しいpHを，等イオン点 (isoionic point, pIと略す) という．特殊な基の解離状態については表2.4に示した．

アミノ酸を種々のpHで電気泳動を行い，陽極にも陰極にも移動しないpHを，等電点 (isoelectric point) という．理論的には等イオン点と一致するが，実際の溶液では共存イオン，特に塩の影響を大きく受けるので，各溶液について実測する必要がある．等電点でアミノ酸の溶解度は最小になるので，溶液のpHを調節して単離に利用される．

D. アミノ酸の化学的性質

アミノ酸の同定や定量をするには，共通のα-アミノ基やα-カルボキシル基，さらには，他の側鎖の特異的な基に対する反応を利用して行う．

a. アミノ酸の溶解性

アミノ酸は両性電解質であるので，一般的に水には溶解しやすいものが多いが，アミノ酸の種類により差があり，また，pHにより溶解度は異なる．プロリンやセリンが最も易溶で，チロシンとシスチンは難溶性である．後2者はアルカリ性ではよく溶ける．含水ブタノールに対しては，ほとんどのアミノ酸が可溶である．アルコールにはプロリンやヒドロキシプロリン以外は不溶であり，ベンゼン，クロロホルム，エーテルにはいずれも溶けない．

b.　α-アミノ基の反応

ニンヒドリン反応：アミノ酸は中性〜弱酸性でニンヒドリン（ninhydrin(2,2-dihydroxy-1,3-indandione)）と加熱すると，酸化的脱アミノを受け，定量的にニンヒドリンの窒素酸化物である赤紫色のDYDA（ジケトヒドリンジリデン-ジケトヒドリンダミン，diketohydrindyridene-dyketo hydrindamine，ルーヘマン紫（Ruhemann's purple）ともいう）が生成する（図2.28）．アミノ酸やペプチドの検出・定量に用いられる．DYDAの吸収極大波長 λ_{max} は570 nmで，プロリンやオキシプロリンでは黄赤色物質が生成され，λ_{max} は440 nmである．検出限界は100 pmol以下である．

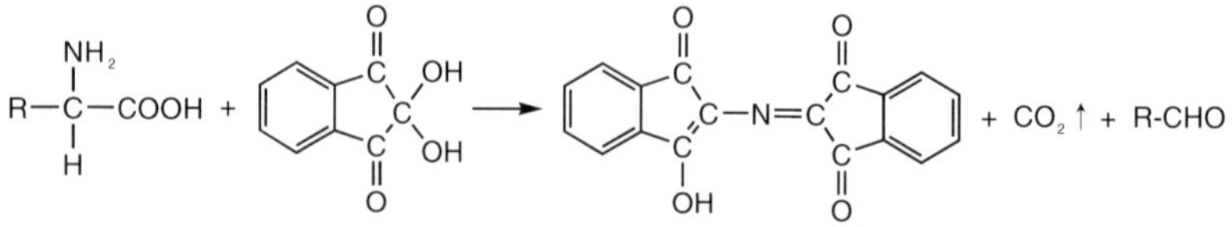

α-アミノ酸　　ニンヒドリン　　着色物質

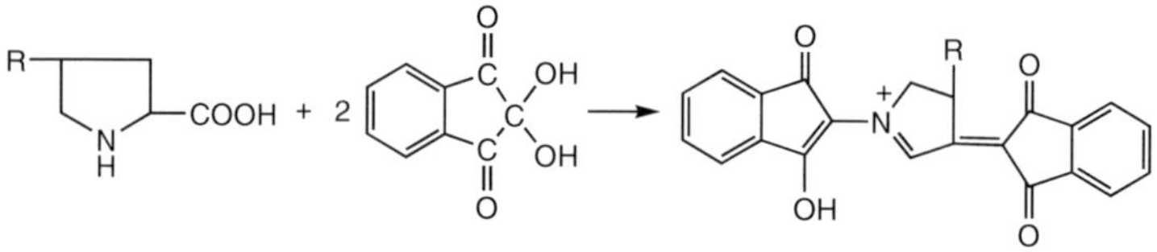

α-イミノ酸　　ニンヒドリン　　着色物質
(R=H or OH)　　（トリケトヒドリンデンヒドラート）

図2.28　ニンヒドリンとアミノ酸およびイミノ酸の反応

ダンシルクロリドとの反応：ダンシルクロリド（dansyl chloride（1-dimethylnaphthalene-5-sulphonyl chloride），DNS-Clと略す）を，炭酸ナトリウム存在下でアミノ酸と反応させると，ダンシル誘導体が生成する．図2.29にその反応を示す．DNS-Clアミノ酸は蛍光（530 nm，励起波長350 nm）を発するので，検出や定量に用いる．検出限界は数pmolから数十pmolである．本反応は，あらかじめアミノ酸に蛍光試薬のDNS-Clを作用させたのち，高速液体クロマトグラフィー(HPLC)で分離・検出するプレラベル法に常用される．

フェニルイソチオシアネート法：フェニルイソチオシアネート（phenylisothiocyanate，PTCと略す）とタンパク質あるいはペプチドのα-アミノ基を，弱アルカリ性（pH 9.5）でカップリングさせてPTC誘導体とし，次にトリフルオロ酢酸で末端ペプチド結合を切断する．酢酸エチルでPTZ-アミノ酸のみを抽出し，1 N塩酸，80°C，10分の処理で転換反応を行い，PTH-アミノ酸とする方法である(図2.30)．本

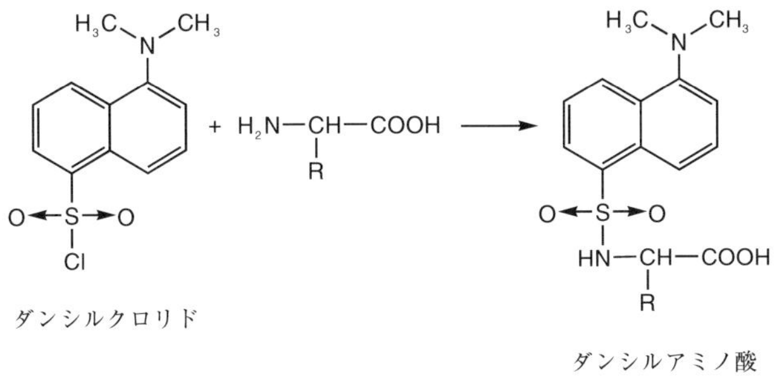

図2.29 ダンシルクロリドとアミノ酸の反応

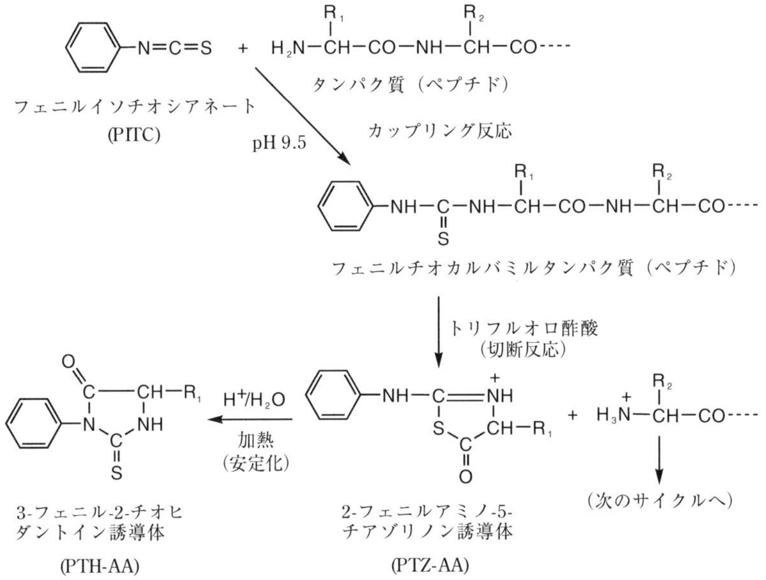

図2.30 フェニルイソチオシアネートとアミノ酸の反応

法をPTC法またはエドマン法(Edman method)という．PTH-アミノ酸を順次クロマトグラフィーで分離・同定すると，一次配列が決まる．本法の自動化装置はプロテインシークエンサー(protein sequencer，アミノ酸配列分析装置)といわれ，1〜0.1 nmolの試料で30〜40残基のアミノ酸が決定できる．

　ジニトロフルオロベンゼンとの反応：DNFB(1-fluoro-2,4-dinitrobenzene)とアミノ酸が反応し，黄色のジニトロフェニルアミノ酸を生ずる．サンガー(Sanger)法あるいはDNP法といわれる（図2.31）．

表 2.5　アミノ酸残基の特異的反応

アミノ酸側鎖	反応試薬	生成物
メチオニン (Met)	Br-C≡N シアン化臭素	ペプチドジルホモセリンラクトン誘導体
	HCOOH ギ酸	メチオニンスルホン誘導体
チロシン (Tyr)	$C(NO_2)_4$ テトラニトロメタン	3-ニトロチロシン誘導体
トリプトファン (Trp)	N-ブロモコハク酸イミド	オキシインドール誘導体
アスパラギン酸 (Aps) グルタミン酸 (Glu)	$CH_2=N^+=N^-$ ジアゾメタン	メチルエステル誘導体（Aspの場合） （Gluの場合はCH_2が1つ増える）
ヒスチジン (His)	ジエチルピロカルボネート (DEPC)	N^3-エトキシカルボニルヒスチジン誘導体
リジン (Lys)	トリニトロベンゼンスルホン酸 (TNBS)	トリニトロフェニル-リジン誘導体
アルギニン (Arg)	2,3-ブタンジオン	4,5-ジヒドロキシ-4,5-ジメチル イミダゾリン誘導体

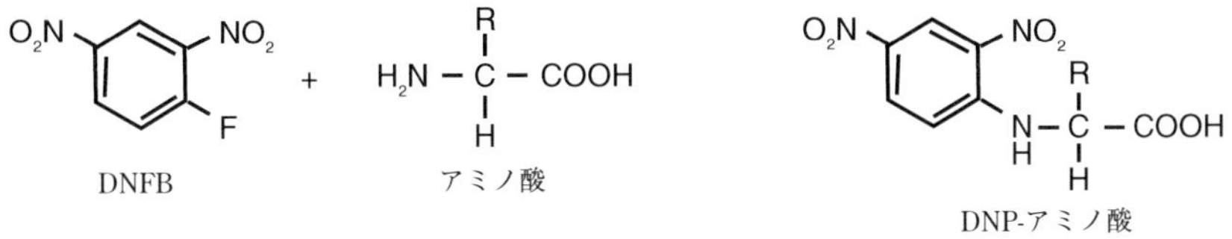

図2.31 ジニトロフルオロベンゼンとアミノ酸の反応

c. 側鎖の特定の基との反応

アミノ酸の側鎖には表2.4に示したように種々の基が存在するが，ここでは，ペプチドやタンパク質の性質や構造解析上重要なスルフヒドリル基を取り上げる．

スルフヒドリル基との反応：スルフヒドリル基(-SH，チオール基ともいう)の安定性は低く，ペプチドやタンパク質中では通常，シスチンのジスルフィド(-S-S-)形で存在する．したがって，ジスルフィド結合を開裂し安定化するために，過ギ酸で開裂酸化して2つのスルホン酸($-SO_3H$)とするか，逆に2-メルカプトエタノール($HSCH_2CH_2OH$)またはジチオスレイトール($HSCH_2CH(OH)CH(OH)CH_2SH$)で-SHに還元後，弱アルカリ性下でモノヨード酢酸(CH_2ICOOH)を作用させ，カルボキシメチル化($R-S-CH_2-COOH$，カルボキシメチルシステイン)を行う．また，同条件でエチレイミン($(CH_2)_2NH$)を作用させ，アミノエチル化($R-S-(CH_2)_2-NH_2$)などを行ったのち定量する．

他の側鎖の特定の基との反応：他の中性(Trp, Tyr)，酸性(Asp, Glu)，および塩基性(His, Lys, Arg)アミノ酸側鎖との反応を，表2.5に示す．

2.3.2 ペプチドの構造と性質

1つのアミノ酸のカルボキシル基と，他のアミノ酸のα-アミノ基とから脱水縮合して，ペプチド結合(-CO-NH-，アミド結合ともいう)が生成される．生成化合物をペプチド(peptide)という．アミド結合を作っている窒素原子は，非共有電子対がカルボニル基により非局在化している．そのため，アミノ基のように塩基性を示さないので，プロトンと反応しにくい．したがって，アミドのC-N結合は二重結合性をもつため，自由回転できない．結合距離は1.32 Åで単結合(C-N)の1.47 Åより短く，二重結合(C=N)の1.27 Åより長い．そのために，Hは一平面上に安定なトランス形構造をとる(図2.32)．

ペプチドは，結合するアミノ酸の数(ペプチド結合数ではない)により，ジペプチド(dipeptide)，トリペプチド(tripeptide)，テトラペプチド(tetrapeptide)と数詞を頭につけてよばれる．連結している各アミノ酸はアミノ酸残基(amino acid residue)と

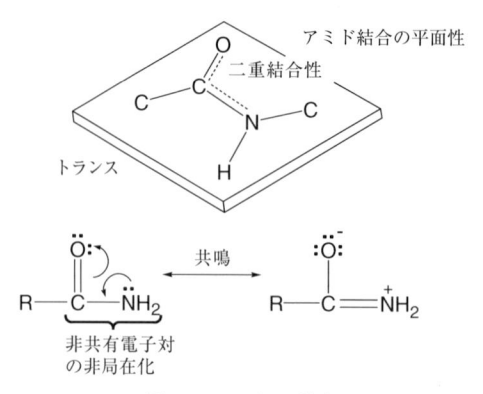

図 2.32　ペプチド結合

いい，残基数が 10 以下のものをオリゴペプチド (oligopeptide)，それ以上をポリペプチド (polypeptide) と総称する．ペプチド鎖は通常横書きし，左端を N 末端 (N-terminal) アミノ酸，右端を C 末端 (C-terminal) アミノ酸とする．

A. ペプチドの命名法

ペプチド鎖の N 末端アミノ酸残基から，結合順に C 末端アミノ酸残基へと読み，C 末端以外のアミノ酸の語尾の -ine を -yl に変え，C 末端アミノ酸はアミノ酸名をそのままつける．ただし，6 種のアミノ酸は例外で，語尾を次のようにする．cysteine は cysteinyl, tryptophan は tryptophyl, aspargine は asparaginyl, glutamine は glutaminyl, aspartic acid は aspartyl, glutamic acid は glutamyl である．たとえば，テトラペプチドの Ala-Tyr-Trp-Gly では，alanyl-tyrosyl-tryptophyl-glycine と命名される．また，N 末端アミノ酸には H をつけ H・Ala と，C 末端には OH をつけ Gly・OH と示す場合もある．

B. 天然のペプチド

天然から単離され，生理活性がある程度わかり，構造が明らかなペプチドは千数百あまりである．これらの機能性は，ホルモンを中心とした代謝調節，酵素阻害，抗菌，抗腫瘍，毒や呈味など広範にわたる．

a. 低級ペプチド

カルノシン (carnosine) とアンセリン (anserine)：カルノシンは β-Ala-His，アンセリンは β-Ala-methyl His の配列をもつジペプチドで，筋肉に存在する．生理作用は不明である（図 2.33）．

グルタチオン：配列は γ-Glu-Cys-Gly で，2 分子の Cys の -SH 基どうしが容易に反応して，酸化型のグルタチオン (glutathione) を生成する．動植物細胞に広く分布し，配列は生体内の酸化還元反応に関与する（図 2.34）．

```
H₂N-CH₂-CH₂-CO-NH-CH-COOH              H₂N-CH₂-CH₂-CO-NH-CH-COOH
                       |                                        |
                       CH₂                                H₃C  CH₂
          カルノシン    HN⌐┐                アンセリン      N⌐┐
                          ‖                                      ‖
                       N┘                                      N┘
```

図 2.33 カルノシン,アンセリンの構造

```
     COOH                    CH₂-SH
      |                        |
 H₂N-CH-CH₂-CH₂-CO-NH-CH-CO-NH-CH₂-COOH
```

図 2.34 γ-L-グルタミル-L-システイニル-グリシン (グルタチオン)

b. ペプチドホルモン

オキシトシン(oxytocin)とバソプレッシン(vasopressin):いずれも脳下垂体後葉に分布し,ともに C 末端にグリシンアミド (Gly・NH₂) をもつ.オキシトシンは子宮収縮作用や乳汁射出作用をもち,バソプレッシンは抗利尿作用と血圧上昇作用を示す (図 2.35).

```
   1                                  9
 ┌─                                    ─┐
 │ Cys-Tyr-Ile -Gln-Asn-Cys-Pro-Leu-Gly・NH₂    オキシトシン
 │ Cys-Tyr-Phe-Gln-Asn-Cys-Pro-Arg-Gly・NH₂    バソプレッシン
```

図 2.35 オキシトシンとバソプレッシン (ともにナノペプチド, 3 番めと 8 番めが異なる)

グルカゴン(glucagon):29 個のアミノ酸残基から成るペプチドで,低血糖時に膵臓のランゲルハンス島 A 細胞から分泌されて酵素系を活性化し,グリコーゲン分解を促進する結果,血糖を上昇させる (図 2.36).

```
         1                    10                  16
       H・His-Ser-Gln-Gly-Thr-Ser-Asp-Tyr-Ser-Lys-Tyr-Leu-Asp-Ser-
               20                        29
        Arg-Arg-Ala-Gln-Asp-Phe-Val-Gln-Trp-Leu-Met-Asn-Thr・OH
```

図 2.36 グルカゴンのアミノ酸配列

インスリン(insulin):21 個のアミノ酸残基から成る A 鎖と 30 個から成る B 鎖で構成される,ヘンペンタコンサンペプチドである.1955 年サンガー(F. Sanger)により,ウシインスリンについて決定された.膵臓 B 細胞の粗面小胞体で,前駆体であるプロインスリン (81 個のアミノ酸残基) として合成され,血中に放出され血糖を低下させる (図 2.37).

2 生体物質の化学

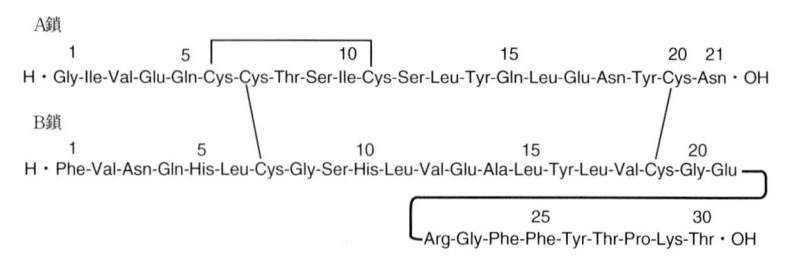

```
A鎖
  1           5                  10                       15                      20  21
H・Gly-Ile-Val-Glu-Gln-Cys-Cys-Thr-Ser-Ile-Cys-Ser-Leu-Tyr-Gln-Leu-Glu-Asn-Tyr-Cys-Asn・OH
B鎖
  1           5                  10                       15                      20
H・Phe-Val-Asn-Gln-His-Leu-Cys-Gly-Ser-His-Leu-Val-Glu-Ala-Leu-Tyr-Leu-Val-Cys-Gly-Glu
                                                          25                 30
                                              Arg-Gly-Phe-Phe-Tyr-Thr-Pro-Lys-Thr・OH
```

図 2.37　ヒトインスリンのアミノ酸配列

2.3.3 タンパク質の定義と分類

タンパク質は，L-α-アミノ酸がペプチド結合したポリペプチドで，分子量(MW) 5,000 以上（タンパク質構成 20 種アミノ酸残基の平均分子量を約 120 とすると，約 42 個のアミノ酸に相当）のものをさし，それ以下をペプチドと考える．インスリン (MW 5,500) はタンパク質に，グルカゴン (MW 3,500) はペプチドに分類される．高分子量では，ウイルスタンパク質の数千万から数億のものまで存在する．

A. タンパク質の分類

タンパク質の分類は，タンパク質の化学的性質や 20 種構成アミノ酸による方法ではむずかしいので，溶解性，構成成分，分子形状，機能性によって行う．

a. 溶解性による分類

アルブミン (albumin)：水に可溶で，塩溶液に不溶である．卵アルブミン，血清アルブミン，ラクトアルブミンなどがある．

グロブリン (globulin)：水に不溶で塩溶液に可溶なタンパク質である．卵白リゾチーム，ミオシン，β-ラクトグロブリンなどが代表例である．

プロタミン (protamine) とヒストン (histone)：水および塩溶液に可溶であるが，強塩基性タンパク質で低分子という特徴をもつ．プロタミンは酸性アミノ酸を含まず，塩基性のアルギニンを多量に含む．サケのサルミンやニシンのクルペインがその例である．ヒストンはプロタミンより高分子で，酸性アミノ酸を含むため塩基性も弱い．胸腺，赤血球，肝臓などにみられ，通常 DNA と会合している．

プロラミン (prolamin)：水と塩溶液に不溶で，60〜90％エタノールに可溶である．イネ科の種子に多く含まれる．グルタミン酸とプロリン含量が高く，小麦のグリアジン，トウモロコシのゼインなどがある．

グルテリン (glutelin)：希酸，希アルカリに可溶で，水や中性塩基性に不溶である．コメオリゼイン，小麦グルテニンなどがある．

硬タンパク質 (scleroprotein)：いずれの溶媒にも不溶性で，アルブミノイドともい

う．コラーゲン，エラスチン，ケラチン，フィブロインなどの動物硬タンパク質がある．

b. 構成成分による分類

アミノ酸のみより構成されているものは単純タンパク質(simple protein)といい，上記の溶解性による分類で取り上げたタンパク質である．単純タンパク質にアミノ酸以外の化合物(補欠分子族)を構成成分とするものを複合タンパク質(conjugated protein)とよび，補欠分子族の種類により次のように分類される．

糖タンパク質(glycoprotein)：糖を含み，ペプチド鎖中のセリン，トレオニン，アスパラギン酸に結合している．酵素の一部や細胞表層などに存在する．

リポタンパク質(lipoprotein)：脂質を含み，膜や血液に存在する．

ヘムタンパク質(hemoprotein)：鉄プロトポルフィリンを含み，ヘモグロビン，ミオグロビン，シトクロム c，カタラーゼなどがある．

金属タンパク質(metalloprotein)：鉄を含むフェリチン，銅を含むヘモシアニン，亜鉛を含むアルコールデヒドロゲナーゼなどが代表例である．ヘムタンパク質はここに分類する場合もある．

フラビンタンパク質(fravoprotein)：FMN(リボフラビン 5'-リン酸)をもつアミノ酸オキシダーゼ，FAD(フラビンアデニンジヌクレオチド)をもつグルコースオキシダーゼなどが知られている．

リンタンパク質(phosphoprotein)：リン酸が，ペプチド鎖中のセリン，トレオニン，チロシンの OH 基とエステルを形成している．カゼインやオボアルブミンでみられる．

核タンパク質(nucleoprotein)：核酸との結合体で，ヌクレオヒストン，ヌクレオプロタミンなどである．

c. 分子の形状による分類

水溶液中で分子形状が球状をしているものを球状タンパク質(globular protein)といい，多くのタンパク質はこれに属する．一般に水に易溶である．分子形状が繊維状のものを繊維状タンパク質(fibrous protein)といい，不溶性または難溶性である．

2.3.4 タンパク質の構造と性質

タンパク質は，それぞれ固有の構造と機能を保持しており，その機能はタンパク質の立体構造により決まる．立体構造は一次構造により規定されているという．タンパク質の構造の解明は，構造–機能相関の研究をはじめ，人工機能分子の作出や，生物の進化と系統関係の検索などにもおおいに役だっている．新しいタンパク質の構造決定の重要性は，ますます増大している．

A. 一次構造

アミノ酸の配列順序（並び方）をタンパク質の一次構造（primary structure）という（図 2.38）．配列順序は 2.3.2 項で述べたとおり，N 末端から C 末端アミノ酸の順番に読む．

タンパク質の一次構造の決定法を略述すると，精製タンパク質をクロマトグラフィーで精製し，シスチンとシステインは誘導体にして安定化して，酵素と化学試薬によ

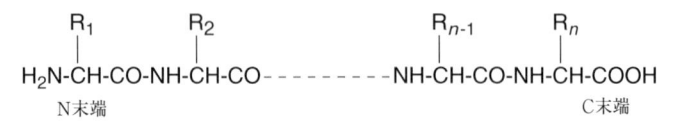

$$\underset{\text{N末端}}{H_2N-CH-CO}\underset{}{-NH-CH-CO}\cdots\cdots\cdots-NH-CH-CO-NH-\underset{\text{C末端}}{CH-COOH}$$

位置: $R_1, R_2, \ldots, R_{n-1}, R_n$

図 2.38　タンパク質の一次構造

```
粗タンパク質 ─────────────────────→ N末端領域の
    │                                   部分一次構造
    │ HPLC，アフィニティークロマトグラフィー
    ↓                 限定分解
┌─精製タンパク質─────────────────────┘
│   │
│   │ S-カルボキシメチル化
│   ↓
│ S-カルボキシメチル化タンパク質
│   │
│   │ 酵素および化学試薬による断片化
│   ↓
│ ペプチド混合物
│   │
│   │ 逆相HPLC（C_3, C_8, C_18）
│   │ C末端閉鎖ペプチド
│   │     アンヒドロトリプシンアガロース
│   │ N末端閉鎖ペプチド
│   │     N-アシルアミノ酸遊離酵素
│   │     ピログルタミン酸アミノペプチダーゼ
│   ↓
│ 精製ペプチド
│   │
│   │ 質量分析（分子量測定）
│   │ アミノ酸組成分析
│   │ アミノ酸配列分析（シークエンサー，エドマン法）
│   ↓
└→ 一次構造
```

SDS-PAGE，ブロッティングアミノ酸配列分析（シークエンサー，エドマン法）

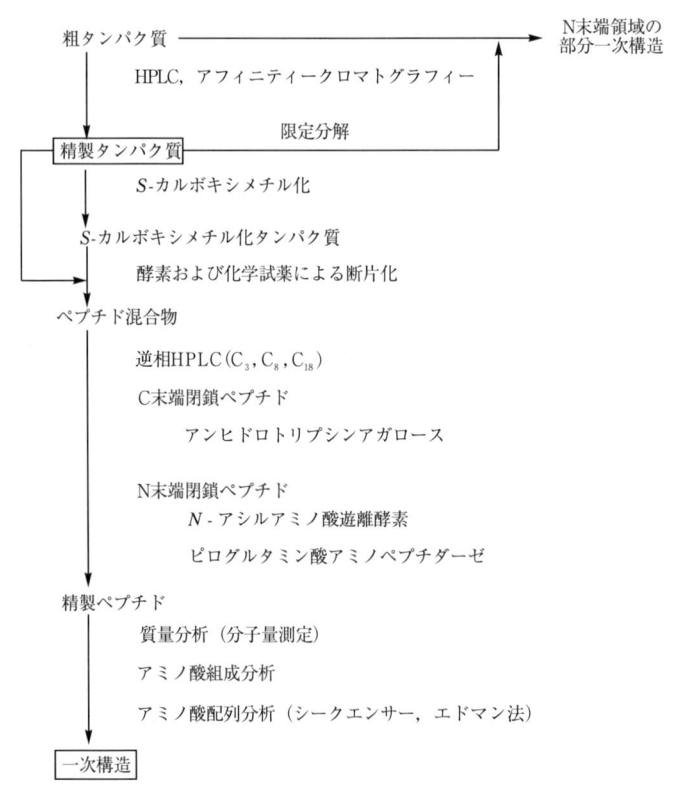

図 2.39　タンパク質の一次構造決定法の概要

る断片化 (fragmentation, ペプチド結合の加水分解) を行う．断片化されたペプチド混合物をクロマトグラフィーで分画し，単鎖の精製ペプチドを得る．このアミノ酸組成 (種類と量)，断片ペプチドの質量分析とエドマン法 (p.65) などの反応を用いたシークエンサーの結果から，配列順序を決定する．さらに，配列順序を決定するタンパク質について，断片化を最初と異なるペプチド結合の部位で行い，分画後，前回と同様にアミノ酸組成，断片の質量と配列順序を決定し，最初の結果と合わせて完全な一次構造を決定する (図2.39)．タンパク質の断片化に用いられる酵素を表2.6に，化学試薬を表2.7に示す．

表2.6　タンパク質の断片化に用いられる酵素

プロテアーゼ	切断されるおもなペプチド結合
トリプシン	-Arg↓, -Lys↓
リジルエンドペプチダーゼ	-Lys↓
エンドプロテイナーゼ, Lys - C	-Lys↓
エンドプロテイナーゼ, Arg - C	-Arg↓
V8プロテアーゼ	-Glu↓
キモトリプシン	-Tyr↓, -Phe↓, -Trp↓, -Leu↓
サーモリシン	↓Val -, ↓Ile -, ↓Leu -, ↓Phe -,
ペプシン	↓Tyr↓, ↓Phe↓, ↓Leu↓, ↓Val↓, ↓Met↓
	↓Ala↓, ↓Glu↓, ↓Gln↓, ↓Asp↓, ↓Asn↓

表2.7　タンパク質の断片化に用いられる化学試薬

化学試薬	切断する結合
シアン化臭素	-Met↓
ヒドロキシルアミン	-Asn↓Gly-
BNPS*-スカトールまたはo-ヨードシル安息香酸	-Trp↓
2-ニトロチオシアノ安息香酸	↓Cys-

* 2-(2-ニトロフェニルスルフェニル)-3-メチル-3-ブロモインドール

タンパク質の一次構造は数万種について明らかにされている．生物の代表的なエネルギー生産時の電子伝達体であるシトクロム c の一次配列を，図2.40に示す．酸素運搬分子の1つであるヘモグロビンの β 鎖 (146アミノ酸) の変異種は，鎌状赤血球貧血を引き起こす．N末端から6番めの親水性のグルタミン酸が，疎水性のバリンに置換されるために生ずる分子病 (molecular disease) であることが，1949年にポーリング (L. C. Pauling) により提案された．

図2.41に，構造について詳細に研究されているリゾチームの配列順序を示す．リゾチームは細菌の細胞壁の多糖を加水分解する酵素で，35番めのグルタミン酸 (Glu 35) と52番めのアスパラギン酸 (Asp 52) のカルボキシル基が触媒基と考えられており，

2 生体物質の化学

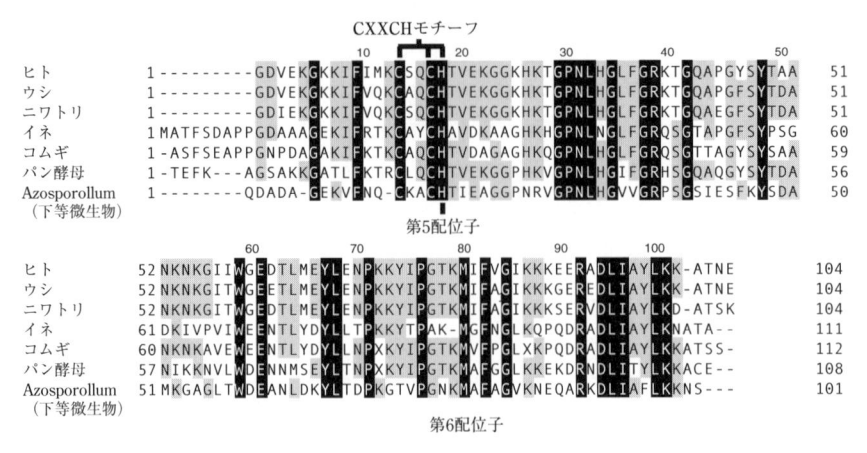

```
                    CXXCHモチーフ
         10        20        30        40        50
ヒト        1---------GDVEKGKKIFIMKCSQCHTVEKGGKHKTGPNLHGLFGRKTGQAPGYSYTAA  51
ウシ        1---------GDVEKGKKIFVQKCAQCHTVEKGGKHKTGPNLHGLFGRKTGQAPGFSYTDA  51
ニワトリ     1---------GDIEKGKKIFVQKCSQCHTVEKGGKHKTGPNLHGLFGRKTGQAEGFSYTDA  51
イネ        1MATFSEAPPGDAAAGEKIFRTKCAYCHAVDKAAGKHKGPNLNGLFGRQSGTAPGFSYPSG  60
コムギ       1-ASFSEAPPGNPDAGAKIFKTKCAQCHTVDAGAGHKQGPNLHGLFGRQSGTTAGYSYSAA  59
パン酵母     1-TEFK---AGSAKKGATLFKTRCLQCHTVEKGGPHKVGPNLHGIFGRHSGQAQGYSYTDA  56
Azosporollum  1---------QDADA-GEKVFNQ-CKACHTIEAGGPNRVGPNLHGVVGRPSGSIESFKYSDA  50
（下等微生物）                     第5配位子

         60        70        80        90        100
ヒト       52NKNKGIIWGEDTLMEYLENPKKYIPGTKMIFVGIKKKEERADLIAYLKK-ATNE  104
ウシ       52NKNKGITWGEETLMEYLENPKKYIPGTKMIFAGIKKKGERDLIAYLKK-ATNE  104
ニワトリ    52NKNKGITWGEDTLMEYLENPKKYIPGTKMIFAGIKKKSERVDLIAYLKD-ATSK  104
イネ       61DKIVPVIWEENTLYDYLLNPKKYIPTPAK-KGFNGLKQPQDRADLIAYLKNATA-  111
コムギ     60NKNKAVEWEENTLYDYLLNPKKYIPNVFPGLVKPQDRADLIAYLKKATSS-   112
パン酵母   57NIKKNVLWDENNMSEYLTNPKKYIPGTKMAFGGLKKKEKDRNDLITYLKKACE--  108
Azosporollum 51MKGAGLTWDEANLDKYLTDPKGTVPGNKMAFAGVKNKEQARKDLIAFLKKNS---  101
（下等微生物）                  第6配位子
```

図2.40　代表的な生物のシトクロム c のアミノ酸配列．■：構造上重要な保存残基，□：保存残基

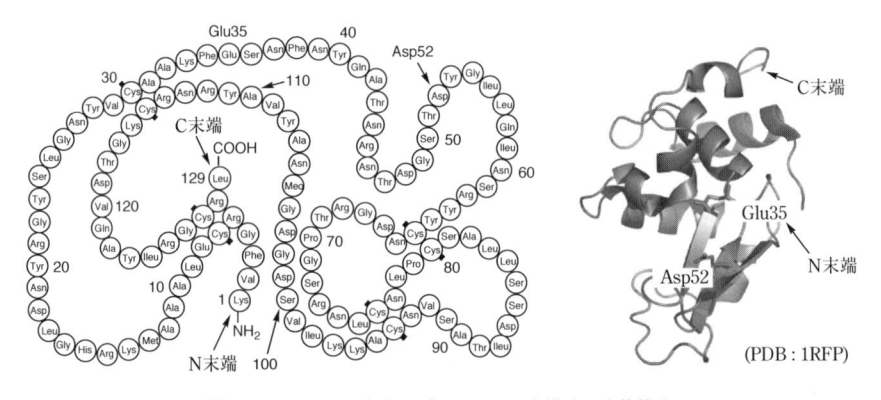

図2.41　ニワトリ卵白リゾチームの一次構造と立体構造

フィリップ（D. C. Phillips）（1966年）の機構を図2.42に示す．その機構によると，Glu 35 のプロトン（H^+）は，N-アセチルグルコサミン（GlcNAc）のDとE環のC（1位）を介してOに与えられ，

$$(-O-\overset{|}{C}^+(1)-H \overset{共鳴}{\rightleftharpoons} -O^+ = \overset{|}{C}(1)-H)$$

により安定化する．生じたヒドロキソニウムイオン（$-O^+=$）は，Asp 52 の O^- により安定化される．同時にグリコシド結合は開裂する．溶媒の H_2O の OH^- イオンはD環の $-C^+(1)-$ に結合し，H_2O の H^+ は Glu 35 のカルボキシル基に結合して反応が完結するという．リゾチームでは，触媒をつかさどる Glu と Asp は，生物種が異なっても共通して存在している．生物種間または種内の2つ以上のタンパク質や酵素の類似性，機

能部位や分子進化については，まず一次構造の比較，すなわち配列相同性(sequence homology)から推定される．一次構造から二次構造や疎水親水性の予測は，構成アミノ酸側鎖の疎水性度パラメーター（表2.8）から行う方法（図2.43）や，チョウ・ファスマン(Chou-Fasman)が考案した指標（表2.9）がよく使われる．

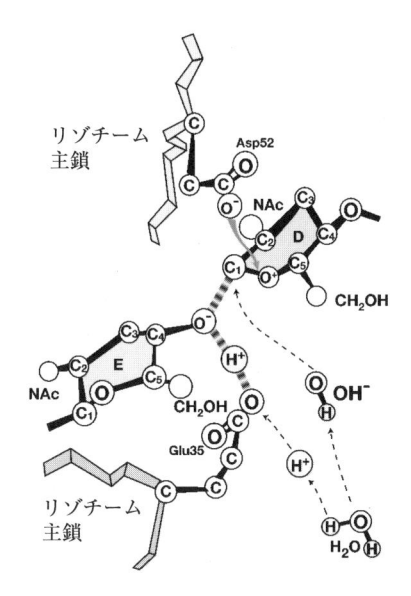

図2.42　リゾチーム反応のフィリップ機構

表2.8　アミノ酸側鎖の疎水親水性度（Kyte-Doolittle）

	側　鎖	疎水親水性度		側　鎖	疎水親水性度
疎水	Ile	4.5		Trp	-0.9
	Val	4.2		Tyr	-1.3
	Leu	3.8		Pro	-1.6
	Phe	2.8		His	-3.2
	Cys	2.5		Glu	-3.5
	Met	1.9		Gln	-3.5
	Ala	1.8		Asp	-3.5
	Gly	-0.4		Asn	-3.5
	Thr	-0.7		Lys	-3.9
	Ser	-0.8	親水	Arg	-4.5

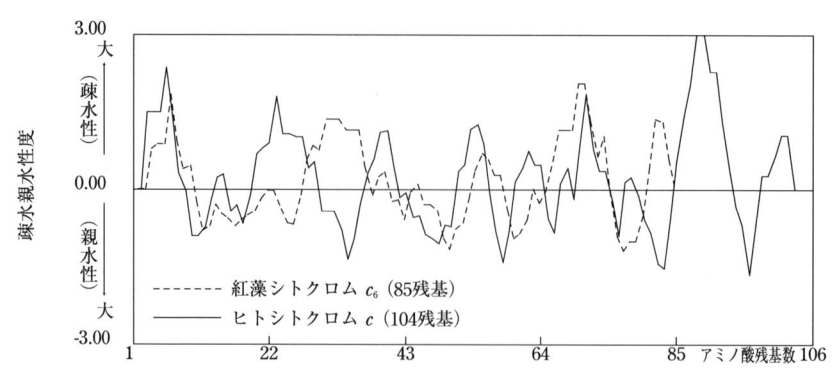

紅藻シトクロム c_6 ADLDNGEKVFSANCAACHAGGNNAIMPDKTLKKDVLEANSMNTIDAITYQVQNGKNAMPAFGGRLVDEDIEDAANYVLSQSEKGW
ヒトシトクロム c　GDVEKGKKIFIMKCSQCHTVEKGGKHKTGPNLHGLFGRKTGQAPGYSYTAANKNKGIIWGEDTLMEYLENPKKYIPGTKMIFVGIKKKEERADLIAYLKKATNE

図 2.43 カイト・ドゥリトル(Kyte-Dolittle)のパラメーターによる紅藻シトクロム c_6 およびヒトシトクロム c 疎水親水性度

表 2.9 二次構造を作る傾向（α ヘリックスと β シートの指標）

α ヘリックス		β シート		ターン	
Glu	1.51(H)	Val	1.70(H)	Gly	1.56
Met	1.45(H)	Ile	1.60(H)	Asn	1.56
Ala	1.42(H)	Tyr	1.47(H)	Pro	1.52
Leu	1.21(H)	Phe	1.38(h)	Asp	1.46
Lys	1.16(h)	Trp	1.37(h)	Ser	1.43
Phe	1.13(h)	Leu	1.30(h)	Cys	1.19
Gln	1.11(h)	Thr	1.19(h)	Tyr	1.14
Ile	1.08(h)	Cys	1.19(h)	Lys	1.01
Trp	1.08(h)	Gln	1.10(h)	Gln	0.98
Val	1.06(h)	Met	1.05(h)	Trp	0.96
Asp	1.01(I)	Arg	0.93(i)	Thr	0.96
His	1.00(I)	Asn	0.89(i)	Arg	0.95
Arg	0.98(I)	His	0.87(i)	His	0.95
Thr	0.83(i)	Ala	0.83(i)	Glu	0.74
Ser	0.77(i)	Gly	0.75(b)	Ala	0.66
Cys	0.70(i)	Ser	0.75(b)	Phe	0.60
Tyr	0.69(b)	Lys	0.74(b)	Met	0.60
Asn	0.67(b)	Pro	0.55(B)	Leu	0.59
Gly	0.57(B)	Asp	0.54(B)	Val	0.50
Pro	0.57(B)	Glu	0.37(B)	Ile	0.49

形成能の順位：H ＞ h ＞ I ＞ i ＞ b ＞ B

B. 二次構造

ペプチド主鎖のC=O基とNH基との間の水素結合により形成される立体構造を，二次構造(secondary structure)とよぶ．主鎖のC=O基とNH基間の水素結合が1つのペプチド鎖内で生じ，らせん構造が形成される．これをαヘリックス(α-helix)という．1残基は1.5Åの高さで，3.6残基で1回転(5.4Å)する(図2.44)．αヘリックスは右巻きと左巻きがあり，前者の場合が多い．同一鎖内および別の分子間の主鎖のC=O基とNH基間でらせんを作らない水素結合が生ずる構造を，β構造(β-structure, pleasted sheet structure)(図2.45)といい，平行β構造(parallel β-structure)，逆方向の場合を逆平行β構造(antiparallel β-structure)という．さらに，1つのアミノ酸のC=O基との間で水素結合し，4番めのアミノ酸のNH基が180度折れ返すターン(turn)構造をとり，分子の表面にも存在する(図2.46)．分子表面にあり，分子認識と推定される他の折れ曲がり構造として，オメガ型をしたループ（Ωループ）も存在する．ラマチャンドラン(G. N. Ramachandran)は，ポリペプチド主鎖のとりうるαヘリックスとβシートの構造範囲を主体配座地図で示す方法を，1968年に考案している．二次構造を作る傾向については，指標を表2.9に示した．

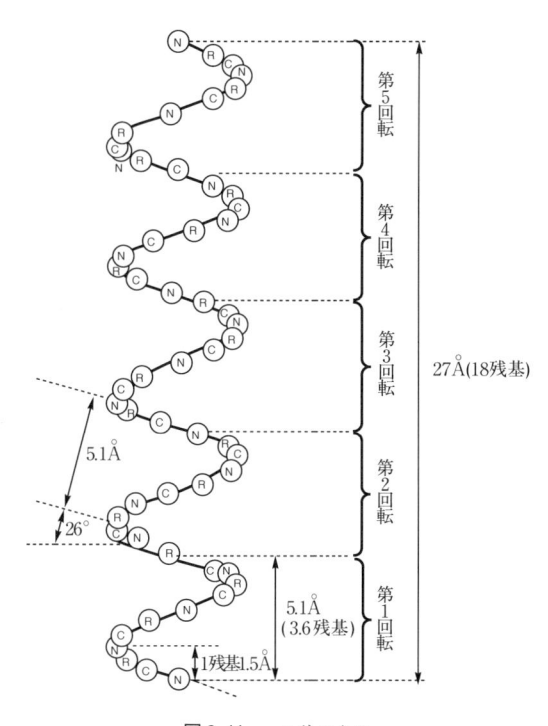

図2.44 αヘリックス

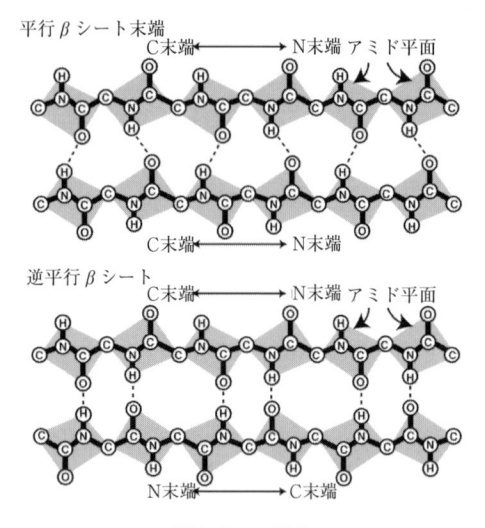

図 2.45 β 構造

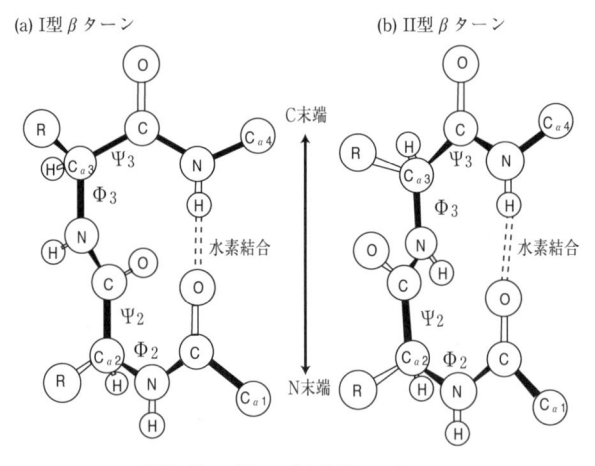

図 2.46 ポリペプチド鎖の β ターン

ペプチド結合のアミド（CO-NH）平面は，2.3.2 項に示したように，二重結合性をもつためにほぼ固定されている．図 2.47 で α 炭素を中心に C_α-N のねじれ角（-180〜+180 度，右回りを+とする）を ϕ（ファイ，横軸）とし，C_α-C のねじれ角を ψ（プサイ，縦軸）として，タンパク質のねじれ角をグラフにプロットする．紅藻シトクロム c_6 の場合は，図 2.48 の α，^aL，逆平行 β の地図が見られ，二次構造の様子を知ることができる．

牛海綿状脳症（BSE）

　BSE（bovine spongiform encephalopathy）は，俗称狂牛病（mad cow disease）といわれ，18世紀に羊で初めて発見され「スクレイピー（scrapie，かきむしる）」と名づけられた．その後，死人の脳を食べる習慣をもっていたニューギニアのフォア族に伝染する「クールー（koru，震える）」や，さらに100万人に1人の確率で起こるという「クロイツフェルト・ヤコブ病（Creutzfeldt-Jakob disease, CJD）」，さらにサル，シカ，ミンク，マウスなどでも類似の病気が知られるようになった．BSEの発生は1986年に英国で認められ，その後欧州，北米や日本（2000年9月）などでも報告された．感染から発症までの潜伏期間が，牛で5年以上，人では10年以上で，100％の致死率であり，感染源は家畜の肉骨粉飼料とされる．現在，病気と食の問題として世界中の話題となっている．

　不思議なことは，この病気にかかった生物について調べてみると，免疫（抗原抗体）反応や炎症反応，さらに病原体のDNAやRNAが認められないことである．そのうえ，この病原体は200℃以上の高温でも変化せず，タンパク質分解酵素，消毒薬や変性剤に対しても安定で水に溶けにくいが，増殖し続けるという特異性を示す．これは，今までの科学常識とはまったく逆の性質を示すタンパク質であることが判明した．この予期しなかった病原体に対して，プルシナー（S. B. Prusiner, 1997年ノーベル生理医学賞）はpro<u>te</u>menaceous <u>in</u>fectious <u>particle</u>（タンパク性感染粒子）から「プリオン（prion）」と命名した．

　プルシナーの説によると，正常なプリオンは生物体内でつねに作られており，アミノ酸配列は同じで，主にαヘリックスで構成され，酵素で分解される．だが，病気を引き起こす異常プリオンの立体構造はまだ未解明で，分解酵素の影響を受けないβシートが多く存在することが予測され，その生成機構も不明であり，予防や治療にはまだ時間がかかるといわれている．事実が解明されるにつれ，プルシナーの受賞は，未完成の科学分野への授与といわれるようになってきている．

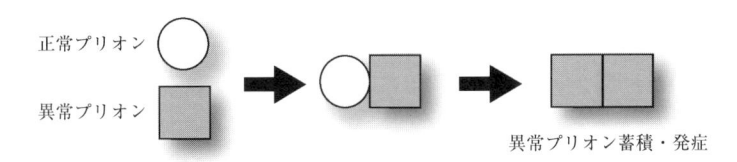

正常プリオン
異常プリオン

異常プリオン蓄積・発症

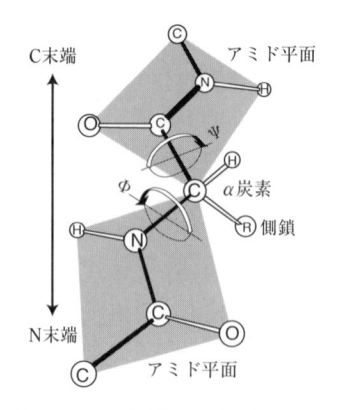

図 2.47 ペプチド中の α 炭素周辺の回転

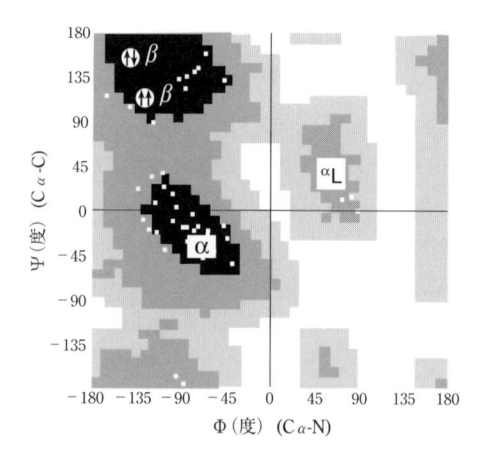

	Φ（度）	Ψ（度）
α：右巻き α ヘリックス	-57	-47
α_L：左巻き α ヘリックス	+57	+47
↑↑：平行 β シート	-119	+113
↑↓：逆平行 β シート	-139	+135

図 2.48 紅藻シトクロム c_6 のラマチャンドランプロット．PDB code：1GDV

　二次構造の予測は，240 nm 以下の円偏光に対してペプチド結合がらせん状の配置や不斉性（右巻きと左巻き）をとるために，α ヘリックス，β シート，ランダムコイルは特有の円二色性(CD)スペクトルを示す（図 2.49）．天然のタンパク質はこれらの混合物として測定される．

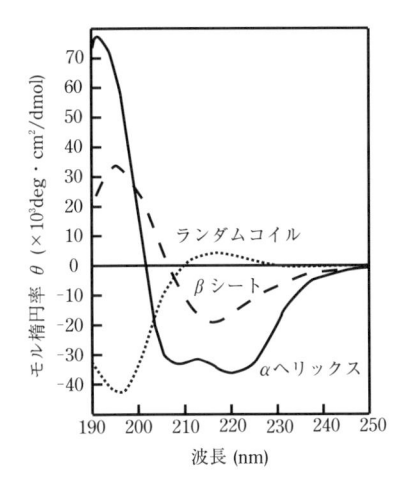

図2.49　ペプチドやタンパク質の円二色性スペクトル

C. 三次構造

　二次構造に加え，アミノ酸側鎖間の結合が関与して立体構造が形成される．これを三次構造(tertiary structure)という．疎水結合，ジスルフィド結合，イオン結合，水素結合である．立体構造の安定化には疎水結合が最も寄与し，水溶液中では特に安定である．有機溶媒や界面活性剤で疎水結合を切断すると，三次構造は破壊される．立体構造の維持にはジスルフィド結合が大きくかかわっている．ペプチド鎖側鎖間にかかわる結合を図2.50に示す．立体構造を決めるには，X線構造解析が最も有力な手段であり，現在約2万8千種類が明らかにされている．近年，溶液状態で測定可能なNMR（核磁気共鳴）法（p.27のA項参照）も用いられるようになり，特に分子量2万以下のタンパク質での解析に用いられている．ヘモグロビンとミオグロビンの代表

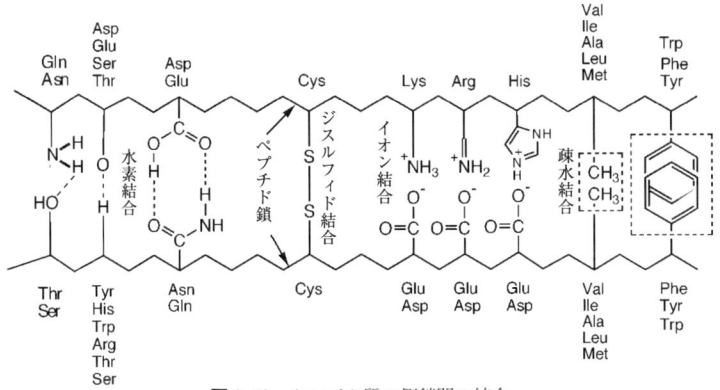

図2.50　タンパク質の側鎖間の結合

2 生体物質の化学

的な例を図2.51に，その一次配列を図2.52に示す．また，図2.53に紅藻のシトクロム c_6 を示す．これらのデータは，インターネットのPDB (Protein Data Bank，タンパク質データ銀行) サイトから無料で調べることができる．

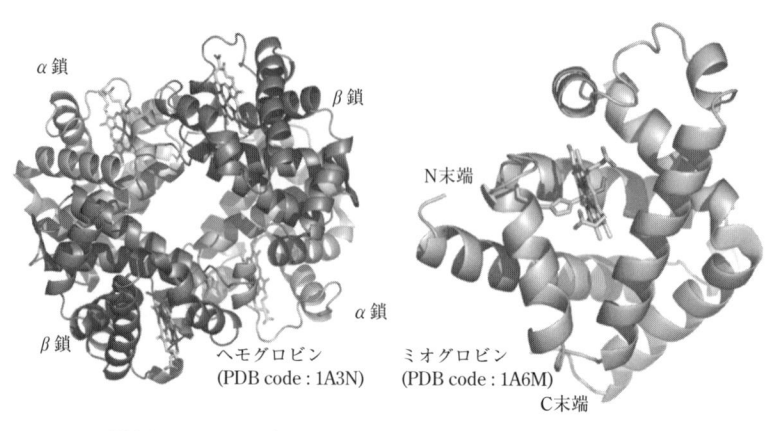

図2.51 ヒトヘモグロビンとザトウクジラミオグロビンの立体構造

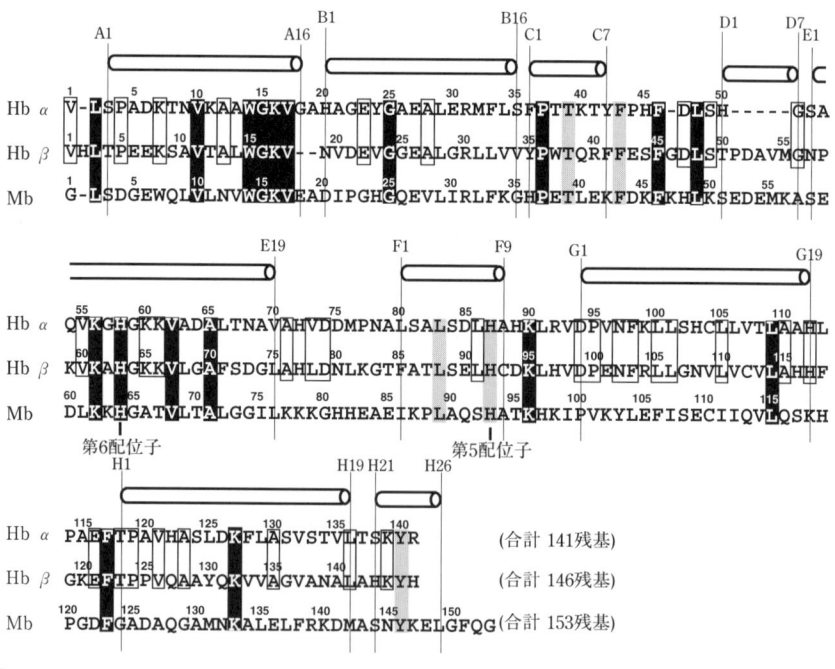

ヘモグロビン (PDB code : 1A3N)
ミオグロビン (PDB code : 1A6M)
α鎖，β鎖，N末端，C末端

```
         A1              A16       B1              B16  C1      C7        D1    D7 E1
Hb α  V-LSPADKTNVKAAWGKV  GAHAGEYGAEALERMFLSFPTTKTYFPHF-DLSH-----GSA
Hb β  VHLTPEEKSAVTALWGKV--NVDEVGGEALGRLLVVYPWTQRFFESFGDLSTPDAVMGNP
Mb    G-LSDGEWQLVLNWGKVEADIPGHGQEVLIRLFKGHPETLEKFDKFKHLKSEDEMKASE

                     E19           F1    F9         G1                    G19
Hb α  QVKGHGKKVADALTNAVAHVDDMPNALSALSDLHAHKLRVDPVNFKLLSHCLLVTLAAHL
Hb β  KVKAHGKKVLGAFSDGLAHLDNLKGTFATLSELHCDKLHVDPENFRLLGNVLVCVLAHHF
Mb    DLKKHGATVLTALGGILKKKGHHEAEIKPLAQSHATKHKIPVKYLEFISECIIQVLQSKH
           第6配位子                      第5配位子
           H1             H19 H21  H26
Hb α  PAEFTPAVHASLDKFLASVSTVLTSKYR      (合計141残基)
Hb β  GKEFTPPVQAAYQKVVAGVANALAHKYH     (合計146残基)
Mb    PGDFGADAQGAMNKALELFRKDMASNYKELGFQG (合計153残基)
```

図2.52 ヒトのヘモグロビンα鎖，β鎖およびミオグロビンのアミノ酸配列とαヘリックスの位置．□：αとβHbに共通な残基，□：全脊椎動物のHb, Mbに共通残基，■：α, βHb, Mbに共通残基，⊏⊐：αヘリックス

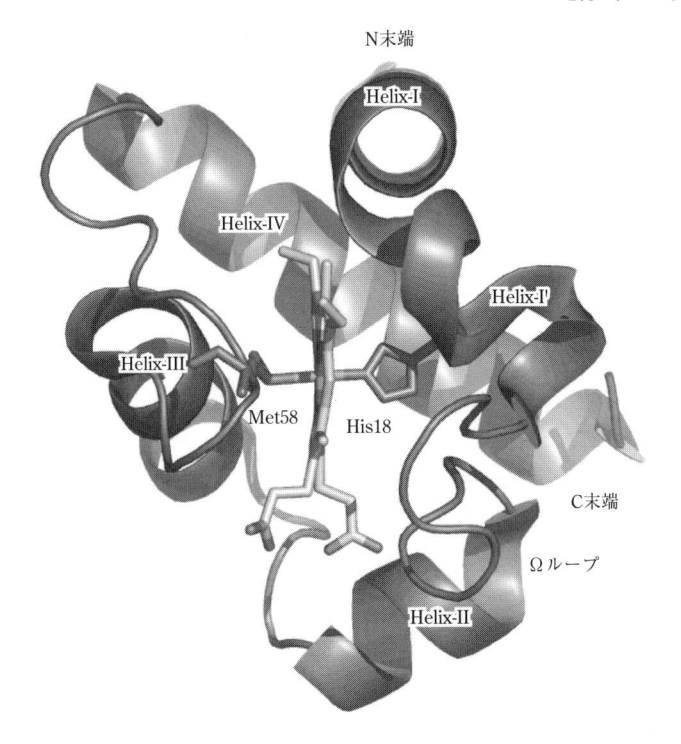

図2.53 紅藻シトクロム c_6 の立体構造．PDB code：1 GDV

D. 四次構造

2つ以上のタンパク質が非共有結合で会合した構造を，四次構造(quaternary structure)という．それぞれのタンパク質をサブユニット(subunit)またはプロトマー(protomer)といい，その会合数により二量体(dimer)，三量体(trimer)などとよぶ．サブユニット間の会合は，イオン結合，ジスルフィド結合，金属の配位結合などによる．生体機能分子には四次構造，すなわちサブユニットをもつものが多数存在する．シトクロム c オキシダーゼは，好気性生物の重要な末端酸化酵素で，真核生物では7〜13個のサブユニットをもつ．サブユニットは，ゲル電気泳動，ゲル泸過，超遠心などの測定により明らかにできる．

E. 繊維状タンパク質の構造

いずれも特徴的な立体構造をもつ．

コラーゲン(collagen)：硬タンパク質アミノ酸の30％はグリシン，25％はイミノ酸(プロリン，オキシプロリン)から構成される．哺乳類では全タンパク質の1/4を占め，細胞や組織の形を維持している．三重らせん構造をもつ．

ケラチン(keratin)：皮膚，羽毛，頭髪，体毛などに分布し，システイン含量が高い．αヘリックス構造をとる．

フィブロイン(fibroin)：絹フィブロイン，グリシン，アラニン，セリンの合計で，全体のアミノ酸の90%に達する．

F. タンパク質の物理化学的性質

a. タンパク質の分子量

タンパク質は高分子化合物であり，その分子量は数千から数十万のものまでさまざまあるが，測定されたものでは，2万か6万くらいまでのものが大半である．分子量は次の方法で測定されている．

超遠心法：分析用超遠心機で数十万×g(重力)で遠心し，タンパク質分子の沈降界面を光学的に測定して，沈降速度から分子量を算出する．

SDS-PAGE法(ドデシル硫酸ナトリウム(SDS)-ポリアクリルアミドゲル電気泳動法(PAGE))：2-メルカプトエタノールやジチオスレイトールなどのジスルフィド還元剤で処理後，SDSでタンパク質を陰性複合体とし，ポリアクリルアミドゲルの網の目の中を電気的に陽極へ泳動させ，分子既知のタンパク質と比較推定する方法である．

ゲル沪過法：デキストランやアガロースの多糖，あるいは人工高分子のポリアクリルアミドなどの重合体をカラムに充填し，タンパク質試料を分画する．その溶出位置から，分子量既知タンパク質と比較して求める．

ショ糖密度勾配遠心法：5〜20%のショ糖密度勾配のものにタンパク質試料をのせて，分離用遠心機で約10万×g(重力)で遠心し，その位置から算出する方法である．

質量分析法：近年急速に発展した方法で，タンパク質は多価イオンとして，ペプチドは1〜4価イオンとして気相中にイオン化させ，質量に応じて分離・検出する．ESI(electrospray ionization, エレクトロスプレーイオン化)法は，タンパク質を高電圧で噴出させ，ガス状プラスイオン化分子として分析する．分子量7千くらいまでの低分子ペプチドには，FAB(fast atom bombardment, 高速原子衝撃)法といい，ペプチドをグリセロールなどに溶かし，低エネルギーで叩き，1価のカチオンとして分析する．また，MALDI (matrix-assisted laser desorption ionization, マトリックス支援レーザー脱離イオン化)法は，低分子のマトリックスとタンパク質を混ぜ，レーザーパルスでたたき，カチオンとして検出する．

b. タンパク質の両性電解性

タンパク質はアミノ酸と同じように両性電解質である．タンパク質の電気的性質はアスパラギン酸，グルタミン酸，システイン，チロシン，ヒスチジン，リジン，アルギニンの側鎖の解離状態(表2.4)により決まる．したがって，タンパク質の電気的性質を利用して，各種電気泳動法やイオン交換クロマトグラフィーで単離・精製できる．

カルボキシメチルセルロース（CM-cellulose，カチオン交換体）やジエチルアミノエチルセルロース（DEAE-cellulose，アニオン交換体）などが常用される．

c. タンパク質の紫外部吸収スペクトルと定量

タンパク質は紫外線（400 nm より短波長の領域の電磁波，UV と略す）を照射すると，280 nm 付近に極大吸収を示す．これは，芳香族アミノ酸のトリプトファン，チロ

アルツハイマー病（Alzheimer's disease）

1907 年にアルツハイマーによって老年痴呆が初めて報告され，脳全体が萎縮し大脳皮質の神経細胞外に斑点（老人斑）が現れ，神経細胞の神経原繊維にも変化が生じることが明らかにされた．この病気にかかると記憶・認知の障害，あてもなく動きまわり，人格崩壊，感情喪失，失語症などが起こり，65 歳以上の人口の約 10％，85 歳以上の約半数で起こるといわれている．

老人斑は，デンプンに似た構造という意味のアミロイド斑ともいわれ，39～43 個のアミノ酸がつながった分子量 5 千の β タンパク質が主成分である．一方，神経原繊維は，多数のリン酸が結合したタウ(tau)という分子量 5 万～7 万（アミノ酸数は 400～600 くらい）のタンパク質で，それらの仲間どうしで反応・沈着が起こり，この病気や死に深く関与すると予測されている．目下のところ，アルツハイマー病の進行を止める方法はなく，β アミロイド繊維形成阻害剤が開発されている．

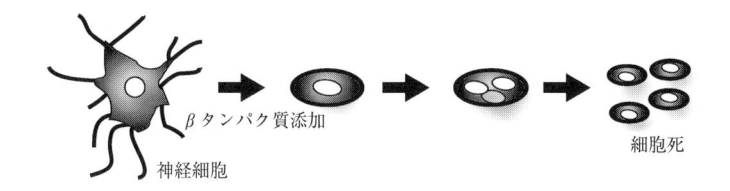

神経細胞 → β タンパク質添加 → → 細胞死

アルツハイマー病も BSE(p.79 参照)も，ともにタンパク質の立体構造変化が引き起こす病気である．2003 年 4 月に，ヒトの全染色体遺伝子（ゲノム）が約 32 億塩基対から成り，重要なタンパク質や酵素は約 3 万 6 千種類の分子であることが，日米欧の共同研究の成果として発表された．2002 年から 5 年計画で，日米欧あわせて 3 万 6 千種類の分子中 1 万分子の構造と働き（機能）を解明する国際プロジェクトも進められ，日本はその中の 3 千種類の分子の研究を分担している．タンパク質の構造と働きの研究の発展と，情報の公開がおおいに期待されている．

シン，フェニルアラニンの環構造の吸収による．多くのタンパク質は，これらアミノ酸を含有するので，その溶液の波長 280 nm の吸収を測定し，おおよそのタンパク質量を調べることができる．

タンパク質の定量は，チロシン，トリプトファン，システインなどの還元性アミノ酸残基とフェノール試薬（リンタングステン酸とリンモリブデン酸の混液）との反応，およびビュレット反応（ペプチド結合がアルカリ性で Cu^{2+} と錯体を作る）とを組み合わせたローリー（Lowry）法などで行う．

d. タンパク質の化学的性質

タンパク質の化学的性質は，側鎖の化学的性質によって決まる．特に N 末端アミノ酸のアミノ基（$-NH_2$）および側鎖のスルフィドリル（チオール基，$-SH$）基（p. 63 の D 項参照）の反応が重要である．

e. タンパク質の沈殿分別と除タンパク質

タンパク質の分別法の 1 つとして，中性塩（硫酸アンモニウム，硫酸ナトリウムなど）の濃厚溶液を添加し沈殿させる塩析法が，よく使われる．

細胞からの抽出液などの試料からタンパク質を除く操作を，除タンパク質（deproteinization, deproteination）という．重金属塩（Zn^{2+}, Cd^{2+}, Hg^{2+}, Fe^{2+} イオンなどの塩類），酸（ピクリン酸，トリクロロ酢酸，フェノール，タングステン酸，メタリン酸など），有機溶剤（エタノール，アセトン，クロロホルムなど），塩析（硫酸アンモニウム，硫酸ナトリウムなど）法などが使われる．その他，タンパク質の除去には，低温で処理したり，次の f 項の物理的変性を加味したり，イオン交換樹脂（アニオンおよびカチオン交換体），ゲル濾過（Sephax, Bio-Gel など），限外濾過なども併用される．目的物質の破壊や変化をきたさない方法の選択が重要である．

f. タンパク質の変性と再生

タンパク質の一次構造は変化せずに高次構造が壊れた状態を，変性（denaturation）といい，高次構造と生物活性が回復する現象を再生（renaturation）とよぶ．タンパク質の初期の変性でも，可逆的で再生できる場合とできない場合がある．リボヌクレアーゼは，再生の証明がされた最初の例である．

変性の原因は，物理的なものとして，加熱，凍結，放射線，超音波，紫外線，X 線，撹拌，吸着，希釈，加圧などがあり，化学的なものとして，酸，アルカリ，尿素，塩酸グアニジン，有機溶媒，重金属塩，界面活性剤などがある．タンパク質は変性によって，折りたたまれた状態から不規則な状態に変わり，粘度は上昇する．さらに，溶解度の減少，等電点の変化，生物活性の消失，抗原性の変化も起こり，酵素作用を受けやすくなる．

2.3.5 金属タンパク質による酸素運搬・貯蔵と電子伝達

金属タンパク質は，生命現象を支える化学反応に関与している場合がきわめて多い．酸素運搬・貯蔵，電子伝達，酸素毒に対する防御，酸素添加反応など，重要な機能を担っている．

A. ヘモグロビンによる酸素運搬とミオグロビンの酵素の貯蔵

脊椎動物は，ヘモグロビン(hemoglobin, Hb)の酸素(O_2)および二酸化炭素(CO_2)との結合機能を利用し，呼吸を行っている．血液から血球を除いた血漿に対して，O_2 はわずかしか溶解しないが，血液（Hb を 15%含む）中では，O_2 を 0.01 M の濃度で運ぶ．

a. ヘモグロビンの構造

Hb は 64 × 55 × 50 Å の大きさをもつ球状タンパク質で，4 つのサブユニット（α 鎖 2 本，β 鎖 2 本）から構成され，分子量は 64,450（哺乳類）である．α 鎖のアミノ酸は 141 残基，β 鎖は 146 残基で，一次配列を図 2.52 に示した．図 2.51 には X 線回折により求められた三次および四次構造を示した．α 鎖も β 鎖も，グロビンタンパク質とヘム（鉄(Fe)＋プロトポルフィリン IX（ポルフィリン））から構成されている（図 2.54）．ヘムの鉄の状態により，Fe^{II}（2 価）では赤紫色，Fe^{III}（3 価，メトヘモグロビン(metHb)ともいう）では赤色を呈す．Fe^{II} の第 1～第 4 配位子（リガンド）はポルフィリンの N が結合し，Fe の第 5 配位子はヒスチジン（α 鎖は 87 番，β 鎖は 92 番）で，近位ヒスチジン(proximal His)といい，Fe の第 6 配位子の遠方にもヒスチジン（α 58, β 63）が存在し，遠位(distal)ヒスチジンという．O_2 は Fe の第 6 配位子として結合する．O_2 などとの結合を考える場合，親和性が低い状態を T 状態(tense state)，高い状態を R 状態(relaxed state)という．

b. ヘモグロビンとミオグロビンの酸素平衡機能

図 2.55 には，37℃で四量体の Hb と，単量体のミオグロビン（鉄ポルフィリンをもつグロビンタンパク，筋肉中に存在，151 残基，分子量 17,000，Mb と略す）の O_2 飽和率（平衡能）の測定結果を示す．Hb の O_2 平衡機能の特性として，① O_2 との親和性，②ヘム間の相互作用，③ボーア(Bohr)効果，がある．Mb は O_2 との親和性が大きく，双曲線を示している．Hb はシグモイド型（S 字型）で，かなり異なる O_2 親和性を示している．Hb のシグモイド型飽和曲線は，ヒル(Hill)の経験式で表される．

$$Y = K_p^n/(1 + K_p^n) \tag{2.1}$$

K は Hb と O_2 との結合の平衡定数，n は平衡状態におけるサブユニットの平均会合数，またはヘム間相互作用にかかる数値である．Mb の n は 1.0 であるが，Hb では 2.7～3.0 といわれる．Hb の 4 サブユニットが同時に O_2 を結合するのであれば，

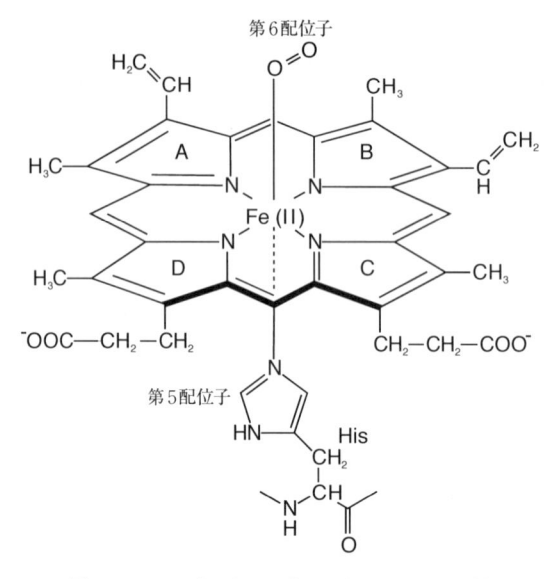

図 2.54　ヘモグロビンのプロトポルフィリン IX 環

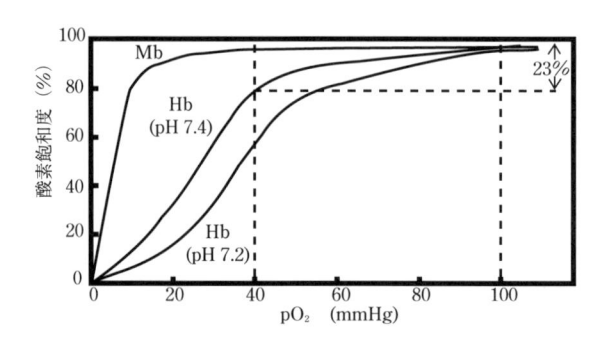

図 2.55　ヘモグロビンおよびミオグロビンの酸素平衡曲線

$n = 4.0$ となる．これは，4 サブユニットのヘムの 1 つに O_2 が結合すると，順番に 2，3，4 番めのヘムに O_2 が結合することを意味しており，4 個のヘムと O_2 との結合の平衡定数の増加割合は 1：4：24：9 といわれている．この現象は一種のアロステリック効果 (allosteric effect) であり，毛細血管などでの O_2 の放出においても成り立つ．O_2 平衡の第 3 の特徴として，CO_2 分圧の上昇や pH が低下すると，O_2 分圧に変化がなくても O_2 が放出される，ボーア効果がある．

B.　シトクロム c の電子伝達

前項のヘモグロビンとミオグロビンは酵素と結合する分子で，脊椎動物のみに存在するが，本項のシトクロム c は動物，植物，微生物に広く分布し，同じ金属ヘムタン

パク質であるにもかかわらず電子伝達を機能する分子である．本項ではシトクロム c を取り上げ，その構造と電子伝達機能について概説する．

a. シトクロム c の構造

シトクロム c は，動物や植物のミトコンドリア，植物の葉緑体，好気性細菌，シアノバクテリアなどに広く分布し，アミノ酸残基数は約 80 から 110 くらいまでで，8千から1万3千くらいの分子量を有し，その代表的な一次構造は図 2.40 に示した．その一次構造を比較すると，ヒトのシトクロム c で示すと N 末端から 13 番めから 18 番めに CXXCH というモチーフが存在し，この2つの C（システイン）が，ヘム核の2つのビニル基とチオエーテル($-CH(CH_3)-S-$)結合する．X はいずれのアミノ酸でもよい．ヘム各中心の第5配位子は，18 番めの H（ヒスチジン）であり，第6配位子は 80 番めの M（メチオニン）である．モチーフや2つの鉄配位子は，生物の種類に関係なく共通している．紅藻シトクロム c_6 の立体構造を図 2.56 に示す．

b. シトクロム c の電子伝達機能

ミトコンドリアの内腔表面または膜間に存在するシトクロム c は，内腔中の複合体 III のシトクロム bc_1 の c_1 の酸性アミノ酸(Asp, Glu)のカルボキシル基（アニオン）と，シトクロム c のよく保存されている Lys（リジン分子中に9個前後存在）の末端 ε-アミノ基（カチオン）とが結合し，電子伝達が行われると考えられている．さらにシトクロム c は，内膜下流の複合体 IV のシトクロム c オキシダーゼと同様の結合を行い，電子伝達を進行すると推定される．水中植物の藻類の光合成では，シトクロム c_6 が，葉緑体のチラコイド膜中のシトクロム b_6f の f と，上に述べたように，正負イオンの結合により電子を渡し，さらにシトクロム c_6 は，チラコイド膜中の下流の光合成複合体 I の P 700 と同様に結合後，電子伝達を行うと推定されている．陸上植物では，シトクロム c_6 の代わりにプラストシアニンという銅タンパク質が存在し，同様の機能を果たしている．

シトクロムにはさまざまな電位を有するものが存在するが，基本的にはヘム（鉄ポルフィリン誘導体）という非タンパク部分が存在し，4つのピロール環を4つのメチン基($=CH-$)が連結した，電子をプールしやすい構造をもち，電子電圧の高い分子ほど，ヘム核周辺に疎水性アミノ酸が多く存在する．シトクロム c は，ヘモグロビンやミオグロビンと構造は類似しているが，酸素を第6配位子に結合することができない．その理由は，シトクロム c の鉄は第6配位子にメチオニンの硫黄と結合し，ヘモグロビンやミオグロビンのように空位になっていないためであり，これは立体構造が機能を決めている代表例である．

2 生体物質の化学

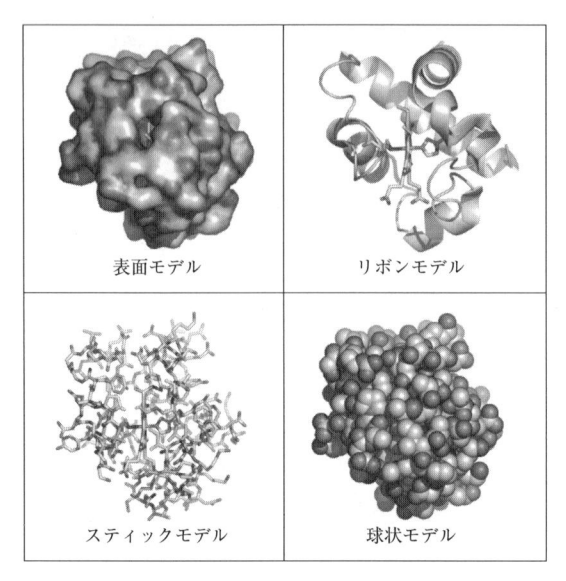

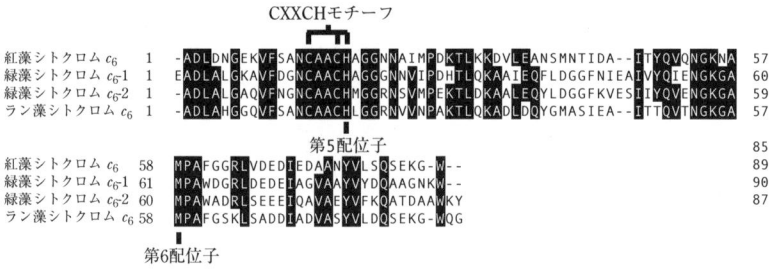

表面モデル	リボンモデル
スティックモデル	球状モデル

```
                    CXXCHモチーフ
紅藻シトクロム c_6    1  -ADLDNGEKVFSANCAACHAGGNNAIMPDKTLKKDVLEANSMNTIDA--ITYQVQNGKNA  57
緑藻シトクロム c_6-1  1  EADLALGKAVFDGNCAACHAGGGNNVIPDHTLQKAAIEQFLDGGFNIEAIVYQIENGKGA 60
緑藻シトクロム c_6-2  1  -ADLALGAQVFNGNCAACHMGGRNSVMPEKTLDKAALEQYLDGGFKVESIIYQVENGKGA 59
ラン藻シトクロム c_6  1  -ADLAHGGQVFSANCAACHLGGRNVVNPAKTLQKADLDQYGMASIEA--ITTQVTNGKGA 57
                                     第5配位子
紅藻シトクロム c_6   58  MPAFGGRLVDEDIEDAANYVLSQSEKG-W--                              85
緑藻シトクロム c_6-1 61  MPAWDGRLDEDEIAGVAAYVYYDQAAGNKW--                             89
緑藻シトクロム c_6-2 60  MPAWADRLSEEEIQAVAEYVFKQATDAAWKY                              90
ラン藻シトクロム c_6 58  MPAFGSKLSADDIADVASYVLDQSEKG-WQG                              87
            第6配位子
```

図 2.56　シトクロム c_6 の立体構造とアミノ酸配列

2.3.6　プロテオミクス

1990 年代の後半以降に, 種々生物の染色体 DNA の全塩基配列 (実際には半数染色体の 1 組), すなわちゲノム (genome, 遺伝子 (gene) と染色体 (chromosome) との造語といわれ, -ome は全体像をさす) の全塩基配列が, ヒト (32 億塩基) をはじめ, 大腸菌 (43 万塩基), パン酵母 (1200 万塩基), シロイヌナズナ (1 億 24 万塩基), ショウジョウバエ (1 億 8 千万塩基) など, 100 種あまりの生物について決定され, データベースとして公開されている. 決定されたゲノムの塩基配列から, 酵素を含む前タンパク質産物のうち, 機能する分子を推定できるのは 3〜5 割程度で, 逆にいえば, 半数近くのタンパク質の機能は, ゲノムの塩基配列が解明されてもわからないことが明らかとなった. そこで, タンパク質の全体像を示す言葉は, ゲノムに対応して, プロテ

2.3 タンパク質の化学

オーム(proteome)と1996年ごろ名づけられた．

プロテオームの研究は，タンパク質の性質，立体構造を含めた構造，その機能までを総合的，かつ系統的に取り扱う学問で，プロテオミクス(proteomics)またはプロテオーム科学とよばれる．その手順を図2.57に，分析の特徴を表2.10に示す．プロテオーム解析では，二次元電気泳動(2-DE, two-dimensional electrophoresis)あるいは高速液体クロマトグラフィー(HPLC, high performance liquid chromatography)

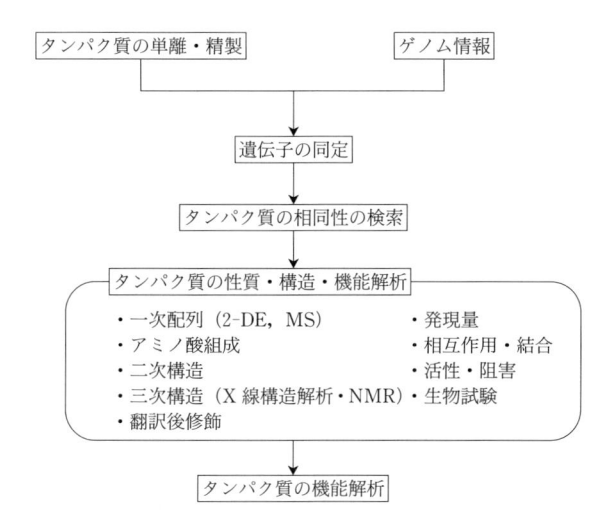

```
   タンパク質の単離・精製          ゲノム情報
            ↓                      ↓
            └──────────┬───────────┘
                       ↓
                  遺伝子の同定
                       ↓
               タンパク質の相同性の検索
                       ↓
         ┌─────────────────────────────────┐
         │   タンパク質の性質・構造・機能解析   │
         │ ・一次配列（2-DE, MS） ・発現量     │
         │ ・アミノ酸組成        ・相互作用・結合│
         │ ・二次構造            ・活性・阻害  │
         │ ・三次構造（X線構造解析・NMR）・生物試験│
         │ ・翻訳後修飾                     │
         └─────────────────────────────────┘
                       ↓
                タンパク質の機能解析
```

図 2.57　プロテオーム解析の手順．2-DE, 二次元電気泳動(two-dimensional electrophoresis)

表 2.10　プロテオーム解析法の感度，必要量，精度と迅速性の比較

方　法	感度	分析に必要なタンパク質の最小量（pmol）	精度	迅速性
二次元電気泳動			○	◎
検出　クーマシーブルー染色	●	1	—	◎
銀染色	◎	0.01	—	◎
蛍光染色	◎	0.01	—	◎
ペプチドマスフィンガープリンティング	◎	0.01	◎	◎
エドマン分解	○	1	◎	○
アミノ酸分析	○	10	○	○
翻訳後修飾分析（MSによる）	○	10	○	●
タンパク質相互作用	○	1	○	●
X線分析，NMR（立体構造）	●	1000	◎	●
酵素活性の検出	○	1	○	○
酵素阻害活性の検出	○	1	○	○

◎：高い，○：やや高い，●：低い

と質量分析(MS, mass spectrometry)を連結させて分析する方法が繁用されているが，このデータからは，タンパク質の一次構造と既存データベースからの推定機能しかわからない．機能を明らかにするためには，タンパク質や基質などとの結合体に加えて，立体構造や生物を用いる機能実験を試みなければならない．

プロテオミクスは，今後，ゲノミクス(ゲノム科学，DNA科学)→トランスクリプトミクス(transcriptomics, mRNA科学)→プロテオミクス→メタボロミクス(matabolomics, 代謝産物科学)という，生物情報科学(bioinformatics)の中枢的学問として発展すると予測される．

2.4 酵素の化学

2.4.1 酵素の定義と分類

機能という観点から眺めれば，酵素はすぐれた触媒であり，化学反応あるいは生体反応のエネルギーを引き下げて反応速度を高めるという機能をもっているタンパク質である．酵素の分子量は小さいものでも1万弱であり，大きいものでは数百万に及ぶ．酵素反応と化学触媒反応は同一の原理に従うものであり，両者を区別して扱う必要はない．しかしながら，酵素が特に注目されるのは，生物のみが創製できる触媒であり，タンパク質という両性電解質から成り立っているので，酵素は活性を発現する反応条件がきわめて狭く，通常の触媒反応とはこの点がおおいに異なっている．

酵素のもつ特異な立体構造は，共有結合のみならず，イオン結合，水素結合，ファンデルワールス力によって保持されている．このため，ごく狭い範囲のpHや温度においてのみ，安定に保たれている．酵素反応の反応条件がかなり厳しく規定されるのは，このためである．酵素反応は，通常の触媒反応に比較して速く，単位時間あたりのターンオーバー数(単位時間あたりの酵素のサイクル数, [生成物mol数]/[酵素のmol数]×[時間])は，表2.11の例に示すように非常に大きい．

酵素は，基質名に接尾語として-aseをつけて命名されているものが多い．たとえば，urease(ウレアーゼ)はurea(尿素)に作用する酵素であり，sucrase(スクラーゼ)はsucrose(スクロース)に作用する酵素である．alcohol dehydrogenase(アルコールデヒドロゲナーゼ，アルコール脱水素酵素)，ascorbic acid oxidase(アスコルビン酸酸化酵素)のように，反応の種類を示す名前がつけられる場合もある．また，trypsin(トリプシン)のように，この酵素が最初，グリセロールで膵臓組織を摩砕することによって得られたことから，摩砕することを意味するギリシャ語に由来した名前が発見者により命名され，そのまま使用されている場合もある．

表 2.11 酵素のターンオーバー数

酵 素	分 類 (EC番号)	反応形式	ターンオーバー数 $\left(\dfrac{[生成量]}{[酵素量] \times [秒]}\right)$
リボヌクレアーゼ	2.7.7.16	ポリヌクレオチドのリン酸塩・転位	$2 \sim 2 \times 10^3$
トリプシン	3.4.4.4	ペプチドの加水分解	$3 \times 10^{-3} \sim 1 \times 10^2$
キモトリプシン A	3.4.4.5	ペプチドの加水分解	$7 \times 10^{-3} \sim 3 \times 10^2$
キモトリプシン B	3.4.4.6	ペプチドの加水分解	$1 \times 10^{-1} \sim 6 \times 10^1$
キモトリプシン C	3.4.4.6	ペプチドの加水分解	$4 \times 10^{-3} \sim 5 \times 10^1$
カテプシン C	3.4.4.9	ペプチドの加水分解	$6 \times 10^1 \sim 3 \times 10^2$
パパイン	3.4.4.10	ペプチドの加水分解	$8 \times 10^{-2} \sim 1 \times 10^1$
フィシン	3.4.4.12	ペプチドの加水分解	$3 \times 10^{-2} \sim 4$
トロンビン	3.4.4.13	ペプチドの加水分解	$2 \times 10^{-1} \sim 2 \times 10^1$
サブチロペプチダーゼ A	3.4.4.16	ペプチドの加水分解	$5 \sim 1 \times 10^3$
ブロメリン	3.4.4.24	ペプチドの加水分解	$4 \times 10^{-3} \sim 5 \times 10^{-1}$
炭酸脱水酵素	4.2.1.1	カルボニル化合物の水化	$8 \times 10^{-1} \sim 6 \times 10^5$

[掘越弘毅ら著,生物有機化学概論,p.74,講談社(1996)]

酵素の名前がばらばらに命名されるのを防ぐ目的で,1961年に国際生化学連合が,酵素の触媒する反応の形式に基づいた酵素の命名法を提唱した.触媒する基質と化学反応に基づいた命名法は,スクラーゼの系統名として,α-glucopylano-β-fructofuranohydrolase とするように推奨している.しかしながら,非常に紛らわしいため,一般的には慣用名が用いられている.

酵素委員会は,1961年の分類に基づいて,各酵素にコード番号をつけるというシステムを考案した.このコード番号は広く用いられており,接頭語ECをつけて表される.各酵素番号は4要素から成り,点で区切られ,原則に従って以下の6つのグループに整理されている.この番号づけの方法は,分類上,触媒反応の性質として便利であり,全酵素リストにわたる一連の番号づけで,不便な点を避けることができる(表2.12).

(1)酸化還元酵素:酸化還元酵素を触媒し,呼吸,発酵過程に関与している.デヒドロゲナーゼ,レダクターゼ,オキシダーゼ,ペルオキシダーゼ,オキシゲナーゼなどが含まれている.NAD, NADP, FAD, FMNなどは補酵素である.デヒドロゲナーゼとよばれる脱水素酵素は,NADまたはNADPを補酵素として水素の授受を行う.一般的には以下の式で表すことができる.

$$AH_2 + NAD(P)^+ \longrightarrow A + NAD(P)H \qquad (2.2)$$

アルコールデヒドロゲナーゼでは,AH_2 がアルコール,A がケトンに対応している.乳酸デヒドロゲナーゼ(EC 1.1.1.27)では,乳酸とピルビン酸間の酸化還元反応を触媒している.

2 生体物質の化学

表 2.12 国際生化学連合による酵素の分類

酵素のグループ名	触媒する反応の形式	酵素の一般名
酸化還元酵素 (EC 1.---)	酸化—還元	デヒドロゲナーゼ, オキシダーゼ, ペルオキシダーゼ, リダクターゼ
転移酵素 (EC 2.---)	ある分子から他の分子へ原子団を転移	アミノトランスフェラーゼ, キナーゼ
加水分解酵素 (EC 3.---)	基質の加水分解	リパーゼ, エラスターゼ, ペプチダーゼ, ホスファターゼ
切断酵素 (EC 4.---)	基質から置換基の脱離	デカルボキシラーゼ, アルドラーゼ, デヒドラターゼ
異性化酵素 (EC 5.---)	基質の分子内再配列	イソメラーゼ, エピメラーゼ
結合酵素 (EC 6.---)	高エネルギー結合切断と同時に2分子間の結合形成	シンターゼ, カルボキシラーゼ

$$CH_3CH(OH)CO_2H + NAD^+ \rightleftharpoons CH_3COCO_2H + NADH + H^+ \quad (2.3)$$
乳酸　　　　　　　　　　　　　　　ピルビン酸

また,オキシゲナーゼは分子に酸素を添加する酸化反応を触媒する酵素として知られており,カタラーゼは過酸化水素の分解反応を促進する酸化還元酵素である.

(2)転移酵素:アミノ基,リン酸基,メチル基などの原子団の転移を触媒する.分子間でアミノ基を転移移動させるアミノトランスフェラーゼがよく知られており,ピリドキサルリン酸が補酵素である.アスパラギン酸アミノトランスフェラーゼ(EC 2.6.1.1)は,図2.58に示すような形式で,アスパラギン酸を相当するオキサロ酢酸に変換すると同時に,もう一方の α-ケトグルタル酸を相当するグルタミン酸に変換する転移酵素であり,非天然型のアミノ酸合成にも用いられている.

(3)加水分解酵素:エステル,グルコシド,ペプチド結合などを加水分解する.タンパク質や多糖類(デンプン,グリコーゲンなど)を体内に吸収するためには,こういった物質を加水分解し吸収しやすい物質へと変換することが必要である.この加水分解反応を触媒し促進する酵素として,トリプシン,パンクレアチンなどの消化酵素とともに,エステラーゼ,エラスターゼ,ペプチダーゼ,ホスファターゼなどの酵素が知られている.

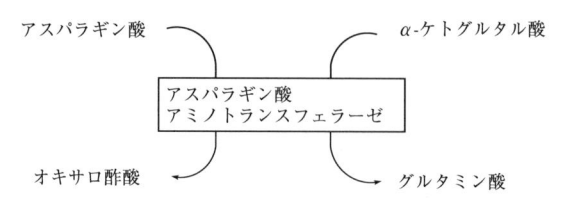

図 2.58 アミノトランスフェラーゼ

$$\text{アデノシントリホスファターゼ（ATPアーゼ EC 3.6.1.3）} \tag{2.4}$$
$$\text{ATP} + \text{H}_2\text{O} \longrightarrow \text{ADP} + \text{H}_3\text{PO}_4$$

$$\text{トレハラーゼ（EC 3.2.1.28）} \tag{2.5}$$
$$\text{トレハロース} + \text{H}_2\text{O} \longrightarrow 2\,\text{グルコース}$$

リパーゼ系の酵素は，生体内反応のみならず産業用材料の生産，特に光学活性物質創製のために大量に利用されており，次世代の産業用材料創製には欠かせないものとなっている．

$$\text{(基質)} \xrightarrow[\text{プロピオン酸ビニル}]{Candida\ antarctica} \text{(生成物 >96% ee)} + \text{(生成物 >96% ee)} \tag{2.6}$$

(4)切断酵素：リアーゼは，炭酸脱水酵素のように加水分解以外の方法で，原子団の除去，または付加を触媒する．デカルボキシラーゼ，アルドラーゼ，デヒドラターゼなどがある．カタラーゼ(EC 1.11.1.6)を例としてあげておく．

$$2\,\text{H}_2\text{O}_2 \longrightarrow 2\,\text{H}_2\text{O} + \text{O}_2 \tag{2.7}$$

(5)異性化酵素：光学異性体，位置異性体，幾何異性体など，分子の異性化を行う酵素であり，ケト → アルドースの転化や，グルコース 1-リン酸 → グルコース 6-リン酸（グルコースホスフェートイソメラーゼ，EC 5.3.1.9）の転化などを促進する酵素である．ラセマーゼ，エピメラーゼ，シス-トランスイソメラーゼ，分子内酸化還元酵素，分子内転位酵素などを含む．

$$\text{アラニンラセマーゼ（EC 5.1.1.1）} \tag{2.8}$$
$$\text{L-アラニン} \rightleftharpoons \text{D-アラニン}$$

(6)結合酵素：リガーゼは，リアーゼとまちがえやすい酵素であるが，その作用は正反対であり，ATPなどのエネルギーを利用して分子間の結合を形成する酵素である．

$$\text{グルタミンリガーゼ（EC 6.3.1.2）} \tag{2.9}$$
$$\text{グルタミン酸} + \text{ATP} + \text{NH}_3 \longrightarrow \text{グルタミン} + \text{ADP} + \text{H}_3\text{PO}_4$$

2.4.2 触媒としての特性

一般的な化学反応の触媒とは異なり，酵素は作用する基質（物質）を選んでその機能を発現するという特性がある．この特性を基質特異性とよび，フィッシャー(E. Fischer)は，基質と酵素のこの関係を鍵と鍵穴に例えている（次頁参照）．さらに，酵素は基質となる物質を識別するのみではなく，立体構造の相異を識別して鏡像体の一方のみに作用したり(立体特異性)，特定の位置に存在する特定の官能基や基を識別して作用する（位置特異性）能力を備えている．

2.4.3 酵素の活性中心

酵素の活性中心あるいは認識部位は，基質や補酵素を特異的に取り込み，触媒作用を発現する領域と定義され，一般的には基質や補酵素の結合部位と触媒部位から成り立っている．基質の結合部位は，サブサイトとよばれるいくつかの構造単位に分かれ，それぞれのサブサイトが基質と親和力によって結合している．活性部位は，酵素タンパク質のアミノ酸残基や非タンパク質の成分から成り立っている．特に，アミノ酸が折りたたまれて三次元構造に近接していることが，基質の認識と触媒作用発現にとって重要であり，活性部位は結合部位残基と触媒部位残基から成り立っているが，両部位は密接に関連しており，両者を厳密に区別することは困難である．触媒部位残基としてこれまでに同定されたアミノ酸残基は，システイン(Cys)，セリン(Ser)，アスパラギン酸(Asp)，グルタミン酸(Glu)，ヒスチジン(His)，リジン(Lys)などである．

酵素は，無限ともいえる多くの化合物の中からごく限られた種類の化合物を基質として選び，これを高選択的に変換していく場合が多い．それではなぜ，このようなことが起こるのであろうか．その説明には，「鍵と鍵穴の関係」が例として登場することが多いが，図2.59に，構造的に非常に近い1対の鏡像体（エナンチオマー）と酵素との相互作用を，模式的に示す．酵素反応は，酵素中の特定な場所（活性部位, active site）で起こることが知られている．この活性部位は，その周辺を多数のアミノ酸で囲まれているために，かなり複雑な環境となっていることが予測できる．ここで酵素にエナンチオマー混合物である基質を作用させると，一方の基質はこの「鍵穴」にうまく固定されるために反応がさらに進行するが，その立体異性体は活性部位に適合できないため，なんら変換を受けずに酵素外に放り出されてしまうことになる．また，図2.59

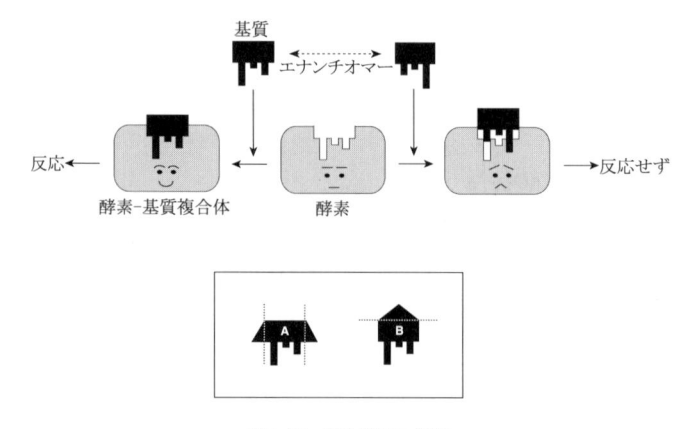

図2.59 鍵と鍵穴の関係

のAやBのように，活性部位に「はまる」部分の形状は同じであっても，前者の場合には，点線の外側に相当する部分のために活性部位に入ることができない．しかし，後者のように点線の上側がはみ出すのは，この例においては大きな問題とはならないため，さらなる変換反応を受けることができる．すなわち，AとBの混合物を酵素に与えると，後者のみが基質として識別されることになる．

次に，模式的に述べてきた「鍵と鍵穴の関係」を分子レベルで立体的に見てみることにしよう．ここでは，酵素そのものを表示するのは非常に困難であるので，図 2.60

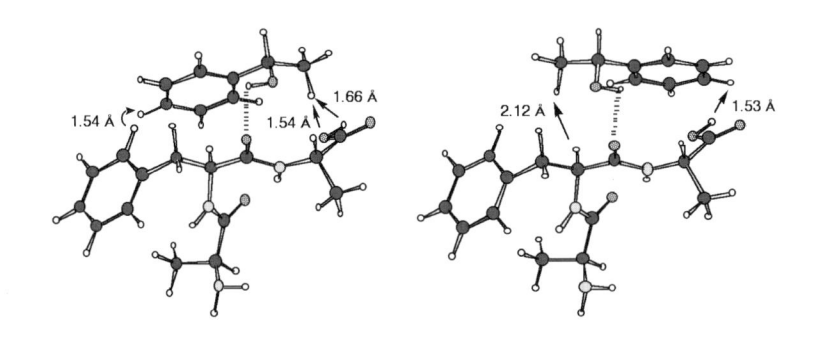

L-Ala-L-Phe-L-Ala ＋ (S)-PhCH(OH)CH₃　　　L-Ala-L-Phe-L-Ala ＋ (R)-PhCH(OH)CH₃

図 2.60　分子モデル

で示す天然型の L-Ala-L-Phe-L-Ala を単純化した酵素とみなし，これと α-フェネチルアルコールの (R)-体ならびに (S)-体とが，アルコールの水酸基と L-Phe のカルボニル基間で相互作用しているものを，モデルとして考えてみる（それぞれの場合において OH-O=C 間の距離（図中に点線で示す）は 3.0 Å に固定し，両者とも接近している部分を距離とともに示す）．左の複合体（コンプレックス，complex）では，両端の3ヵ所で2つの分子が接近しているが，右のものでは左端が比較的空いているため，後者のほうが立体反発が少なくエネルギー的に有利となる．すなわち，α-フェネチルアルコールと L-Ala-L-Phe-L-Ala が，図示した様式で相互作用をするならば，α-フェネチルアルコールの (R)-体が，そのエナンチオマーである (S)-体よりも優先的に複合体を形成するであろうと推測できる．

これと同様のことを，純粋な有機化学的手段で実現しようとすると，しばしば極低温（通常 −78°C またはそれ以下）が必要となる．しかし酵素反応は，常温，常圧という温和かつ簡便な条件下で，効率のよい光学分割を実現できるという特長を有しているため，有用物質の工業的生産や実験室的調製にも多く利用されるようになってきた．

これらの多くは，鏡像体対の光学分割，すなわち(R)-体と(S)-体の等量混合物(ラセミ体)をそれぞれ(R)-体と(S)-体とに分離する方法であり，エナンチオ選択的なエステルの加水分解や，その逆反応であるエステル合成が主となっている．

2.4.4 誘導効果

「鍵と鍵穴モデル」説は，かなり固定化された固いイメージのモデルである．しかしながら，程度の差こそあれ，「ソフトな鍵穴モデル」が現実の酵素の物質認識を物語っている．基質に対して，フレキシブルな鍵穴というような感じの「ゆらぎのある構造」といえる．このような考え方が，「誘導効果（induced fit）」と称されている考え方である．抗体酵素(p.105参照)のような分子認識に基づく生体触媒の創製とその認識部位，酵素の活性中心あるいは認識部位のアミノ酸の三次元構造や基質との空間的な関係が，NMRやX線解析といった構造解析方法により徐々に解明されつつあり，この「ゆらぎのある構造」の妥当性と，酵素の認識のパターンが明らかにされつつある．

2.4.5 反応の機構

数多く知られている酵素の中で，純品が得られている酵素はほとんどない．そのため，反応速度が酵素試料の純度と触媒効率を評価する基準となる．国際生化学連合の酵素委員会によれば，酵素活性はカタール(kat)という単位で表すことになっている．カタールとは，最適反応条件下で1秒間あたり生成物1molを生成する酵素量と定義されている．

酵素反応の速度論的取り扱いでは，まず酵素濃度，基質濃度，pH，温度などを系統的に変化させて，反応速度を定量的に測定する．この結果から実際の反応機構についての知見を得ることができる．以下にその方法を概説する．

一般に酵素反応は，次の3段階に分けて考えることができる．第1段階は，酵素と基質とが反応し，酵素-基質複合体が形成される段階である(図2.61)．酵素-基質複合体の存在は，酵素のもつ高選択性と反応速度の基質濃度依存性とから間接的に考えられていたが，現在では直接この複合体が確認されている．複合体形成段階は非常に速く，この速度はストップトフロー法などの迅速反応測定装置により測定される．第2段階は，複合体の生成速度と解離速度とがバランスした段階であり，生成物は時間とともに直線的に増加する．この直線部分の速度を用いる反応速度論的研究が，普通行われている．複合体の形成は非常に速いので，この第2段階の直線部分を反応初期とみなすことができ，直線の傾きを初速度として取り扱って差し支えない．さらに反応が進むと基質濃度が減少し，複合体の濃度も減り反応速度は減少する．これが第3段階である．

2.4 酵素の化学

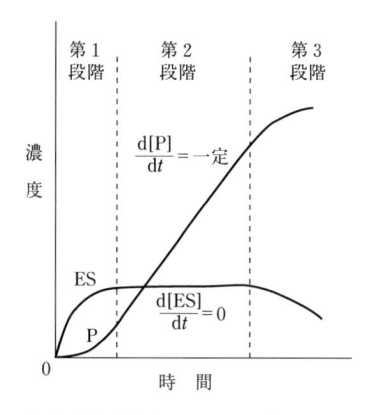

図2.61 酵素-基質複合体(ES)および生成物の濃度の時間変化

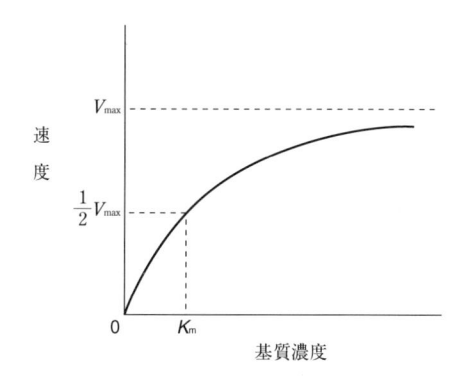

図2.62 酵素反応速度と基質濃度の関係

初速度の基質濃度依存性を調べると，通常，図2.62のような曲線となり，基質濃度増大に伴い，一定値に近づく傾向を示す．この速度挙動は，酵素 (E) と基質 (S) とが可逆的な反応で酵素-基質複合体(ES)を形成し，続いて生成物ともとの酵素ができる，以下の反応機構で説明されている．

$$\mathrm{E\ +\ S\ \underset{k_{-1}}{\overset{k_1}{\rightleftarrows}}\ ES\ \xrightarrow{k_{cat}}\ P\ +\ E} \tag{2.10}$$

酵素はきわめて低濃度であるから，複合体濃度も低濃度である．したがって，基質濃度の変化に比べて複合体濃度の変化はわずかであり，定常状態近似法が適用できる．すなわち，

$$\frac{\mathrm{d[ES]}}{\mathrm{d}t}\ =\ 0\ =\ k_1[\mathrm{S}][\mathrm{E}]-(k_{-1}+k_{cat})[\mathrm{ES}] \tag{2.11}$$

Eの初濃度を$[E]_0$とし，$[E]$を$[E]_0 - [ES]$で置き換えると，

$$[ES] = \frac{k_1[S][E]_0}{k_1[S] + k_{-1} + k_{cat}} \tag{2.12}$$

生成速度vは，

$$v = \frac{d[P]}{dt} = k_{cat}[ES] = \frac{k_{cat}k_1[S][E]_0}{k_1[S] + k_{-1} + k_{cat}} \tag{2.13}$$

有効な酵素すべてがESの形で存在するとき，すなわち$[ES] = [E]_0$ならば，

$$最大速度 = V_{max} = k_{cat}[E]_0 \tag{2.14}$$

であるので，$K_m = (k_{-1} + k_{cat})/k_1$とおけば，(2.13)式は次のように変形できる．

$$v = \frac{V_{max}[S]}{K_m + [S]} \tag{2.15}$$

この式がいわゆるミカエリス・メンテン(Michaelis-Menten)式であり，K_mはミカエリス定数とよばれている．$[S] = K_m$のとき，

$$v = \frac{V_{max}K_m}{k_m + K_m} = \frac{V_{max}}{2} \tag{2.16}$$

であり，最大速度の1/2の速度となる基質濃度がミカエリス定数である．

V_{max}, K_mを求めるには，直線式に変形してプロットするのが便利である．(2.15)式を変形するといくつかの直線式を書くことができるが，その中でよく用いられているのは，ラインウィーバー・バーク(Lineweaver-Bark)プロットである．すなわち，(2.15)式は次のように変形でき，

$$\frac{1}{v} = \frac{K_m}{V_{max}} \frac{1}{[S]} + \frac{1}{V_{max}} \tag{2.17}$$

$1/v$と$1/[S]$をプロットすれば，図2.63のような直線が得られるはずである．この直線の傾きと縦軸の切片あるいは直線を延長して，縦軸との切片からV_{max}とK_mを求めることができる．

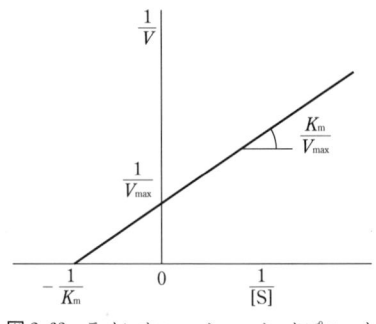

図2.63 ラインウィーバー・バークプロット

さて，ミカエリスとメンテンが酵素反応の速度論的取り扱いで用いた仮定は，$k_{cat} \ll k_{-1}$ である．この仮定が成立すれば，(2.10)式の最初の段階は，次の平衡式で表すことができる．

$$K_s = \frac{k_{-1}}{k_1} = \frac{[E][S]}{[ES]} \tag{2.18}$$

ここで，K_s は酵素-基質複合体の解離定数である．これから，

$$K_s = \frac{([E]_0-[ES][S])[S]}{[ES]} = \frac{[E]_0[S]}{[ES]} - [S] \tag{2.19}$$

$$[ES] = \frac{[E]_0[S]}{K_s+[S]} \tag{2.20}$$

$$v = \frac{d[P]}{dt} = \frac{k_{cat}[E]_0[S]}{K_s+[S]} \tag{2.21}$$

となる．(2.21)式と(2.13)式は同じ形をしているが内容は異なり，$k_{cat} \ll k_{-1}$ という条件の下に導かれたものである．すなわち，定常状態近似法によって得られた(2.13)式の特別な場合と考えるべきである．

反応物質の濃度増加に伴い反応速度が増大し，一定量に漸近する傾向は多くの触媒反応で見られる．

酵素反応機構の最初の部分を，反応物質が触媒へ吸着する段階と考え，吸着種の濃度変化が無視できる定常状態近似法が使えるならば，同一速度式で整理できるのは当然である．酵素反応の場合にかぎり，ミカエリス・メンテン式という名称があり，本質的には触媒反応の速度式と変わりはない．ミカエリス定数は，酵素-基質複合体の解離定数である．通常の触媒反応に用いられる吸着定数は平衡定数であり，解離定数の逆数になっていることに注意する必要がある．

2.4.6 酵素を用いる有機合成反応

有機合成化学に「生体触媒」がよく利用されているが，ここでいう「生体触媒」とは酵素や微生物および植物細胞を称してきたが，最近，抗体酵素リボザイムなどが加わり，応用範囲が広がってきている．生体触媒の特徴をまとめると以下のようになる．

(1)自然界に多種多様なものが広く存在しており，その中から目的に応じたものを探索することが可能である．

(2)触媒としての基質特異性が高く，反応形式の特異性も顕著である．

(3)構造的にはポリペプチドであるため，酸，アルカリ，熱などに対してそれほど安定ではない．

(4)生物体により産出されるものが多いため，培養条件などにより増産も可能である．

2 生体物質の化学

有機合成化学において重要なことは，望む物質を100%の収率で合成することと，100%の光学純度で光学活性体を創製することなどである．この目的のためには，「生体触媒」は都合のよい触媒である．生体触媒を利用して，どのように，どのような物質創製が行われているのかについて，その特徴，工夫などについて紹介する．

A. 有機合成プロセスへの応用

機能性材料と称される強誘電性液晶材料や，高分子系物質などへ変換可能な物質や，生理活性物質へと変換可能な光学活性物質類が，数多くバイオプロセスにより実用化されている．そして，この光学活性物質を基盤とするファインケミカルズ（精密化学）の分野が活気を帯びてきている．

光学活性天然物の合成を計画するにあたっては，どのように炭素骨格を形成し，不斉炭素を組み入れていくのかということが，合成ルートの立案と遂行に重要なことである．不斉炭素骨格は，①ラセミ体の光学分割，②光学不活性化合物からの不斉合成，③光学活性天然物からの誘導，などによって得ることができる．最近，生化学的手法（不斉加水分解，不斉還元，不斉酸化，不斉付加など）を巧みに利用して不斉炭素骨格を構築し，有機化学的手法を相補的にうまく組み合わせた光学活性天然物の合成が，数多く研究されている．

不斉加水分解を用いるものとしては，チエナマイシンの合成中間体である光学活性

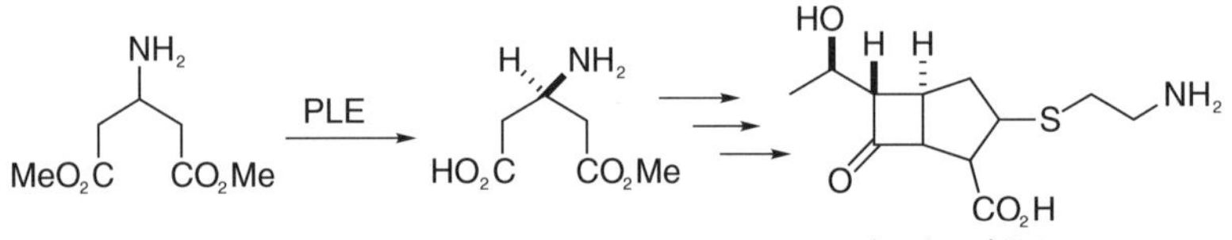

図 2.64 不斉加水分解反応を利用するチエナマイシンの合成経路

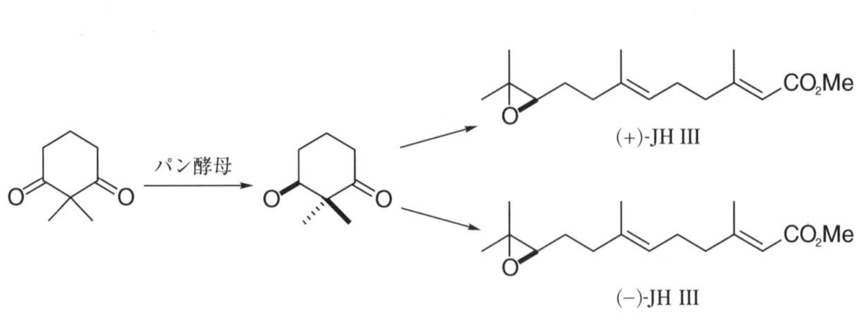

図 2.65 不斉還元反応を利用する光学活性な幼若ホルモン（JH）の合成経路

2.4 酵素の化学

物質の創製が，ブタ肝臓エステラーゼ(pig liver esterase)の機能を利用して行われており，生体触媒法と化学法の融合により全合成が行われている（図2.64）．

酵母に含まれる酵素を利用する不斉還元反応としては，プレローグ(V. Prelog)やモッシャー(H. S. Mosher)らによって見いだされ確立されてきた，ケトンの還元がよく知られている．最近は，パン酵母だけではなく各種の微生物を活用する不斉還元も行われ，各種の昆虫フェロモンやホルモンが合成されている（図2.65, 2.66）．

不斉酸化としては，*Pseudomonas putida*, *Candida rugosa* などを用いる，イソ酪酸の酸化による 3-ヒドロキシイソ酪酸の両鏡像体の合成が知られている（学名についてはp.129参照）．微生物による酸化は β 酸化が多く，ブタン酸，ペンタン酸，ヘキサン酸，ヘプタン酸なども *C. rugosa* によりそれぞれ R 配置の 3-ヒドロキシ酸を生成する．また，不飽和結合に水加させうる微生物も見いだされ，β-ヒドロキシ酸が生成物として得られている（図2.67）．

さらに，末端オレフィンの微生物酸化による光学活性エポキシドの合成も *Nocardia corallina* B-276 を用いて数多く行われ，有用な合成中間体として利用されている（図2.68）．

図2.66 昆虫フェロモンの合成例

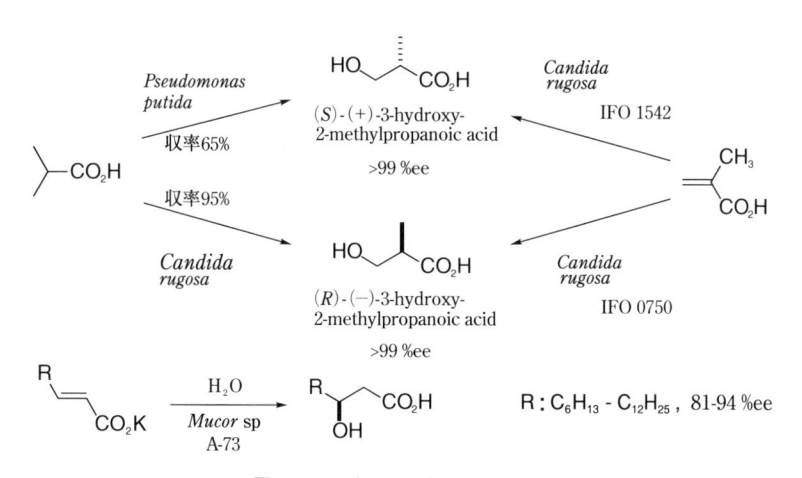

図2.67 不斉酸化を利用する合成例

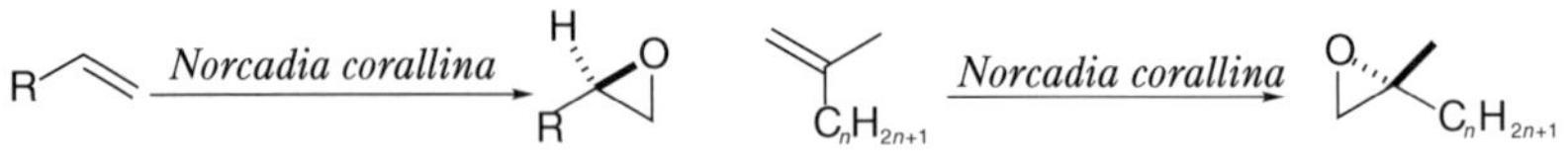

図2.68 不斉エポキシ化反応

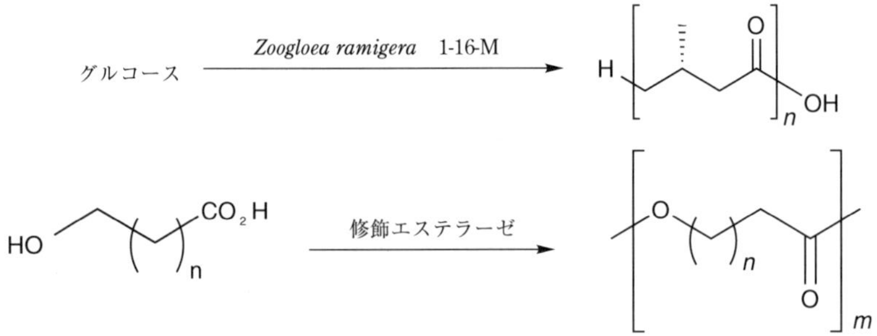

R	Y(g/l)	%ee	絶対位置
$C_{11}H_{23}$	28	92	R
$C_{12}H_{25}$	35	87	R
$ClCH_2$	25	81	R

n	Y.(%)	%ee
3	32	76
4	55	90
5	56	88

図2.69 バイオポリマーの例

B. バイオポリマー

活性汚泥菌(*Zoogloea ramigera* I-16-M)が菌体内に大量に3-ヒドロキシ酪酸の重合物(PHB)を蓄積することから,ここ数年,生分解性をもつバイオポリマーの合成という研究が活発に行われており,環境にやさしいポリマーの合成というような観点から見直され,研究が行われている(図2.69).

C. 光学活性物質

光学活性な物質というイメージからは,従来,生理活性物質が連想され,量的にも少ない物質であった.しかしながら,産業の形態が急速に変化している現在においては,工業製品の純度が格段に向上しており,特異的な性質あるいは新しい性質をもった物質の探索・開発が必要になってきている.非天然型の光学活性体などは,そのなかにおいても期待できる物質である.各種の非天然型光学活性体が,生化学的手法を駆使して作られており,強誘電性液晶の材料としての光学活性なフッ素系物質などが代表的なものである.

D. 抗体酵素

酵素のもつ機能をたくみに利用して不斉誘起が行われているが，ニューバイオテクノロジーの分野においても有機化学との融合への試みが行われ，新規の生体触媒が開発されている．この新しい試みの1つが，抗体酵素とよばれるものである（図2.70）．この触媒機能をもつ抗体酵素の創製には，「作りたいもの」や「行いたい反応」の遷移状態モデルを模倣した低分子量の有機物質を，ハプテン(hapten)として用いる．このハプテンを，担体（ウシ血清アルブミン(bovine serum albumin)やKLH(keyhole limpet hemocyanin)など）に結合させて，ハプテン抗原を作り，動物の免疫反応を利用してモノクローナル抗体を産生させ，創製する．物作りに携わっている研究者にとっては，合成反応に利用できる触媒を自由自在に駆使できることが理想であり，抗体酵素はまさに「tailor-made」な触媒といえる．そして抗体酵素法は，chemomimetic biology（これまでに開発されてきた化学反応を生体触媒で高選択的に行う）への足がかりとなるものと期待されている．

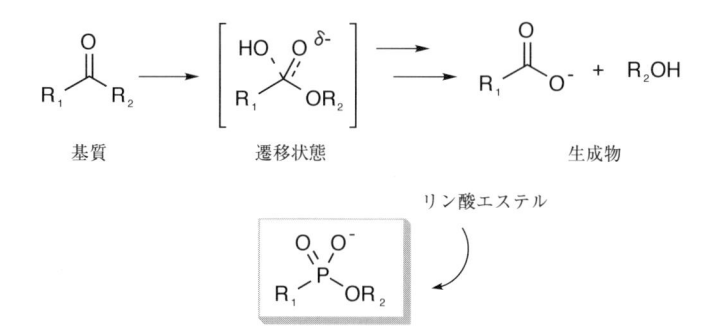

図2.70 遷移状態アナログの考え方に基づく抗体酵素の概念

エステル結合の不斉加水分解反応については，ダニシェフスキー(S. J. Danishefsky)らのプロスタグランジン合成中間体の例が報告されている（図2.71）．

抗体酵素が酵素と大きく違うのは，「好まれない反応(disfavored reaction)」すなわちエネルギー的に不利な反応経路を選択的に進行させうることではないだろうか．次のようなendo, exo型の反応は，exo型が通常の条件では選択的に進行することが知られているが，自由自在にendo, exo型の両反応を進行させうる抗体酵素が著者やレーナー(R. A. Lerner)らにより設計創製されている（図2.72）．

「好まれない反応」としては，脱離反応におけるsyn, antiの選択性についての報告があり，通常有機化学の授業で学ぶanti脱離の概念を覆す高いsyn選択性が達成されている（図2.73, 2.74）．さらに，カチオン的な環化反応においてもその触媒機能を発

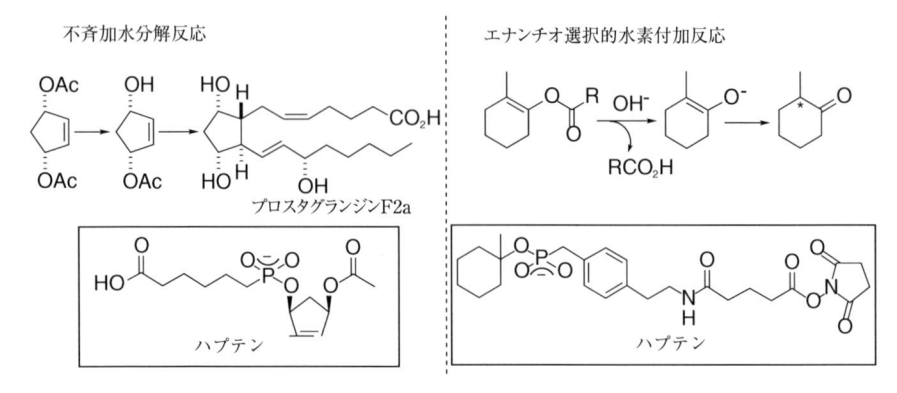

不斉加水分解反応 | エナンチオ選択的水素付加反応

図 2.71 不斉加水分解反応の例

図 2.72 アンチボルドウィン (anti-Boldwin) 則

図 2.73 syn 脱離を経るシスオレフィンの合成

現することが報告されている。このように，抗体酵素法は「作りたいもの」や「行いたい反応」を自由自在に行えるという事実を実現しつつある。

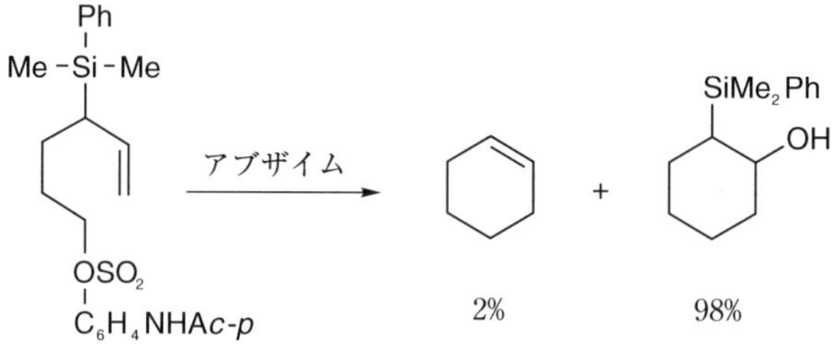

図2.74 抗体触媒によるカチオン環化反応

E. 物質生産における触媒

これまで述べたように，抗体酵素は，「好まれない反応」を促進するような酵素とは根本的に異なる利用方法が見いだされているが，物質生産という実用面から眺めたならば，どのような状況なのだろうか．よく知られているように，酵素は物質生産に大量に利用されているが，抗体酵素の場合には，数十〜数百グラム単位でこの酵素触媒を調整することは，現時点では困難である．研究段階では，μM$(0.15\,\mathrm{mg\,m}l^{-1})$単位，現実的には$50\,\mu$M以下くらいで用いられている．そこで，付加価値がきわめて高い物

有機フッ素化合物を合成する酵素

無機のフッ素原子を細胞内に取り込み，有機フッ素化合物を作る放線菌（*Streptomyces catteya*）から，酵素（フルオリナーゼ）が取り出された．この酵素は，S-アデノシル-L-メチオニン(SAM)から5'-フルオロ-5'-デオキシアデノシンを創製する．酵素の三次元構造と反応機構が報告されており，フッ素化学にもようやく遺伝子という言葉が登場し，バイオテクノロジーとの融合分野への扉が開かれつつある．

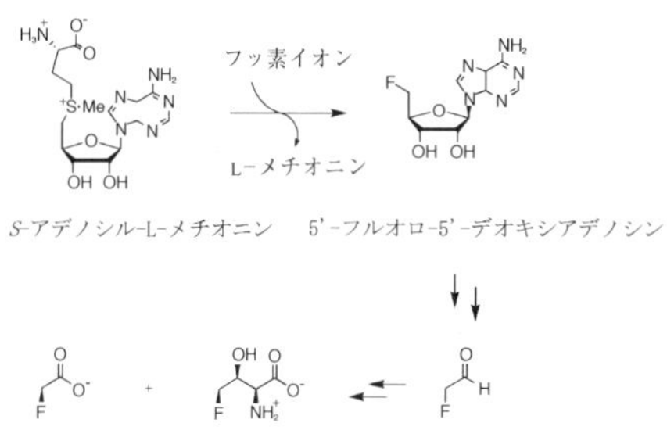

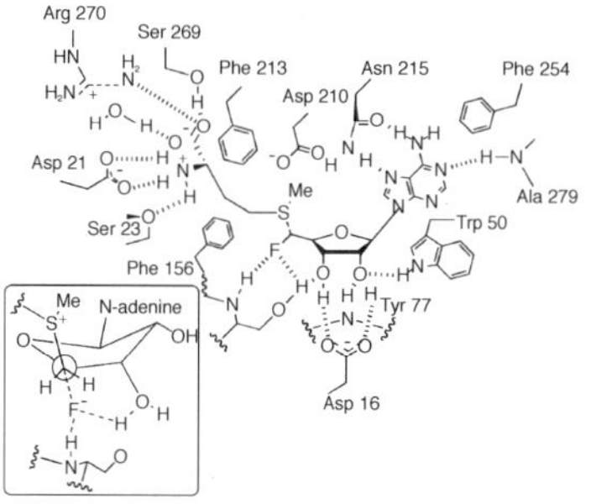

フルオリナーゼにおけるSAMとフッ素イオンの配位：図はフッ素イオンと硫黄が5'位の炭素を挟む形に位置することを明確に示している．

質や,合成化学的反応ではきわめて困難な物質,あるいはオーファンドラッグ(孤児薬)の創製などに利用できることが,実用的な生体触媒としての課題点と考えられる.

また,利用可能な反応形式(炭素-炭素結合形成,環化反応など)を拡大していくことも重要である.しかし科学の面から眺めると,抗体酵素のもつ意味は大きく異なっているといえる.まず大きな特徴としては,抗体酵素のアミノ酸配列が解読されはじめており,さらに抗原を加味したX線解析が報告され始めたことにより,抗体酵素がどのように物質を認識しているのかが明らかとなりつつある.このことは,光学活性体のような互いに鏡像異性体にある物質が,抗体に認識される際のアミノ酸配列と三次元構造の相異が明らかにされて,化学触媒にその知識が生かされ,物質生産用の触媒に新しい展開がもたらされるものと期待できる.

F. 抗体機能の利用

抗体機能の利用分野は,物質生産の触媒だけではなく,「抗体医薬」とよばれはじめた領域の開発が行われている.最初は,ドラッグデリバリーシステムの構築として抗体が利用された.薬理活性物質を病原細胞認識抗体に結合させ,病巣まで輸送させて

抗体触媒の作用を利用するドラッグデリバリーシステム

薬物は,一般的に標的に到達する途中で吸収され,薬効が減少する.標的まで薬物を安全に運ぶドラッグデリバリーのシステムを構築することは,重要なことである.このシステムの1つの例を紹介する.分子の末端に3種類の抗がん剤(CPT,エトポシド,ドキソルビシン)を結合させたプロドラッグと称される化合物を作製し,触媒として抗体38C2を作用すると化合物が分解され,3種類の抗がん剤が放出されることが明らかになった.がん治療の化学療法に新しいアイデアが提案された.

38C2の作用により、抗がん剤が放出

結合部位を加水分解し，薬理活性物質を病巣近傍で放出させ薬効を高めるシステムとして，研究開発が行われてきた．その後，抗体酵素もプロドラッグの活性化作用に活用できることが報告されている（図 2.75, 2.76）．

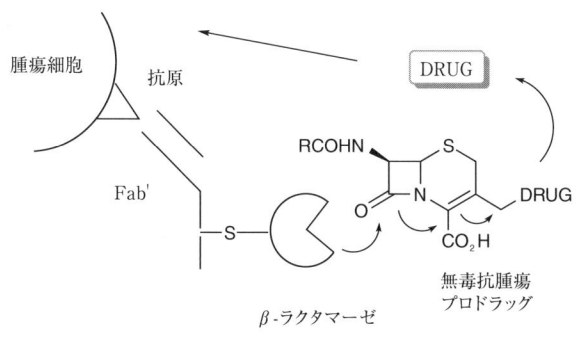

図 2.75　医薬品への応用

図 2.76　抗生物質プロドラッグの抗体触媒による活性化

2.5　ビタミンの化学

2.5.1　ビタミンの定義と分類

ビタミン（vitamin）とは，生体の機能維持に必須の微量栄養素で，体内ではまったく合成が不可能な物質か，必要量の合成ができない物質の呼称である．このような物質が不足すると，生物は欠乏症になる．最初に発見された成分がアミノ基を有していたために，"vitalamine" という意味で "vitamine" と名づけられた．その後，アミノ基をもたない成分も発見されてきたため e をとって "vitamin" となり，日本語でもビタ

ミンと表記されるようになり,一般名として普及するようになった.

ビタミンは当初アルファベット順に命名されていたが,化学構造が明らかにされると,化学名もよく用いられるようになった.ビタミンは,一般に脂溶性と水溶性に分けられ,脂溶性ビタミンにはビタミン A, D, E, K があり,水溶性ビタミンにはビタミン B 群 (B_1, B_2, B_6, B_{12}, ナイアシン,葉酸,パンテトン酸,ビオチンなど)とビタミン C がある.

2.5.2 ビタミンの化学構造と作用機構

A. 脂溶性ビタミン

a. ビタミン A(レチノール,retinol)

ビタミン A は β-イオノン核とイソプレノイド鎖をもつ化合物で,アルコール型,アルデヒド型,カルボン酸型がある.また,β-イオノン核への二重結合の導入によって A_1 系と A_2 系とがある.生体内では,食物から供給されるカロテン(プロビタミン A)が酸化開裂してレチナール(retinal,アルデヒド型)となり,レチナールが還元されてレチノール(アルコール型)となる(図2.77).レチノールは血液とともに必要な場所に運ばれる.網膜では,all-trans レチナールが 11-cis レチナールに酵素的(レチナールイソメラーゼ)に変換され,タンパク質(オプシン)と結合してロドプシンを作る.

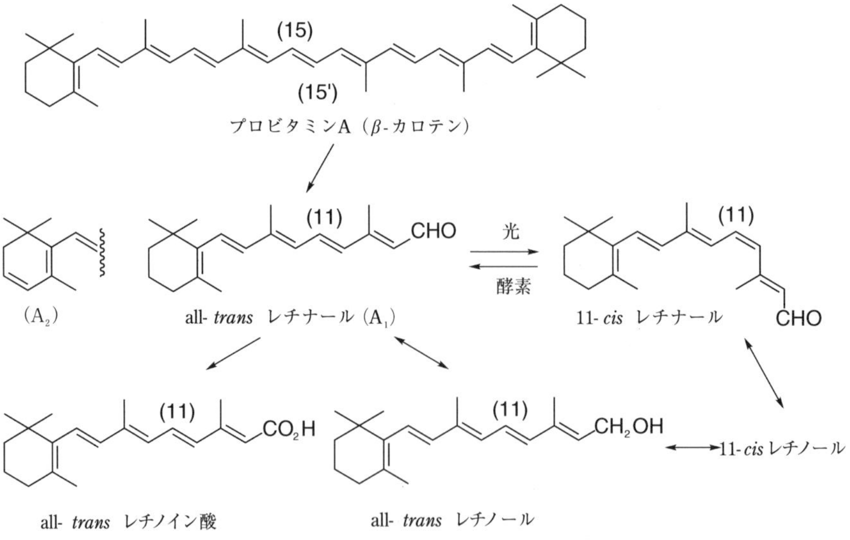

図 2.77 ビタミン A の構造式と変換様式

これに光が当たると 11-*cis* レチナールは all-*trans* レチナールに変わる．この光によるレチナールの *cis-trans* 変換は網膜が光を感受する反応であり，レチノールが不足すると夜盲症や視覚障害を起こす．

レチナールはさらに酸化されてレチノイン酸（retinoic acid）となる．レチノイン酸は形態形成における細胞分化の不可欠因子であり，これが不足すると成長発育を阻害し，また未分化細胞の増殖，すなわち癌細胞の発生を促進する．

b. ビタミン D（カルシフェロール，calciferol）

プロビタミン D のエルゴステロール，7-デヒドロコレステロールが紫外線照射を受けるとそれぞれビタミン D_2, D_3 になる（図2.78）．側鎖の違いにより，さらに4種類のビタミン D（D_4, D_5, D_6, D_7）が存在する．分布が多いのは D_2 と D_3 であり，体内におけるビタミン D の約90%は D_3 である．ビタミン D は，さらに1位と25位が水酸化されて活性型ビタミン D [$1,25(OH)_2D_3$] となる．この活性型ビタミン D は腸管からのカルシウムとリンの吸収を促進し，血液中のカルシウム量を一定に保ち，骨組織の維持や発育に関係する．これが不足すると子供ではクル病，高齢者では骨粗鬆症などを引き起こす原因となっている．

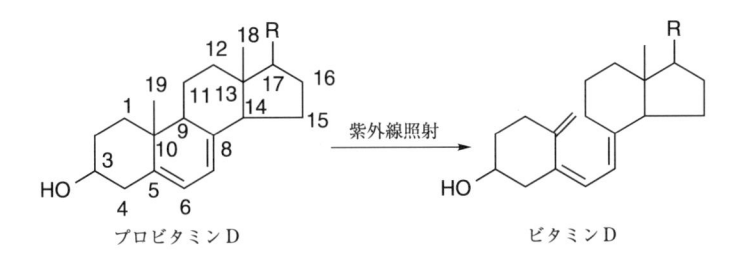

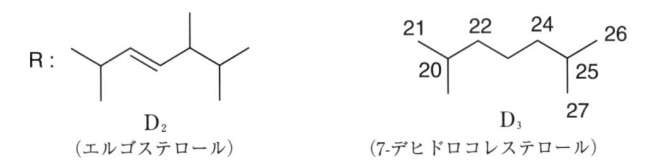

図2.78 ビタミン D の構造式と生成経路

c. ビタミン E（トコフェロール，tocopherol）

クロマン核にイソプレノイド鎖（水素添加されたもの）が結合した構造をとる．6-ヒドロキシクロマン核のメチル置換の位置により α-, β-, γ-, δ-トコフェロールが存在する（図2.79）．ビタミン E は脂質ペルオキシラジカルを消去し，不飽和脂肪酸の自動酸化におけるラジカル連鎖反応を停止する典型的な天然抗酸化剤である．生体内

R_1	R_2	
Me	Me	(α-)
H	Me	(β-)
Me	H	(γ-)
H	H	(δ-)

図 2.79 ビタミン E の構造式

では膜内に存在し，ビタミン C などと共同して膜脂質の保全維持に寄与し，赤血球の溶血防止，抗不妊性などの作用を示す．

d. ビタミン K (フィロキノン、phylloquinone)

ナフトキノン核をもつメナジオン（ビタミン K_3）環にイソプレノイド側が結合した構造をもつ（図 2.80）．自然界では側鎖の違いにより，K_1，K_2 が存在する．生体内では，プロトロンビン前駆体中のグルタミン酸を γ-カルボキシグルタミン酸に変える反応に関与する．この γ-カルボキシグルタミン酸の生成はプロトロンビンに Ca^{2+} 結合能を付与し，正常な血液凝固が起こるようにする．したがって，ビタミン K が不足すると出血傾向が現れ，低血圧，貧血などを起こす．

B. 水溶性ビタミン

水溶性のビタミンの多くは補酵素となり，生体の代謝反応を促進している．

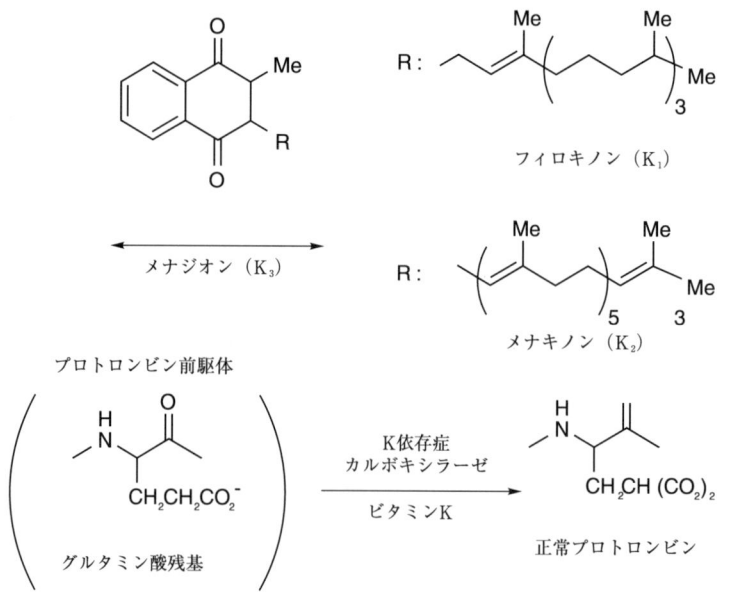

図 2.80 ビタミン K の構造式と作用機作

2.5 ビタミンの化学

a. ビタミンB_1（チアミン，thiamine）

鈴木梅太郎，フンク(C.Funk)らによって最初に発見されたビタミンである．ピリミジン核とチアゾール核がメチレン基を介して結合した化合物である(図2.81)．チアゾール核のヒドロキシエチル基にピロリン酸が結合してチアミンピロリン酸を生成し，これが補酵素となる．糖代謝系酵素(ピルビン酸脱水素酵素，α-ケトグルタル酸脱水素酵素，トランスケトラーゼなど)として働く．これが欠乏すると，エネルギー不足に基づく倦怠，息切れなどの脚気症状ならびに中枢神経症状を起こす．

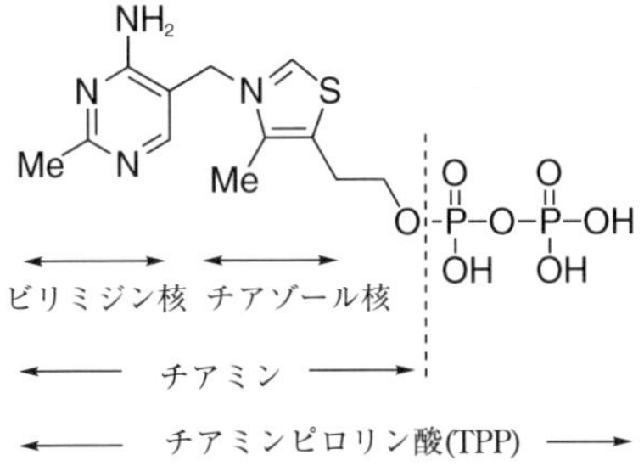

図2.81 ビタミンB_1の構造式

b. ビタミンB_2（リボフラビン，riboflavin）

リボフラビンは，イソアロキサジンとリビトールから成る(図2.82)．リボフラビンにリン酸が結合したフラビンモノヌクレオチド(FMN)，およびアデノシンジホスフェート(ADP)が結合したフラビンアデニンジヌクレオチド(FAD)が補酵素となる．フラビン酵素はイソアロキサジンの酸化還元により(図2.83)，ミトコンドリアやミク

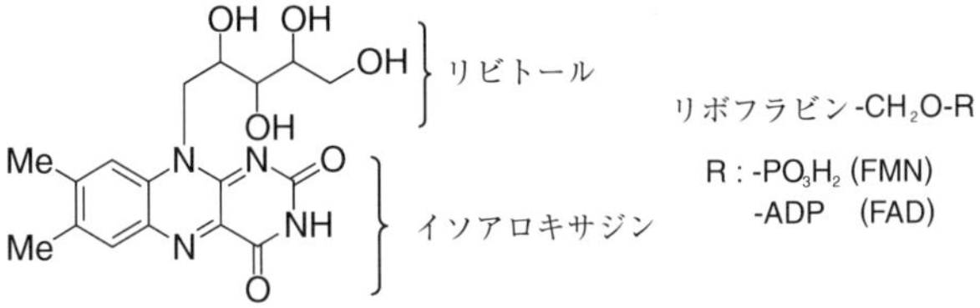

リボフラビン-CH_2O-R
R : -PO_3H_2 (FMN)
　　-ADP　(FAD)

図2.82 ビタミンB_2の構造式

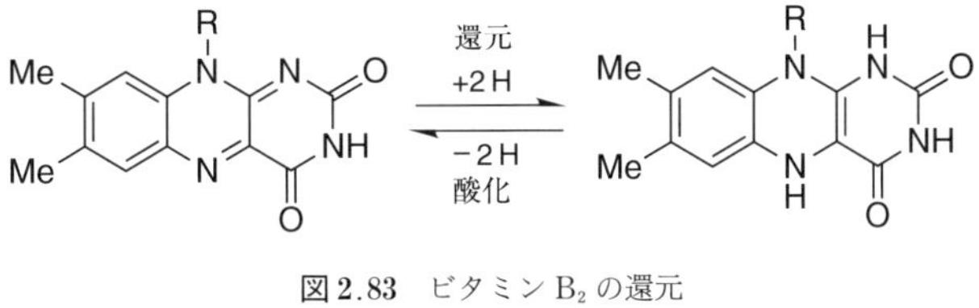

図2.83 ビタミンB_2の還元

ロソームの電子伝達系反応を触媒する．欠乏症には舌炎，皮膚炎，角膜炎などがみられる．

c. ビタミンB_6（ピリドキシン，pyridoxine）

ピリドキシンのほかにピリドキサル，ピリドキサミンが存在する（図2.84）．生体内では3位のヒドロキシメチル基をリン酸化したものが補酵素となる．相互に移行しあうことによってアミノ基転移，脱炭酸，ラセミ化などのアミノ酸代謝反応を触媒する．不足すると，舌炎，皮膚炎，貧血などを伴う．

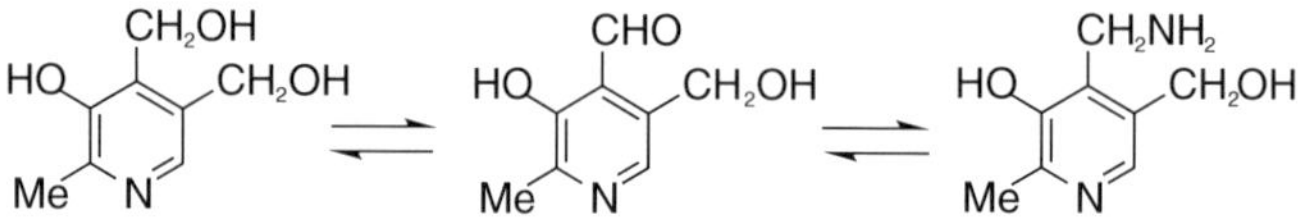

図2.84 ピリドキシン，ピリドキサル，ピリドキサミンの構造と相対変換

d. ナイアシン（ニコチン酸，nicotinic acid）

ナイアシン（niacin）とはニコチン酸とニコチンアミドのことである（図2.85）．生体内ではニコチンアミドアデニンジヌクレオチド（NAD）および同ホスフェート（NADP）の形で存在し，多くの酸化還元酵素の補酵素となる．このナイアシン補酵素は酸化型と還元型があり，相互に移行して，電子，水素を基質に与えたり奪ったりして反応を進める．アルコール脱水素酵素，乳酸脱水素酵素，イソクエン酸脱水素酵素などがこれに属する．欠乏するとペラグラ症状（主症状は皮膚炎，下痢，精神神経障害）を引き起こす．

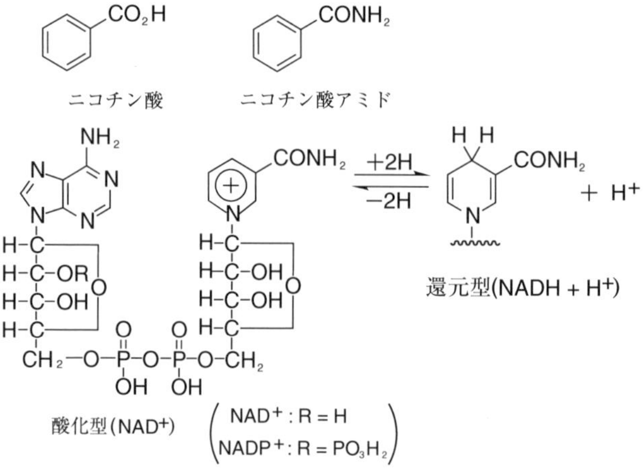

図2.85 ナイアシンおよびNADの構造式

2.5 ビタミンの化学

e. パントテン酸 (pantothenic acid)

図2.86の構造をもち，生体内では補酵素コエンザイムA (CoASH) となって働く．CoASHはアシル基をチオエステルとして結合し，脂肪酸の酸化，合成ならびに糖代謝において重要な働きをしている．

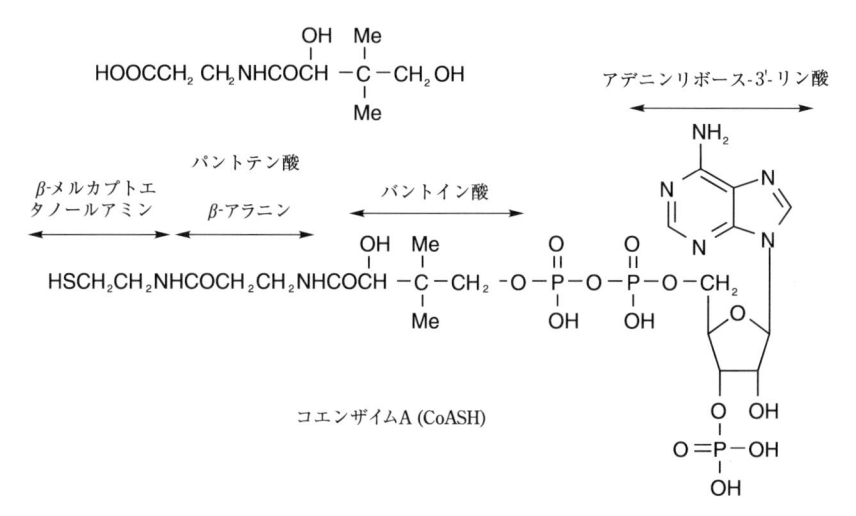

図2.86 パントテン酸およびコエンザイムA

f. ビオチン (biotin)

ビオチンは尿素 (NH_2CONH_2) とチオフェンが結合したような母核に，バレリアン酸が結合した構造をとる (図2.87)．生体内ではタンパク質のリジン残基と酸アミド結合してビオチン酵素を形成する．$N-1'$に結合したカルボキシル基を基質に転移することにより，カルボキシラーゼとして，またトランスカルボキシラーゼ，デカルボキシラーゼとして働き，不足すると皮膚炎を起こす．

図2.87 ビオチンの構造式

g. 葉酸（プテロイルグルタミン酸，pteroylglutamic acid）

葉酸（folic acid）はプテロイン酸（プテリジン ＋ p-アミノ安息香酸）にグルタミン酸が1～5個結合した構造をとる（図2.88）．プテリジン核の5，6，7，8位に水素が結合した5,6,7,8-テトラヒドロ葉酸(tetrahydrofolic acid，THF または H_4PtGlu) はコエンザイム F(CoF)ともよばれ，補酵素となる．THF はホルミル基（5-ホルミル THF），メチル基(5-メチル THF)，メチレン基(5,10-メチレン THF)などを結合し，これら C_1 基を基質に転化することによりいわゆる C_1 代謝を行う．核酸合成，タンパク質合成に関与し，欠乏すると巨赤芽球性貧血を起こす．

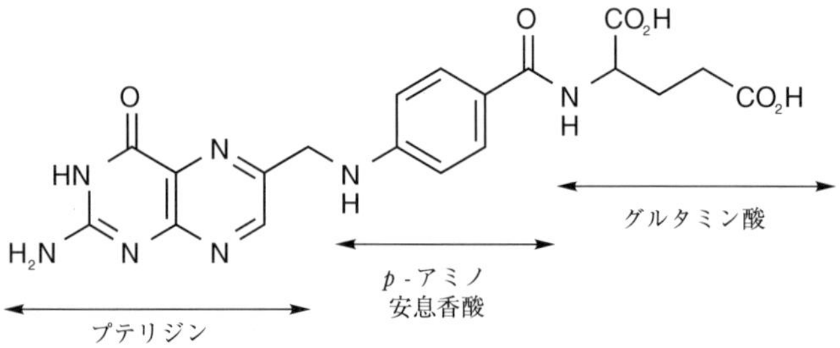

図2.88 葉酸の構造式

h. ビタミンB_{12}（コバラミン，cobalamin）

ビタミン B_{12} は，コリン環（ポルフィリン環の C_{20} 位を欠く）にコバルトをキレートしたコバラミンを基礎構造とする（図2.89）．生体内ではコバラミンのコバルトに 5′-デオキシアデノシンが結合したもの（アデノシルコバラミン）やメチル基が結合したもの（メチルコバラミン）が補酵素となる．前者は炭素骨格の組換えを伴う反応（グルタミン酸ムターゼ，メチルマロニル CoA ムターゼ），後者はメチオニンの生成，メタンの生成への関与が知られている．コバラミンを生体から抽出するときは，安定なシアノコバラミンやヒドロキソコバラミンとして取り出す．ビタミン B_{12} はアミノ酸代謝，タンパク質合成，核酸合成に関与し，これが不足すると骨髄における造血機能が低下し悪性貧血を起こす．

i. ビタミンC（アスコルビン酸，ascorbic acid）

L-アスコルビン酸(AH_2)は一塩基酸で，カルボキシル基と4位の炭素の間で γ-ラクトンを作る（図2.90）．エンジオール構造をもつため強い還元性を示す．水溶液中では H^+ を遊離するため酸性を示し，大部分モノアニオン(AH^-)として存在する．モノアニオンは容易に一電子酸化を受けてモノデヒドロアスコルビン酸ラジカル（MDA($A\cdot^-$)）となり，さらに一電子酸化を受けてデヒドロアスコルビン酸（DHA(A)）となる．

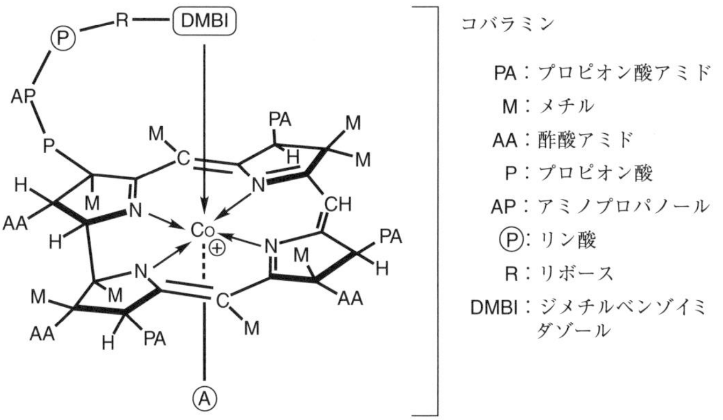

2.5 ビタミンの化学

```
コバラミン
PA：プロピオン酸アミド
M：メチル
AA：酢酸アミド
P：プロピオン酸
AP：アミノプロパノール
Ⓟ：リン酸
R：リボース
DMBI：ジメチルベンゾイミダゾール
```

Ⓐ　ADO　アデノシルコバラミン（ADO-B_{12}）
　　CH$_3$　メチルコバラミン（CH$_3$-B_{12}）
　　CN　シアノコバラミン（CN-B_{12}）
　　HO　ヒドロキソコバラミン（HO-B_{12}）

図 2.89　ビタミン B_{12} の構造式

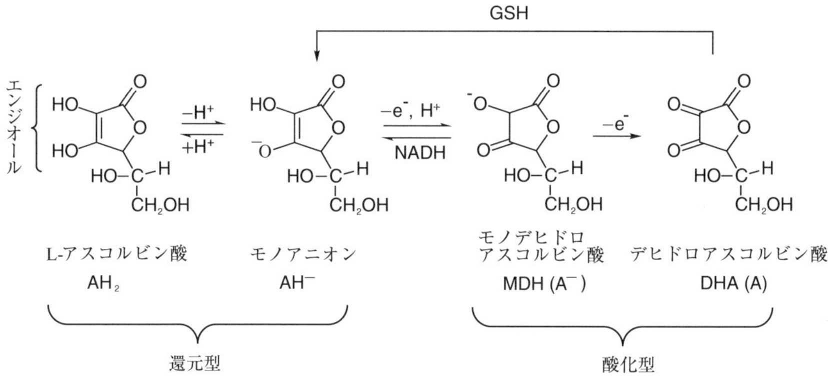

図 2.90　ビタミン C の構造式と変換

　L-アスコルビン酸は生体内では還元剤として働き，酸化型になると酵素的に還元型へと復元される．すなわち，MDA は MDA 還元酵素（NADH）により，また DHA は DHA 還元酵素（グルタチオン，GSH）により還元される．従来から知られているビタミン C の生理的機能は抗壊血病作用である．これは，プロリンの水酸化を進めることによりコラーゲンの生合成を促進し，細胞間の結合組織を強化保持することによる．したがって，ビタミン C は壊血病を予防し，組織の傷の治癒などにも効果を示す．ま

た，ビタミン C は生体の水相中に存在し，水相で発生する活性酸素(O_2^-, $^1O_2$, H_2O_2)を非酵素的もしくは酵素的に消去し，活性酸素が引き起こす脂質酸化，タンパク質の酸化，DNA の損傷などを防ぎ，カロテノイドやビタミン E とともに病気，癌，老化を予防していることが，最近明らかにされてきている．

2.6 核酸の化学

生物における遺伝，すなわち親の特徴（形質）が子孫に伝達されるという現象は，遺伝子によって支配されている．そして，遺伝子の源が DNA であることは周知の事実である．「遺伝子」と「DNA」は同義語のように用いられることが多いが，厳密には DNA はデオキシリボヌクレオチドという化学物質であるのに対し，遺伝子は特定の機能（情報）をもつ DNA 領域をさす．ある生物の染色体 DNA 上に存在する遺伝子の集合体をゲノムという．遺伝子工学は，分子生物学分野の多岐にわたる研究成果の集大成であり，「遺伝子組換え」，「組換え DNA」あるいは「遺伝子操作」といった言葉もほぼ同義語と考えてよい．本節においては，まず核酸の構造と性質について解説したのち，DNA の複製や遺伝情報の発現機構について述べる．さらに，遺伝子工学技術とその応用について解説する．

2.6.1 核酸の定義と分類

1868 年，ミーシャー(F. Miesher)は化膿した傷の膿に含まれる細胞の中から，これまで知られていたものとは異なる組成の細胞成分を発見した．この成分は，細胞の核(3.1 節参照)に含まれることからヌクレインと命名されたが，のちに一種の酸であることが判明し，アルトマン(S. Altman)によって核酸と改名され，現在に至っている．20 世紀の半ばごろまでに，核酸の化学構造に関して多くの知見が蓄積された．

核酸には DNA 以外にもう 1 つ，リボヌクレオチド(RNA)があり，DNA の機能発現に重要な役割を演じている．DNA と RNA は，いずれもヌクレオチドが重合した高分子化合物（ポリヌクレオチド）である．ヌクレチオドは糖・リン酸・塩基から構成される．ヌクレオチドを構成する糖は五炭糖であり，DNA には β-D-2-デオキシリボース，RNA には β-D-リボースがそれぞれ含まれる．核酸塩基はプリンまたはピリミジンの誘導体であり，いずれも含窒素複素環化合物に属する．おもなプリン塩基としてはアデニン(A と略記する)とグアニン(G)が，そしてピリミジン塩基としてはシトシン(C)，チミン(T)，ウラシル(U)が知られている．DNA には A, G, C, T の 4 つの塩基が含まれ，RNA には A, G, C, U の 4 つが存在する．これらの塩基と糖とが縮合した分子はヌクレオシドとよばれる．ヌクレオシドにおいては，プリン塩基の 1 位

の窒素原子またはピリミジン塩基の9位の窒素原子が，糖の1′-炭素原子と β-N-グリコシド結合している．そして，ヌクレオシドの糖の5′-炭素原子にリン酸がエステル結合した分子が，ヌクレオチドである．ヌクレオシド，ヌクレオチドの化学構造を，おもな核酸塩基や糖の構造とともに図 2.91 に示す．

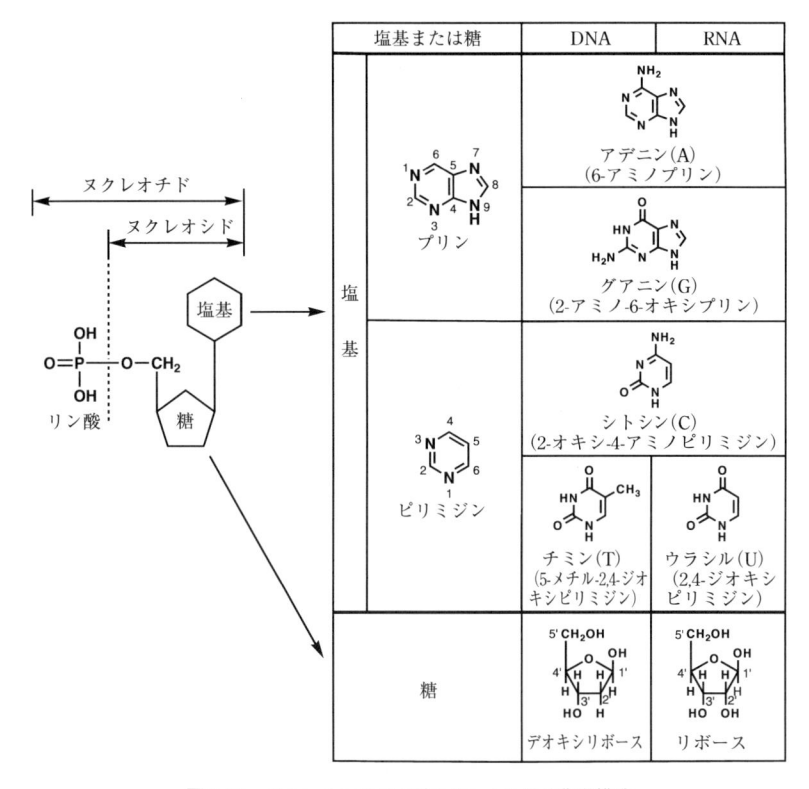

図 2.91 ヌクレオシドおよびヌクレオチドの化学構造

ヌクレオチドの5′位の水酸基が，隣接するヌクレオチドの3′位の水酸基と順次エステル結合することによって高分子化し，ポリヌクレオチドである DNA や RNA となる．このヌクレオチド間の結合は，ホスホジエステル結合とよばれる．図 2.92 に示すように，核酸はリン酸と糖とが交互に繰り返した直鎖状の構造を有し，核酸塩基は糖の部分から横に側鎖として突き出ている．DNA や RNA の鎖において，5′位の水酸基が遊離している側を5′末端，3′位の水酸基が遊離している側を3′末端という．DNA や RNA におけるヌクレオチドの配列（塩基配列）は，通常 5′ → 3′方向に，

AGCT (5′-AGCT-3′)

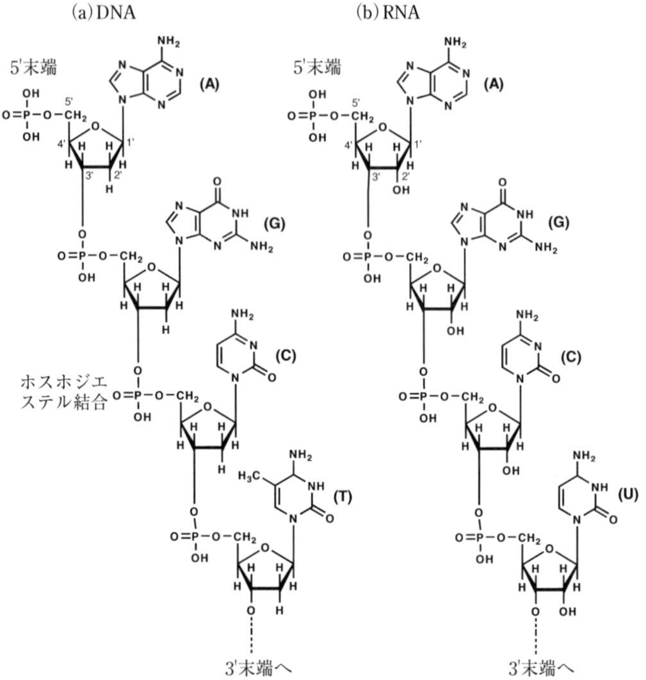

図 2.92　DNA および RNA の化学構造

あるいは,

$$AGCU(5'\text{-}AGCU\text{-}3')$$

のように，塩基の略号を用いて表示される．

2.6.2　遺伝子としての DNA

遺伝物質の本体が DNA であることが解明されるきっかけとなったのは，1928 年にグリフィス (F. Griffith) によって報告された，肺炎双球菌を用いた実験である．肺炎の患者から分離した肺炎双球菌は病原性を有しており，S 型とよばれる．一方，同じ肺炎双球菌でも，R 型株には病原性がない．S 型株の細胞は夾膜とよばれる粘性をもった多糖の膜で覆われているのに対し，R 型株には夾膜がなく，これら 2 つの株はコロニーの形状で明確に区別できる．表 2.13 に示すように，病原性 S 型株の生菌を注射されたマウスは，肺炎にかかり死亡する．また，非病原性 R 型株の生菌あるいは S 型株の死菌体をそれぞれ別々に注射しても，マウスは肺炎にならない．ところが，これらを混合してから投与した場合には，マウスは死亡した．さらに，この死亡したマウスの体

表 2.13 グリフィスによる形質転換実験

マウスに投与した菌体	マウスの生死
S 型*生菌	死
R 型**生菌	生
S 型死菌	生
R 型生菌＋S 型死菌	死

＊病原性, ＊＊非病原性

内からは,生きたS型株が見いだされた.すなわち,S型株の死菌体の中には,生きたR型株をS型に変えるような遺伝物質が含まれていることになる.このように,R型株がS型株へと変化する現象は,形質転換とよばれるようになった.

　形質転換にかかわる物質（形質転換因子）は,明らかに遺伝子としての性質を有している.多くの研究者によって,グリフィスの形質転換実験の追試が行われ,形質転換因子の同定が試みられた.そして,1944年エーブリー(O. T. Avery)は,肺炎双球菌の形質転換因子がDNAであるという結論を導き出した.その後,他の細菌,ウイルス,動植物を用いた数多くの実験によって,遺伝子の本体はDNAであるという仮説が支持された.

2.6.3 DNAの立体構造と物理化学的性質

　1950年代のはじめまでに,遺伝子の本体がDNAであることを示す多くの状況証拠が蓄積されていった*.そして,ワトソン(J. D. Watson)とクリック(F. H. C. Crick)によってDNAの立体構造モデルが提出されたのは,1953年のことであった.

　図2.93に,ワトソンとクリックのDNA二重らせん構造モデルを模式的に示す.このモデルでは,2本のポリヌクレオチド主鎖が互いに逆方向を向いて並び,全体として右巻きにらせんを巻いている.塩基は主鎖の内側を向き,向かい合った鎖の塩基と水素結合している.アデニンはつねにチミンと,そしてグアニンはつねにシトシンと水素結合して塩基対を形成し,他の組み合わせの対合は起こらない.大きなプリン塩基と小さなピリミジン塩基との間で形成されるこのような塩基対形成は,相補的対合とよばれる.図2.94に示すように,A―T間には2本,G―C間には3本の水素結合が存在する.これらA―TおよびG―Cの塩基対面は,らせん軸に対して直角の方向を向き,互いに重なり合った構造をとっている.DNA分子全体にわたる塩基の対合を安定に維持するためには,どうしても2本の主鎖がらせん状にねじれることが必要となる.このモデルによれば,二重らせんは10ヌクレオチドで1回転し,1回転分の長さは3.4nmである.また,二重らせんの直径は2.0nmと計算された.

＊現在では,RNAを遺伝子とするようなウイルスも発見されている.

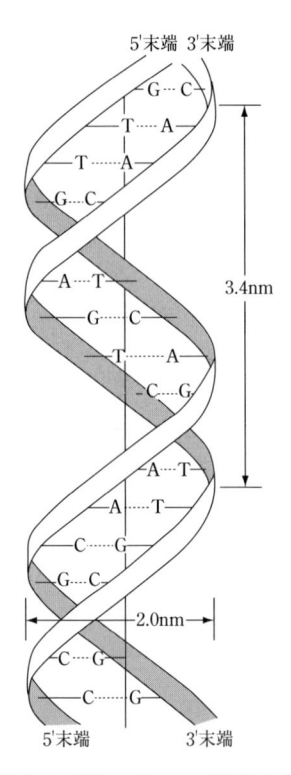

図 2.93　DNA の二重らせん構造モデル．二本鎖間の水素結合を破線で示す

　DNA の 2 本の鎖をつなぎ止めているのは塩基間の水素結合だけであるから，その結合は共有結合ほど強くはない．そのため，熱処理やアルカリ処理によって DNA の二本鎖構造は容易に壊れ，一本鎖への解離が起こる．これを DNA の変性という．一般に，核酸に含まれる塩基は波長 260 nm 付近の紫外線を強く吸収するが，DNA が二本鎖から一本鎖へ変性するに従い，紫外線の吸収強度が増大する．この現象は濃色効果とよばれる．二本鎖 DNA のほうが紫外線吸収が弱いという事実は，二重らせん構造において，高密度に積み重なった状態にある各塩基の π 電子間の相互作用で説明される．DNA の変性の様子は，濃色効果を利用すると容易に追跡可能であり，たとえば二本鎖 DNA の溶液を徐々に加熱し，各温度における紫外線の吸収を測定すると，図 2.95 のようになる．すなわち，低温域では DNA は二本鎖の状態を保っているが，ある温度になると変性が起こりはじめ，その後，吸収は急激に増大する．そして，すべての DNA が一本鎖に解離したところで，吸収強度は一定になる．この変化の中間点，すなわち最大吸収の半分の吸収を与える温度を，融解温度（T_m）という．

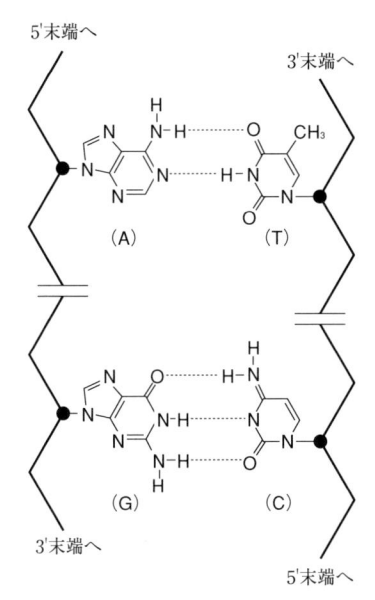

図2.94　A—T 間および G—C 間の水素結合．破線が水素結合

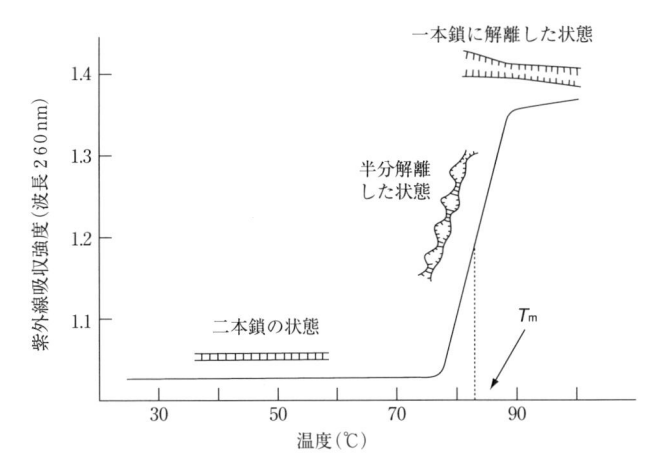

図2.95　二本鎖 DNA の変性．二本鎖構造から一本鎖構造への変化の中間点にあたる温度を T_m という

DNA の安定性は，二本鎖間の水素結合の数に比例すると考えられる．A—T 塩基対間には2本，G—C 間には3本の水素結合が存在するから，G—C 塩基対を多く含む DNA ほど高い T_m を与えることになる．また反対に，T_m の値から G—C の含有量を見積もることができる．DNA の G—C 含量は生物ごとに異なるが，分類学上近縁の生

物のG-C含量は互いに近い値をとることから，この手法は微生物の分類にも応用されている．熱変性したDNAは，ゆっくりと冷却することによって，再び水素結合により対合し，もとの二本鎖構造に戻る．この操作はアニーリングとよばれる．

2.6.4 DNAの自己複製

ワトソンとクリックのDNA立体構造モデルによって，DNAが遺伝物質としてどのように機能するかが説明されることとなった．すなわち，対合した2本の鎖が分離し，そのそれぞれの鎖が新たに合成されるDNA鎖（娘鎖）の鋳型として働く．DNAの2本の鎖は互いに相補的な塩基配列を有しているから，こうすることによって，自己と同一な遺伝情報を有するDNA分子を，もう1つ生み出すこと（自己複製）が可能となる．

図2.96には，DNAの複製過程を模式的に示す．複製が進行中のDNA領域（複製点）は，二本鎖の一部がほどけた状態にあり，複製フォークとよばれるY字型の構造を形成している．DNAの複製には，主としてDNAポリメラーゼという酵素が関与する．DNAポリメラーゼは，DNA鎖の3'末端水酸基に対して，鋳型DNAに相補的なヌクレオチドを付加する酵素である．娘DNA鎖が5'から3'方向に合成されるにつれて，複製フォークも移動していくため，少なくとも片側のDNA鎖の合成は連続的に進行する．この連続的に合成されるDNA鎖をリーディング鎖(leading strand)という．

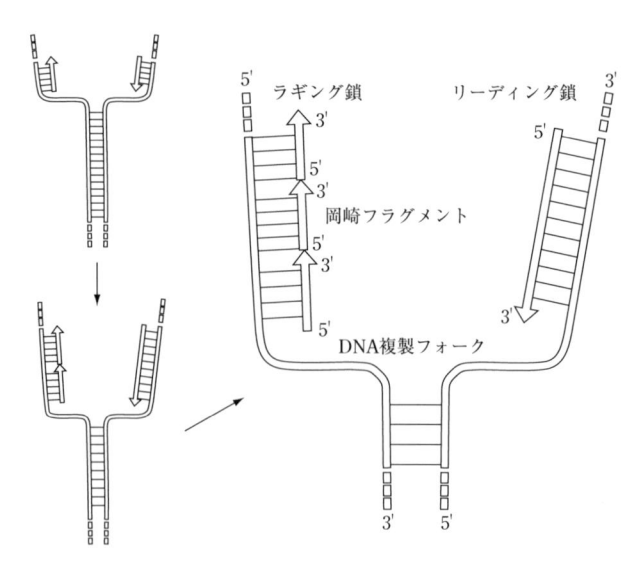

図2.96　DNAの複製過程．娘DNA鎖の合成は5'から3'の方向に行われる．

一方，反対側のDNA鎖の複製は，複製フォークの移動につれて，リーディング鎖とは逆方向に断片的に起こる．このとき生じる小さなDNA断片は，岡崎フラグメントとよばれる．この不連続的に合成された側のDNA鎖，ラギング鎖(lagging strand)は多くの酵素の働きで修復・連結され，完全な形となる．

DNA複製がこのように複雑な過程を要するのは，5′ → 3′ポリメラーゼ活性だけで，互いに逆を向いている2本のDNA鎖の複製を賄おうとする点にある．DNAポリメラーゼには，上述の5′ → 3′ポリメラーゼ活性以外に，3′末端から5′方向にヌクレオチドを切断する3′ → 5′エキソヌクレアーゼ活性も認められており，誤って取り込まれたヌクレオチド塩基の較正に働く．

2.6.5 RNAを介した遺伝情報の発現

生物のもつ遺伝情報は，通常，DNAからRNA，そしてタンパク質へと流れる．この概念は，分子生物学のセントラルドグマとして広く受け入れられている．DNAのもつ情報をRNAに写し取る過程は転写，そしてRNAからタンパク質が生成する過程は翻訳とよばれる．また，ある種のウイルスにおいては，RNAからDNAへの逆転写も起こることが知られている．図2.97に，遺伝情報の流れを示す．

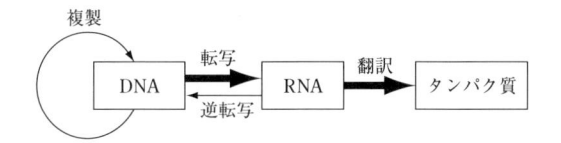

図2.97 遺伝情報の流れ．DNA → RNA → タンパク質の流れ（太矢印）は，セントラルドグマとして知られている

DNAの片側の鎖が鋳型となり，RNAポリメラーゼという酵素の働きでRNAが合成される．合成は5′から3′方向に進行し，鋳型DNA鎖に相補的な配列を有する一本鎖RNA分子が生成する（図2.98）．RNAにおいては，塩基Tの代わりにUが使われる．RNAはメッセンジャーRNA(mRNA)，リボソームRNA(rRNA)，トランスファーRNA(tRNA)の3つに大別されるが，タンパク質アミノ酸配列の情報を有するのはmRNAである．

mRNAからタンパク質への翻訳に際しては，3つの連続する塩基が1つのアミノ酸を規定する．この3つの塩基の並びをコドンという．タンパク質を構成するアミノ酸は20種類であるのに対し，4種の塩基が3つ並ぶ組み合わせは $4 \times 4 \times 4 = 64$ とおりもある．したがって，複数のコドンをもつアミノ酸も存在することになる．1960年代に，ニーレンバーグ(M. W. Nirenberg)，コラナ(H. G. Khorana)らの努力によって，どのコドンがどのアミノ酸を指定するかの全貌が解明された（表2.14）．64種の

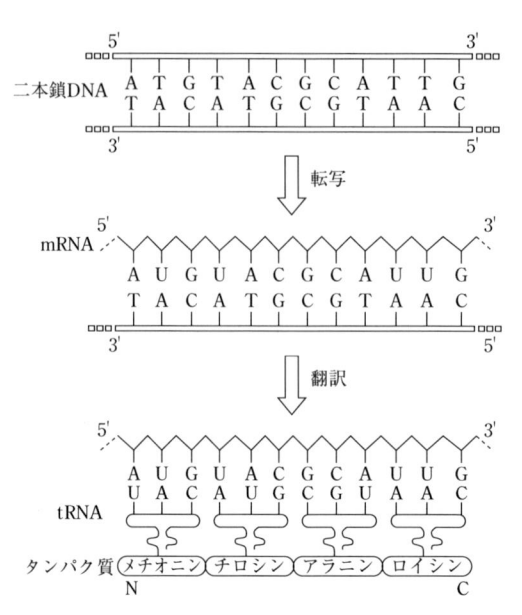

```
                    5'                          3'
二本鎖DNA   A T G T A C G C A T T G
           T A C A T G C G T A A C
                    3'                          5'
```

↓ 転写

```
           5'                                3'
mRNA
           A U G U A C G C A U U G
           T A C A T G C G T A A C
           3'                                5'
```

↓ 翻訳

```
           5'                                3'
           A U G U A C G C A U U G
           U A C A U G C G U A A C
tRNA
           タンパク質 (メチオニン)(チロシン)(アラニン)(ロイシン)
                   N                                C
```

図2.98 遺伝情報の発現過程．DNAからmRNAが転写され，さらにタンパク質へと翻訳される

表2.14 コドンとアミノ酸*の対応表（コドン表）

第1塩基 (5'末端)	第2塩基				第3塩基 (3'末端)
	U	C	A	G	
U	Phe	Ser	Tyr	Cys	U
	Phe	Ser	Tyr	Cys	C
	Leu	Ser	オーカー**	オパール**	A
	Leu	Ser	アンバー**	Trp	G
C	Leu	Pro	His	Arg	U
	Leu	Pro	His	Arg	C
	Leu	Pro	Gln	Arg	A
	Leu	Pro	Gln	Arg	G
A	Ile	Thr	Asn	Ser	U
	Ile	Thr	Asn	Ser	C
	Ile	Thr	Lys	Arg	A
	Met ***	Thr	Lys	Arg	G
G	Val	Ala	Asp	Gly	U
	Val	Ala	Asp	Gly	C
	Val	Ala	Glu	Gly	A
	Val	Ala	Glu	Gly	G

＊ アミノ酸は，すべて3文字表記法で示す．＊＊ 対応するアミノ酸がなく，ここで翻訳が終了する．終止コドン．＊＊＊ 翻訳開始を指示する開始コドンとしても用いられる

コドンのうち，UAA，UAG，UGA の3つには，対応するアミノ酸がない。この部分でタンパク質への翻訳が終了することから，これらは終止コドンとよばれる。また反対に，翻訳開始を指示するコドン（開始コドン）もあり，多くの遺伝子ではメチオニンのコドン AUG が用いられる。もちろん，AUG コドンはタンパク質内部に存在するメチオニンの暗号としても機能する。

　mRNA はリボソームとよばれる小粒子に付着し，この粒子上でタンパク質合成が起こる。リボソームはタンパク質と RNA との複合体であり，大小2つのサブユニットから構成される。大腸菌では，50 S と 30 S の2つのサブユニットが結合して，70 S のリボソーム粒子が形成される*。リボソームには，50 種類以上のタンパク質と3種の rRNA（大腸菌では，5 S，16 S，23 S の3種）が含まれる。リボソームにアミノ酸を運ぶのが tRNA である。tRNA は，ジヒドロウリジン，シュウドウリジンなどの異常塩基を含む 75〜90 ヌクレオチドの小さな一本鎖 RNA であり，図 2.99 のような構造を有する。tRNA のアンチコドンの部分には，特定のアミノ酸コドンに相補的な配列

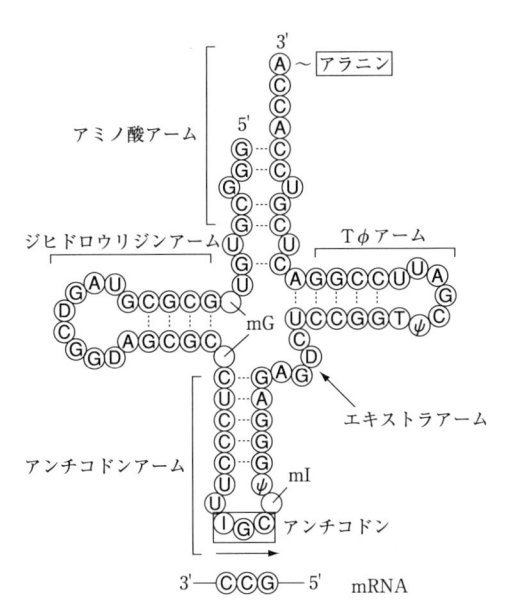

図 2.99　酵母アラニン-tRNA の構造．tRNA の塩基は分子内で対合し（点線），クローバーの葉のような構造をとる．D：ジヒドロウリジン，I：イノシン，T：リボチミジン，ψ：シュウドウリジン．mG，mI はメチル化塩基を表す

＊ S はスベドベリ単位．溶質が単位遠心力場で沈降する速さを時間で表したもの．超遠心分離を行い，溶質の沈降速度より算出する．値が大きいほど分子量は大きく，1 スベドベリ単位は 1×10^{-3} 秒に相当する．

が存在し，mRNA 上の対応するコドンと相互作用する．一方，3′末端のヌクレオチド A の 3′-水酸基には，アンチコドンに対応するアミノ酸がアシル化して結合する．リボソームは mRNA 上を 5′ から 3′ の方向に進みながら，次々とコドンに対応するアミノアシル tRNA を取り込み，ペプチド鎖を伸長させていく．タンパク質の合成反応は，アミノ末端側からカルボキシル末端側へと進行していく．図 2.100 に，リボソームにおけるタンパク質合成の過程を模式的に示す．

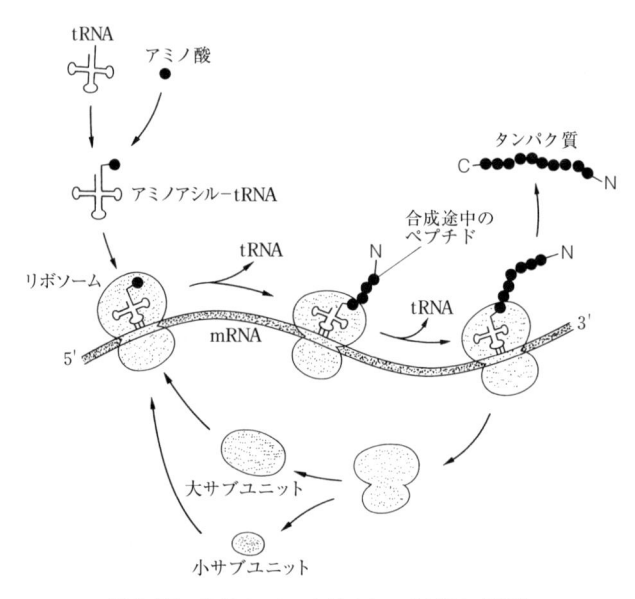

図 2.100　リボソームにおけるタンパク質合成過程

2.6.6　遺伝子工学を支える基盤技術

1972 年，バーグ (P. Berg) によって，世界で初めての遺伝子組換え実験が行われた．ワトソンとクリックによる DNA の二重らせん構造モデルの提唱から約 20 年，その間の多くの発見と技術開発が，遺伝子組換え実験を成功へと導いたことはいうまでもない．遺伝子工学技術は，DNA を切断・連結する酵素の発見，外来 DNA の運び屋として働くベクターの開発，そして生細胞への外来 DNA 導入技術の確立など，一連の研究成果の集大成といえる．

A.　制限酵素と DNA リガーゼの発見

遺伝子工学では，いわゆる「DNA の切り貼り」を行う目的で，制限酵素や DNA リガーゼといった酵素が用いられる．DNA を切る「はさみ」の働きをするのが制限酵素

2.6 核酸の化学

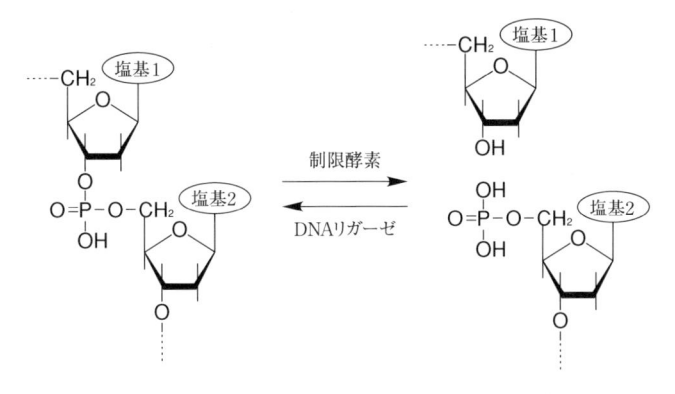

図 2.101 制限酵素および DNA リガーゼの化学反応

であり，DNA を貼り合わせる「のり」として機能するのが DNA リガーゼである（図 2.101）．

　制限酵素は，DNA のホスホジエステル結合を加水分解する酵素であり，大腸菌における λ ファージ（大腸菌に寄生するウイルスの一種）の増殖研究の中から発見された．ある種の大腸菌では，λ ファージはほとんど増殖しない．これが制限現象であり，細胞内に侵入した λ ファージ DNA が制限酵素による切断を受けるためである．この「制限」酵素という名称は，「制限」現象に由来している．すなわち，微生物には自己の DNA は切断せずに外から侵入した DNA だけを切断する生体防御機構が備わっており，その際に機能するのが制限酵素である．現在までに，種々の微生物から 500 種類以上の制限酵素が分離・精製されている（表 2.15）．制限酵素の呼称には一定の規則があり，制限酵素名からその生産菌を知ることができる．たとえば，*Eco* RI という名称は，その生産菌である大腸菌 *Escherichia coli** の属名の *E* および種名の *co* に由来している．

　DNA リガーゼは，DNA 鎖の 3′末端に存在する水酸基と他の DNA 鎖の 5′末端のリン酸基とを脱水縮合し，ホスホジエステル結合で連結する反応を触媒する．大腸菌由来の DNA リガーゼと T4 ファージ由来の DNA リガーゼが知られており，それぞれニコチンアミドアデニンジヌクレオチド（NAD）またはアデノシン 5′-三リン酸（ATP）を要求する．

B. ベクターの開発

　外来 DNA（遺伝子）を導入する生細胞を宿主といい，遺伝学的な知見の蓄積が多く

---

*大腸菌の学名．イタリック体で表記され，*Escherichia* は属，そして *coli* は種の名称を表す．ちなみに，人類（生物学的には"ヒト"という表記を用いる）は *Homo sapiens* という．

表 2.15 種々の制限酵素

認識塩基対数	制限酵素名	認識配列と切断部位*	生産菌
8	Not I	G C|G G C C G C C G C C G G|C G	*Norcardia otitidis-caviarum*
7	Bet EII	G|G T N A C C C C A N T G|G	*Bacillus stearothermophilus* ET
	Bam HI	G|G A T C C C C T A G|G	*Bacillus amyloliquefaciens* H
6	Eco RI	G|A A T T C C T T A A|G	*Escherichia coli* RY 13
	Hin dIII	A|A G C T T T T C G A|A	*Haemophilus influenzae* Rd
	Pst I	C T G C A|G G|A C G T C	*Providencia stuartii* 164
	Sal I	G|T C G A C C A G C T|G	*Streptomyces albus* G
	Sma I	C C C|G G G G G G|C C C	*Serratia marcescens* Sb
5	Hin fI	G|A N T C C T N A|G	*Haemophilus influenzae* Rf
4	Hae III	G G|C C C C|G G	*Haemophilus aegyptius*
	Sau 3AI	|G A T C C T A G|	*Staphylococcus aureus* 3 A
	Taq I	T|C G A A G C|T	*Thermus aquaticus* YT-1

* N は任意の塩基を示す
〔掘越弘毅, 青野力三, 中村聡, 中島春紫, ビギナーのための微生物実験ラボガイド, p.83, 講談社 (1993)を改変〕

安全性が高い大腸菌などがよく用いられる. 一方, 外来 DNA の運び屋の役目を果たす DNA がベクターである. ベクターの要件としては, ①宿主細胞内で染色体 DNA と独立して自律複製可能であること, ②ベクターが宿主に導入されたことを判断するための選択マーカー (たとえば, 薬剤耐性遺伝子など) を有していること, ③外来 DNA を連結するための制限酵素切断部位を有していること, などがあげられる. 現在用いられているベクターは, プラスミドベクターとファージベクターとに大別される (図 2.102). ここで, プラスミドは染色体 DNA とは独立して自律複製する小さな環状の二本鎖 DNA 分子であり, 大腸菌用ベクターとしては, pBR 322 や pUC 系列のものがよく用いられる. 一方, ファージは細菌に寄生するウイルスの総称であり, ベクターには λ ファージや M 13 ファージの DNA が頻用される.

(1) pBR322 プラスミドベクター　　(2) pUC 系列プラスミドベクター　　(3) M13 ファージベクター

Eco RI　*Hin* dIII
　　　　Bam HI
Pst I　Amp^r　　　*Sal* I
　　　　Tet^r
　　　pBR322
　　　　ori

マルチクローニングサイト
lac Z
　　　　ori
pUC18/19
Amp^r

マルチクローニングサイト
　　　ori　lac Z
　　M13mp18/mp19

(4) λファージベクター(Charon 4A)

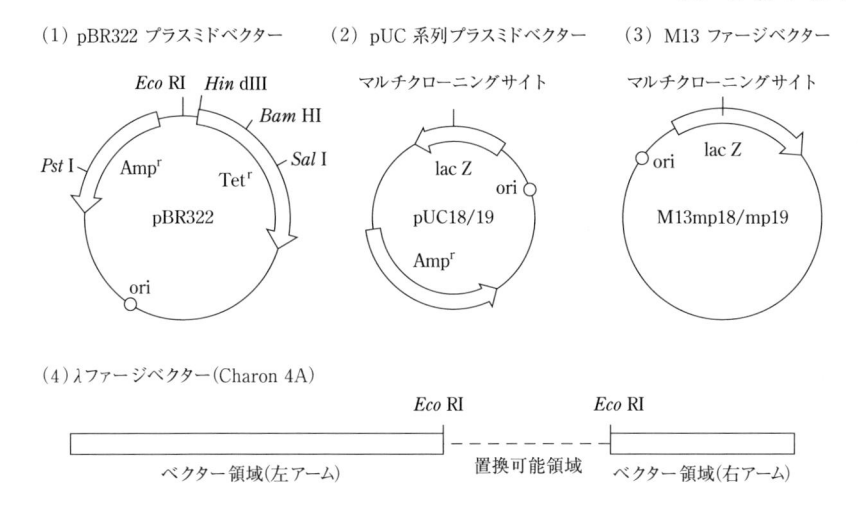

　　　　　　　　　　　　Eco RI　　　　　*Eco* RI
　　　　　　　　　　　　　　　- - - - - - -
　　　ベクター領域(左アーム)　　置換可能領域　　ベクター領域(右アーム)

図 2.102　各種大腸菌用ベクター．Amp^r：アンピシリン耐性遺伝子，Tet^r：テトラサイクリン耐性遺伝子，ori：自己複製に必要な領域，lac Z：大腸菌 β-ガラクトシダーゼ遺伝子．マルチクローニングサイトには，*Eco* RI，*Hin* dIII など，合計 10 種以上のクローニングサイトが含まれている
［掘越弘毅，青野力三，中村聡，中島春紫，ビギナーのための微生物実験ラボガイド，p. 87，講談社(1993)］

C. 生細胞への外来 DNA 導入技術の確立

　宿主細胞に外来 DNA を導入して，その遺伝的形質を変化させることを形質転換という．プラスミド DNA により細胞を形質転換するためには，細胞に対して化学的あるいは物理的処理を施し，DNA を取り込みやすくさせる必要がある．たとえば，対数増殖期の大腸菌を塩化カルシウムの溶液で処理した場合，カルシウムイオンが細胞膜と相互作用し，その結果，細胞への DNA 取り込みが促進される．このような状態をコンピテントとよぶ．大腸菌のコンピテント細胞に対して，外来 DNA を連結したプラスミド DNA を加えて取り込ませたのち，適当な薬剤を含む寒天培地上で培養する．プラスミドを取り込んで薬剤耐性を獲得した細胞（形質転換体という）のみが，寒天培地上で生育でき，コロニーとよばれる集落を形成する（図 2.103）．1 個のコロニーは，もともと単一の形質転換体細胞が増殖したものである．このように，まったく同一の遺伝子構成をもつ細胞の集団をクローンという．また最近は，DNA 存在下で細胞に高電圧をかけて一過的に細胞膜に穴をあけることにより，DNA を細胞内に導入する電気穿孔（エレクトロポレーション）法も開発されている．

　ファージを細胞に感染させることによっても，ファージ DNA の移入が起こり，これを形質導入という．外来 DNA を連結した λ ファージ DNA を，λ ファージ粒子の外

2　生体物質の化学

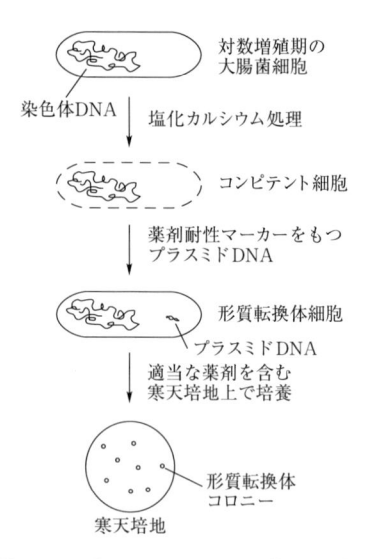

図 2.103　プラスミドによる大腸菌の形質転換

殻を構成するタンパク質と試験管内（$in\ vitro$）で混合することにより，ファージ粒子が自発的に再構成される．得られたファージ粒子を大腸菌と混合することにより，ファージの感染が起こる．ファージと大腸菌の混合物を寒天培地上で培養した場合，λ ファージに未感染の大腸菌は生育するが，感染した大腸菌は溶菌するため，形質導入体は透明な溶菌斑（プラーク）として検出できる．

2.6.7　遺伝子工学の応用

多くの重要な発見と技術の開発に後押しされ，今日の遺伝子工学技術の源流ともいえる世界初の遺伝子組換え実験が 1972 年に行われた（図 2.104）．この実験では，SV 40 とよばれる動物ウイルスの DNA を制限酵素切断により線状化したのち，ターミナルデオキシヌクレオチジルトランスフェラーゼというヌクレオチド転移酵素を用い，3′ 末端にアデニンを数十個付加する．同様にして，DNA 増殖に必要な部分のみを残して小型化した λ ファージ（λdv ファージ）の DNA を，制限酵素切断により線状化したのち，3′ 末端にチミンを数十個付加する．最後にこれらの DNA を混合し，A—T 間の水素結合により両 DNA 鎖を対合させたのち，DNA リガーゼで連結することにより，組換え DNA 分子を得ることに成功した（テーリング法という）．この実験を行ったバーグは，安全性を考慮して，この組換え DNA 分子を大腸菌に導入する実験は実施しなかった．しかし，翌 1973 年にコーエン（S. N. Cohen）とボイヤー（H. W. Boyer）が，大腸菌プラスミドとブドウ球菌プラスミドとの組換え DNA 分子を作製し，大腸菌で

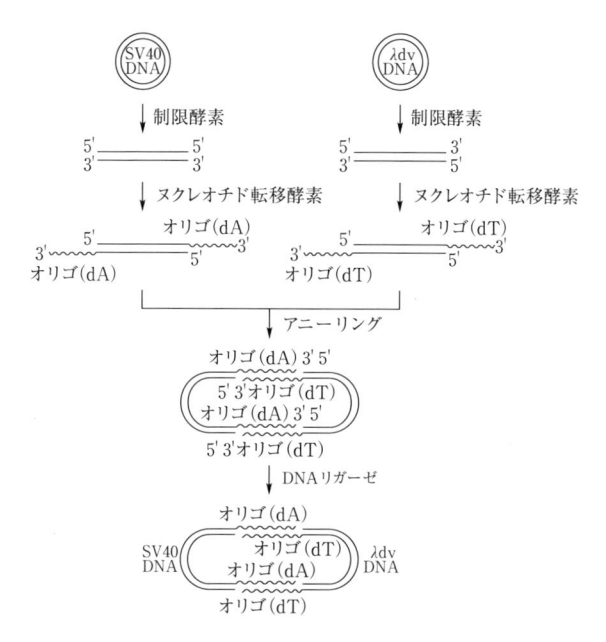

```
            ┌─SV40─┐              ┌─λdv─┐
            │ DNA │              │ DNA │
            └─────┘              └─────┘
              ↓ 制限酵素            ↓ 制限酵素
         5'─────5'            5'─────3'
         3'─────3'            3'─────5'
              ↓ ヌクレオチド転移酵素    ↓ ヌクレオチド転移酵素
              オリゴ(dA)              オリゴ(dT)
       5'〜〜〜─────〜〜〜3'    5'〜〜〜─────〜〜〜3'
       3'〜〜〜─────〜〜〜5'    3'〜〜〜─────〜〜〜5'
         オリゴ(dA)              オリゴ(dT)
                   └────┬────┘
                        ↓ アニーリング
                 オリゴ(dA) 3' 5'
              ┌──〜〜〜─────────┐
              │ 5' 3'オリゴ(dT)  │
              │ オリゴ(dA) 3' 5' │
              └─────────〜〜〜──┘
                 5' 3'オリゴ(dT)
                        ↓ DNAリガーゼ
                    オリゴ(dA)
              ┌──〜〜〜─────────┐
         SV40 │   オリゴ(dT)    │ λdv
         DNA  │   オリゴ(dA)    │ DNA
              └─────────〜〜〜──┘
                    オリゴ(dT)
```

図 2.104　バーグが行った組換え DNA 分子作製実験の概略

増殖させることに成功している．このように，ある細胞に含まれる DNA の中から特定の遺伝子（DNA 領域）のみを分離・増殖させることを，遺伝子クローニングという．

遺伝子工学技術により，特定遺伝子のクローニングと塩基配列決定が可能となった．ヒトの全ゲノム配列の解析も修了し，生命現象の仕組みが解き明かされようとしている．遺伝子工学技術の波及効果は，基礎科学のみならず工学分野にも及ぶ．1977 年，板倉啓壱らがソマトスタチンというホルモンの大腸菌による生産に成功したのを皮切りに，遺伝子工学技術は物質生産のための新しいツールとして広く認識されることとなった．ソマトスタチンは 14 個のアミノ酸から成るペプチドホルモンである．板倉らは，ソマトスタチンのアミノ酸配列に対応する DNA 断片をオリゴヌクレオチド 8 本に分割して化学合成したのち，DNA リガーゼを用いて連結することにより，ソマトスタチンをコードする二本鎖 DNA を取得した（図 2.105）．

その際，5′側にはメチオニンのコドン，3′側には終止コドンを，さらに両端にはベクターとの連結のための制限酵素切断部位を付加してある．こうして得られたソマトスタチン遺伝子を大腸菌 β-ガラクトシダーゼ遺伝子の下流に連結し，融合遺伝子を作製した．β-ガラクトシダーゼ／ソマトスタチン融合遺伝子をベクターに連結したのち，大腸菌に導入すると，大腸菌が β-ガラクトシダーゼ／ソマトスタチン融合タンパク質を生産するようになる．この融合タンパク質は，β-ガラクトシダーゼのカルボキシル

2 生体物質の化学

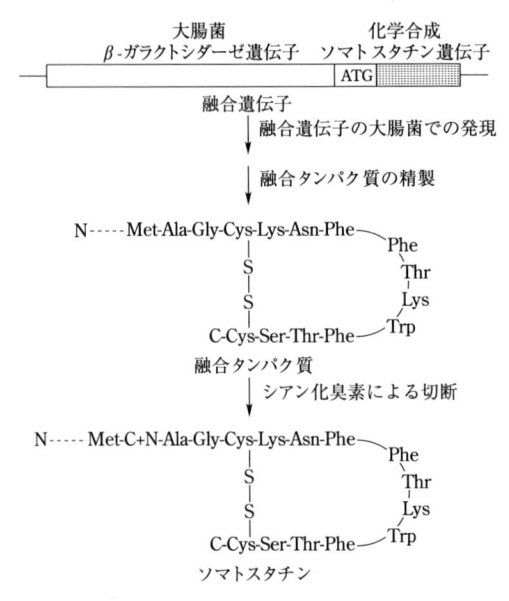

```
          大腸菌                    化学合成
     β-ガラクトシダーゼ遺伝子    ソマトスタチン遺伝子
  ┌────────────────────────┬ATG─────────────┐
  └────────────────────────┴────────────────┘
                      融合遺伝子
                         │
                         ↓ 融合遺伝子の大腸菌での発現
                         │
                         ↓ 融合タンパク質の精製

     N-----Met-Ala-Gly-Cys-Lys-Asn-Phe─┐Phe
                       │                Thr
                       S                Lys
                       │                Trp
                       S
                       │
              C-Cys-Ser-Thr-Phe────────┘
                      融合タンパク質
                         │
                         ↓ シアン化臭素による切断

     N-----Met-C+N-Ala-Gly-Cys-Lys-Asn-Phe─┐Phe
                           │                Thr
                           S                Lys
                           │                Trp
                           S
                           │
                  C-Cys-Ser-Thr-Phe────────┘
                      ソマトスタチン
```

図 2.105　ソマトスタチン遺伝子の融合発現と融合タンパク質からのソマトスタチンの回収
〔左右田健次，中村聡，高木博史，林秀行，タンパク質　科学と工学，p.129，講談社(1999)を改変〕

(C)末端側にメチオニンを介してソマトスタチンが融合した構造をとる．融合タンパク質からソマトスタチン部分を切り出す際には，シアン化臭素という試薬を用いる．シアン化臭素は，ポリペプチド鎖中に含まれるメチオニンのC末端側でペプチド結合を切断する．その結果，β-ガラクトシダーゼとソマトスタチンとの間に人工的に挿入したメチオニンのC末端側で，ポリペプチド鎖の切断が起こり，活性のあるソマトスタチンが得られる．

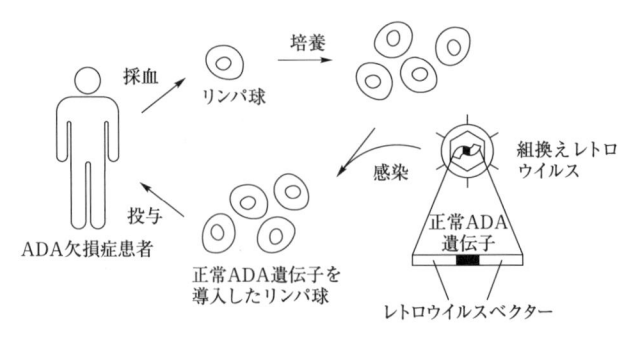

図 2.106　ADA 欠損症に対する遺伝子治療

また，究極の遺伝子工学ともいえるのがヒトの遺伝子治療であろう．世界初の遺伝子治療は 1990 年に米国において行われたもので，先天性アデノシンデアミナーゼ (ADA) 欠損症の患者に対して施された．ADA はアデノシンの脱アミノ酵素であり，その欠損は重症複合免疫不全症を引き起こす．この遺伝子治療では，まず患者のリンパ球を採取・培養し，in vitro で正常な ADA 遺伝子を導入したうえで，再び患者の体内に戻すという手法がとられた（図 2.106）．その際，ADA 遺伝子を運ぶためのベクターには，レトロウイルスとよばれるウイルス由来の DNA が用いられた．レトロウイルスの仲間にはエイズや白血病を引き起こすものもあり，ベクターの安全性に関しては今後も注意深く見守る必要があろう．この ADA 欠損症患者に対する遺伝子治療の成

ゲノムは生命の設計図

遺伝物質の本体は DNA である．特定の情報をもつ一連の DNA 領域を遺伝子という．細胞の中の DNA には多くの遺伝子が含まれるが，これらすべての遺伝子の集合物が「ゲノム」である．すなわち，ゲノムは生命の設計図といえる．これまでに，細菌から植物やヒトに至るまで多くの生物のゲノム解析が行われ，それらの設計図が明らかにされた．約 30 億個ものヌクレオチドが連なったヒトのゲノムに含まれる遺伝子の数は 3 万程度と意外に少なく，ゲノム DNA 全体の 3% を占めるにすぎない．一方で，ヒトのゲノム DNA の長さは，伸ばすと 1 m にも及び，それがわずか 10 μm 程度の細胞の中に（実際にはさらに小さな核の中に），コンパクトに折りたたまれて収納されているのは驚異的といえる．ヒトのゲノムの大きさは大腸菌の約 650 倍の大きさをもつが，必ずしも高等な生物ほど大きなゲノムをもつわけではない．

種々の生物におけるゲノムの大きさ

微生物	大腸菌	4.64*
	酵母	12.1
	アカパンカビ	25.4
動物	ショウジョウバエ	140
	フグ	400
	ヒト	3,000
	マウス	3,300
植物	シロイヌナズナ	100
	イネ	565
	トウモロコシ	5,000
	小麦	17,000

＊単位は Mb（メガ塩基対）

功を受け，がん，エイズ，パーキンソン病をはじめとする多くの疾患に対する遺伝子治療が試みられている．

　さて，人類は1万年以上前から植物の栽培を行ってきた．その間，交配による品種改良が繰り返されてきたが，交配の成否は偶然に左右されることから，改良に長時間を要するという問題点があった．現在では，遺伝子工学技術を利用した組換え作物が開発され，米国では，すでに害虫や除草剤に対する耐性を備えた穀物などが実用化されている．わが国では，まだ遺伝子組換え作物は社会的に受け入れられているとはいえず，ヒトに対する安全性や環境への影響など，今後も慎重に調査研究を継続していくことが必要であろう．

3 生命現象の化学

 この地球上には,動物・植物から細菌に至るまで,多くの生物が共存している.これらすべての生物は,1つないし多くの細胞から構成され,細胞は生物の基本単位といえる.細胞内は多くの生体物質で満たされており,化学反応の場と考えられる.それらの化学反応により,細胞はみずからの生命活動に必要なエネルギーを作り出している.また細胞は,種々の生体物質を介して互いに情報の伝達を行っており,そこには精緻な分子認識機構が存在する.

3.1 細胞構造に基づく生物の分類と進化

 生物の基本単位である細胞は多種多様であり,顕微鏡でしか観察できない小さなものから,肉眼でも見える大きなものまである(図3.1).本章では,種々の生物を構成する細胞の構造と機能について概観したのち,細胞構造に基づく生物の分類と進化について述べる.

3.1.1 細胞の構造と機能

 細胞は,大きく真核細胞と原核細胞の2つに分類される.動物や植物などの高等生物を構成するのが真核細胞であり,膜で囲まれた核とよばれる細胞小器官(オルガネラ)をもち,遺伝情報をつかさどる染色体DNAが核の中に局在している.一方,核をもたない比較的単純な細胞が原核細胞であり,細菌類が含まれる.ここでは我々の周囲にみられる生物の中から,典型的な細菌細胞および動植物細胞を取り上げ,それらの構造的特徴について解説する.

A. 細菌細胞

 細菌は単細胞生物であり,原核細胞の典型例といえる.細菌細胞の大きさは数 μm で,その周囲は脂質二重層(2.2節参照)の細胞膜で覆われている(図3.2).細胞膜の外側には堅固な細胞壁があり,浸透圧変化による細胞破壊を防いでいる.細胞壁の

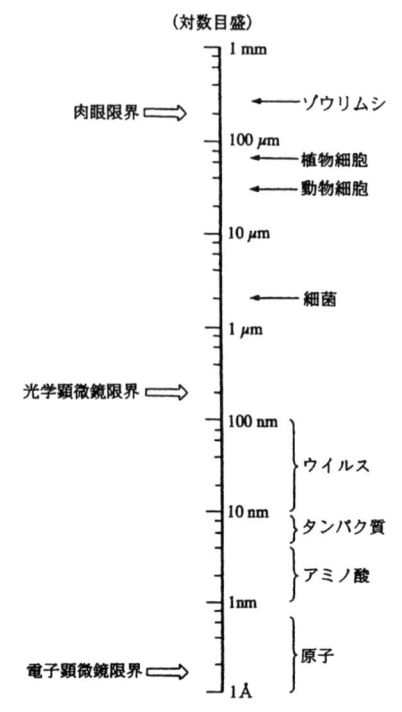

図 3.1 細胞の大きさと肉眼・顕微鏡による識別限界
[大倉一郎,北爪智哉,中村聡,生物工学英語入門,p.91,講談社(1996)を改変]

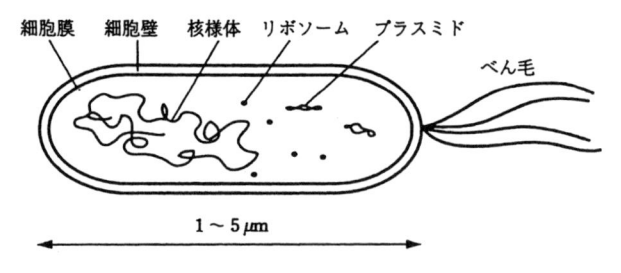

図 3.2 典型的な細胞の構造.グラム陽性細菌の例を示す

構成成分は,多糖がペプチド鎖で架橋されたペプチドグリカンである.ペプチド部分には,L-アミノ酸(2.3節参照)以外にD-アミノ酸も含まれており,タンパク質分解酵素に対する抵抗性を発揮し,外敵から身を守っている.細菌の多くは1本ないし数本のべん毛をもち,それらを回転させることにより運動する.一方,細胞膜の中身は細胞質とよばれ,核はないものの,染色体DNAが密にまとまった核様体を形成してい

る．多くの細菌の染色体DNAは環状二本鎖構造をとる．また，染色体DNAとは別に，プラスミドとよばれる小さな環状二本鎖DNAをもつ細菌もある．プラスミドDNAは染色体DNAとは独立して自己複製するため，遺伝子組換えのベクターとしても利用される（2.6節参照）．細胞質にはタンパク質／RNAから成るリボソームがあり，DNAの情報に基づきタンパク質合成を行う（2.6節参照）．

B. 動物および植物細胞

動物および植物は多細胞生物であり，真核細胞から構成される．1つの真核細胞は$10〜100\mu m$と大きく，原核細胞と同様，細胞膜で覆われている（図3.3）．動物細胞・植物細胞とも，核膜で囲まれた核をもち，核の内部には，染色体DNAがタンパク質との複合体として存在する．そのほかに，核小体とよばれる構造体がみられ，リボソームの合成に働く．核外の細胞質には，小胞体ならびにゴルジ体とよばれる膜系の細胞小器官が存在する．真核細胞のリボソームも，原核細胞のものと同様，タンパク質合成を行う．リボソームはしばしば小胞体に付着し，分泌性タンパク質の合成を行う．分泌性タンパク質はゴルジ体に運ばれ，修飾を受けたのち，細胞外に放出される．また，真核細胞の細胞質には，二重の膜構造を有するミトコンドリアが存在する．ミトコンドリアにおいては，好気呼吸（酸素を用いる呼吸）が行われ，アデノシン三リン酸(ATP)が生産される．ミトコンドリアは独自のDNAをもち，細胞内では独立した生物のように分裂・増殖する．

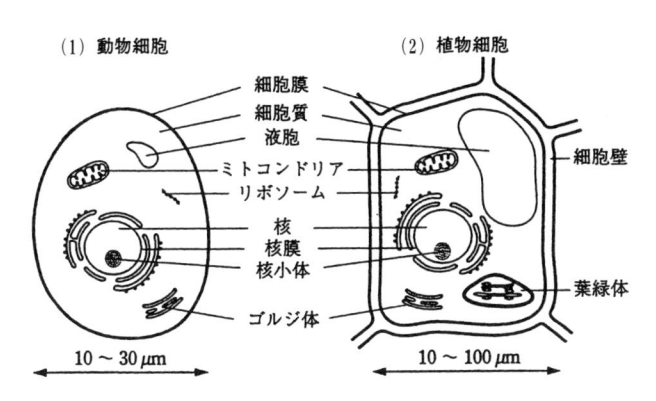

図3.3 典型的な動物細胞および植物細胞の構造

以上は動物細胞と植物細胞の共通点であるが，一方で相違点もある．植物細胞は，その細胞膜の外側がかたい細胞壁で覆われている．細胞壁の主成分は多糖セルロース(2.1節参照)であり，細胞の形態維持と保護に寄与する．また，液胞は動物細胞にも認められるが，特に植物細胞において発達しており，細胞の容積の90%を占めること

もある．液胞は塩・糖質・有機酸・色素などで満たされており，浸透圧の調節や物質の貯蔵の役割を果たす．葉緑体（クロロプラスト）も植物細胞だけにみられる細胞小器官であり，細胞質に存在する．葉緑素（クロロフィル）という色素を含み，光合成を行う（3.2節参照）．ミトコンドリアと同様，独自のDNAをもち，半独立的に活動する．

3.1.2 生物の分類と進化

この地球上の生物はすべて進化の結果現れたものであり，祖先をたどれば同一の原始生命体に行きつく．この系統関係に基づく生物の分類を，系統分類という．現在の生物分類では，外見，細胞の構造，栄養形式，系統関係など，さまざまな観点が用いられる．

A. 生物の分類

細胞の構造的特徴に応じ，生物は大きく真核生物と原核生物の2種類に分類される．

a. 真核生物

真核生物には，多細胞のものと単細胞のものとがある．多細胞真核生物は，その形態やタンパク質・核酸の配列解析に基づく系統分類が可能で，植物・動物・菌類の3つに分けられる．植物は種子植物（裸子植物および被子植物）・シダ植物・コケ植物に分類される．動物は脊椎動物・節足動物などから構成される．菌類は菌糸を形成する多細胞真核生物であり，接合菌類・子のう菌類（いわゆるカビ）と担子菌類（いわゆるキノコ）から成る．一方，単細胞真核生物は原生生物とよばれ，藻類・粘菌類・酵母のほか，原生動物（アメーバや鞭毛虫・繊毛虫など）も含まれる．そして，地衣類は藻類と菌類の共生体である．

b. 原核生物

典型的な原核生物の細菌はすべて単細胞生物であり，細胞構造そのものも単純である．そのため，細菌の厳密な系統分類は不可能であり，かなり任意な分類となる．現在最も広く行われている分類では，シアノバクテリア（ラン藻）とそれ以外の細菌類の2つに分けられる．また，栄養要求性に応じた独立栄養細菌・化学合成栄養細菌・光独立栄養細菌・従属栄養細菌などの分類，さらには酸素要求性に応じた絶対好気性細菌・通性嫌気性細菌・絶対嫌気性細菌といった分類もよく用いられる．それ以外にも，細胞がグラム染色により染色されるか否かで，グラム陽性あるいはグラム陰性に分類する方法もある．グラム染色は，加熱固定した細菌をクリスタルバイオレットとヨウ素で処理したのち，アルコールなどで脱色する方法である．グラム染色による分類は，細菌の細胞表層構造の違いを反映したものである．すなわち，グラム陽性細菌の細胞膜は，厚いペプチドグリカンの層で覆われている（図3.4）．一方，グラム陰性

3.1 細胞構造に基づく生物の分類と進化

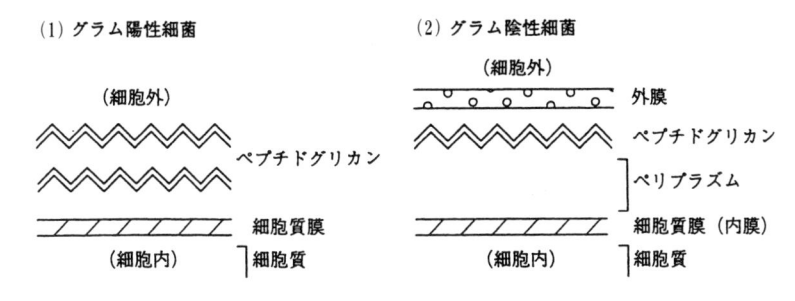

(1) グラム陽性細菌
(細胞外)
ペプチドグリカン
細胞質膜
(細胞内) 細胞質

(2) グラム陰性細菌
(細胞外)
外膜
ペプチドグリカン
ペリプラズム
細胞質膜(内膜)
(細胞内) 細胞質

図 3.4　グラム陽性細菌およびグラム陰性細菌の細胞表層構造

菌の細胞膜(内膜)は，薄いペプチドグリカン層で覆われ，さらにその外側にもう 1 枚の膜（外膜）が存在する．

最近の技術の進歩により，タンパク質・核酸の配列解析が容易に行われるようになり，細菌についても系統的な分類が可能になってきた．リボソーム RNA の配列に基づく原核生物の分類の結果，従来の細菌とも真核生物とも異なる微生物群が見いだされた．メタン生成菌を含むこの微生物群は，原始地球を覆っていたであろう大気を好んで利用することから，「古細菌」と命名された*．古細菌としては，嫌気的条件下でメタンを生成するメタン生成古細菌，100℃以上の高温条件や高温・強酸性条件下で生育可能な好熱性古細菌，そして高濃度の食塩水中で生育する高度好塩性古細菌などが知られている．通常の生物は，グリセロールに脂肪酸がエステル結合したエステル型脂質を有しているのに対し，古細菌の細胞膜は，グリセロールに脂肪酸がエーテル結合したエーテル型脂質で構成される．また，古細菌は原核生物でありながら，これまで真核生物に特有の性質と考えられていた生化学的・分子生物学的性質をあわせもっている．これらのことから，生物を真核生物（ユーカリア）・細菌（バクテリア）・古細菌（アーキア）の 3 つに分類すべきとする説も提唱されている．

B.　生命の起源と生物の進化

地球が誕生したのは今から 46 億年前，そして原始生命体が出現したのは 36 億年前といわれている．当時の原始地球の大気は，メタン・アンモニア・水素を含む還元的なものと考えられていたが，その後，水蒸気・二酸化炭素・窒素・硫化水素などから成る酸化的大気であろうとする考え方が主流となった．また，地上には紫外線が降り注ぎ，雷による放電も起こっていた．おそらくは，そのような環境の中でアミノ酸・核酸塩基・糖などの簡単な有機化合物が生じ，やがてタンパク質・核酸・多糖などの高分子化合物が生成したのであろう．そして自己複製能・触媒能をもつ RNA を経由し

---
*　「始原菌」という名称もしばしば同義語として用いられる．

て，原始生命体へと進化していったものと考えられている．地球が誕生してから原始生命体が出現するまでの10億年間に起こった物質変化の過程を，化学進化という．

原始地球上に最初に出現した生命体は，現在の原核生物に近いもの（祖先型原核生物）といわれている．祖先型原核生物から現在の真核生物や原核生物へ至る進化の道筋を示したのが，進化系統樹である（図3.5）．最初に細菌が真核生物・古細菌と分かれたあと，①嫌気呼吸を行う細菌が出現し，環境に二酸化炭素が蓄積，②光合成能を獲得したシアノバクテリアが出現し，大気中に酸素を放出，③好気呼吸を行う細菌が出現，の順に進化が進行していったと考えられる．一方，細菌と分かれた直後に，古細菌と真核細胞とが分岐したらしい．それでは，きわめて複雑な構造をもつ現在の真核細胞は，いったいどのようにして形成されたのだろうか．この重要な命題は，共生説によってうまく説明される．すなわち，真核細胞の祖先にあたる（古細菌と分かれたあとの）原核細胞に好気性細菌が共生してミトコンドリアとなり，さらにシアノバクテリアの共生により葉緑体が生じたとする説である．共生に際しての宿主は古細菌であったとする説もあり，生物の進化過程に興味は尽きない．

クローン技術

1997年，クローン羊のドリーが誕生した．その際，メス羊の乳腺細胞から核を取り出し，あらかじめ核を取り除いておいた未受精卵に注入したのち，代理母であるメス羊の子宮内に移植して育てるという，核移植技術が用いられた．「クローン」とは，まったく同一の遺伝子をもつ別の細胞や個体をさす．人間の一卵性双生児もクローンであるが，その誕生には必ず受精が必要であり，オスとメスの両方が介在する．一方，ドリーの誕生には受精の過程が含まれておらず，メスのみから新たな個体を人工的に生み出せる点で，一卵性双生児とは異なる．まだまだクローン作製の成功率はあまり高くはないが，クローン人間の誕生も現実味を帯びてきたといえる．クローン人間に関する研究の是非に関しては世界各国で議論が行われ，多くの国でクローン技術の人間への応用を禁止する処置がとられはじめている．

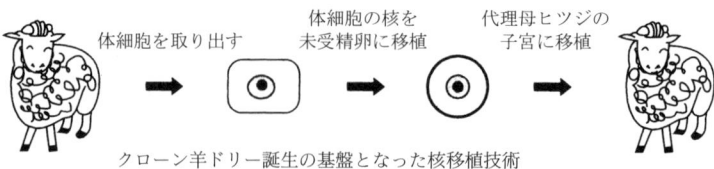

クローン羊ドリー誕生の基盤となった核移植技術
［土屋 晋，知って得する環境・エネルギー・生命の科学，
　p. 113，講談社（2003）を改変］

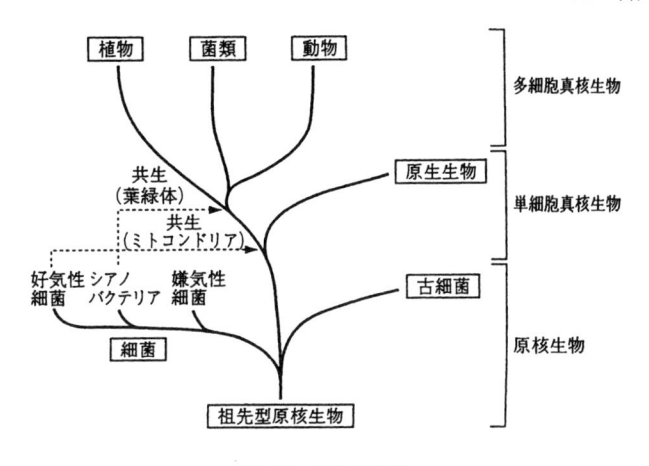

図3.5 進化系統樹

3.2 自由エネルギー

すべての生命体は，生体が活動を維持していくために，生命維持物質としての食料を取り込み，必要物質を生体内で生合成し，移動し変換して，細胞内外の物質輸送という環境を一定に維持し，老廃物を廃棄している．こういった生物学的仕事，すなわちエネルギーバランスを支えているのは化学エネルギーであり，光エネルギーなどは，化学エネルギーに変換されてから生命体に利用されている．図3.6に生体エネルギーの流れを示す．

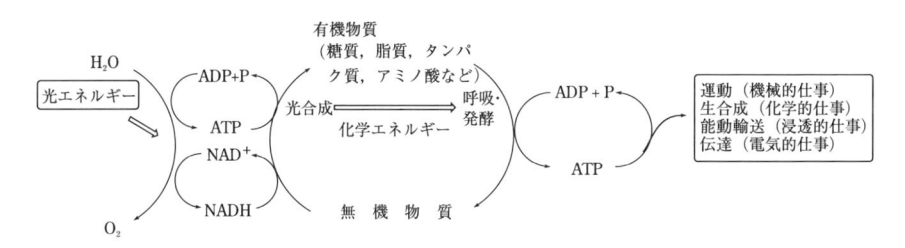

図3.6 エネルギーと仕事

2つの状態（反応物系と生成物系）のエネルギー差を論じ，エネルギーの生産やそれが利用される過程を理解するためには，ギブズ(J. W. Gibbs)の自由エネルギー関数(ΔG)について知ることがたいせつであるが，詳しい熱力学については成書を参考にしてほしい．自由エネルギーは次式で表すことができる．

$$\Delta G = \Delta H - T\Delta S \tag{3.1}$$

ΔH はエンタルピー変化であり，反応熱を意味している．T は絶対温度，ΔS はエントロピー変化であり，系内の分子の秩序性を表す値である．このギブズの自由エネルギー式は，生体エネルギーとの関係においてどのようなことを意味しているのだろうか．それは，一定の圧力下において，ある化学反応が完結したとき，反応系全体から放出された全エネルギー（ΔH）のうちには，不可逆的に外部に熱エネルギー（ΔS）として放出されて失われ，生体エネルギーとしての生物学的仕事に使用できないものがあり，生物学的仕事に使用できるエネルギーは，ΔG という値のエネルギーだけであることを意味している．

それでは，自由エネルギー変化はどのように表せるのだろうか．ある反応における反応物質が A で，生成物質が B である反応では，自由エネルギー変化は次のように表現される．$\Delta G°$ は標準自由エネルギー変化を意味している．

$$\Delta G = \Delta G° + TR\ln\frac{[生成物の実効濃度]}{[反応物の実効濃度]} \tag{3.2}$$

この反応の平衡定数を K_{eq} とすると，標準自由エネルギー変化と平衡定数の間の関係は，次の式で表すことができる．ここで，R は気体定数（$1.987 \text{ cal mol}^{-1} \text{ K}^{-1}$）である．

$$\Delta G° = -RT\ln K_{eq} \text{ cal mol}^{-1} \tag{3.3}$$

そして，反応の方向も自由エネルギーによって決まり，自由エネルギーの取りうる値により，いくつかに分類される．

$\Delta G° = 0$ のとき：この系では反応は平衡状態にあり，見かけ上，反応は進行しない．

$\Delta G° < 0$ のとき：発エルゴン反応とよばれ，自由エネルギーが減少する方向へ反応が進行する．このときには，$K_{eq} > 1$ となり，原系から生成系への反応が進行する．

$\Delta G° > 0$ のとき：吸エルゴン反応とよばれ，自由エネルギーが増大する方向へは反応が自発的に進行しない．このときには $K_{eq} < 1$ となり，生成系から原系への逆反応が進行する．

3.3 代 謝 回 路

3.3.1 生体物質の代謝

生体物質の代謝は，以下のように3段階に分けて考えることができる（図 3.7）．
第1段階：固有の酵素による別々の反応形式によって，簡単な構成分子に変換され

る．糖質は単糖類に，脂質はグリセロールと脂肪酸に，タンパク質はアミノ酸に分解される．

第2段階：アセチルCoAのアセチル基への変換や，カルボン酸への酸化の過程である．

第3段階：クエン酸回路と酸化的リン酸化系から構築されている．

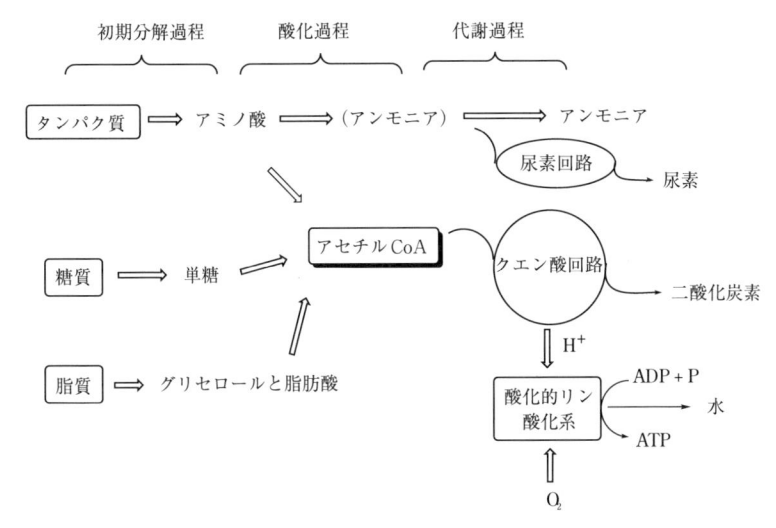

図3.7 代謝経路の3段階

3.3.2 糖質の代謝

生物体が活動していくための直接のエネルギー源は炭化水素系物質（炭水化物と脂質）の酸化と分解であり，これが細胞におけるおもなエネルギー，ATPとNADHとの源である．図3.8に示す代謝過程が全体図であり，糖質は単糖類へ変換されたのち，発酵と解糖を経て，種々の物質へ変換されていくことを示しており，その過程において一部分がエネルギーへと変換されている．

ここで，代謝の詳しい説明に入る前に用語について簡単に定義しておきたい．

発酵：気体の発生を伴う代謝のことである．たとえば，グルコース$[C_x(H_2O)_y]$がエタノール(CH_3CH_2OH)と二酸化炭素(CO_2)に分解しATPを生産するのを，アルコール発酵と称し，プロピオン酸が行うプロピオン酸発酵，乳酸が行う乳酸発酵などが知られている．

解糖：グルコース$[C_x(H_2O)_y]$がピルビン酸を経て乳酸へと変換されていくと同時に，ATPが生産される過程である．激しい運動時，酸素が不足している骨格筋や乳酸

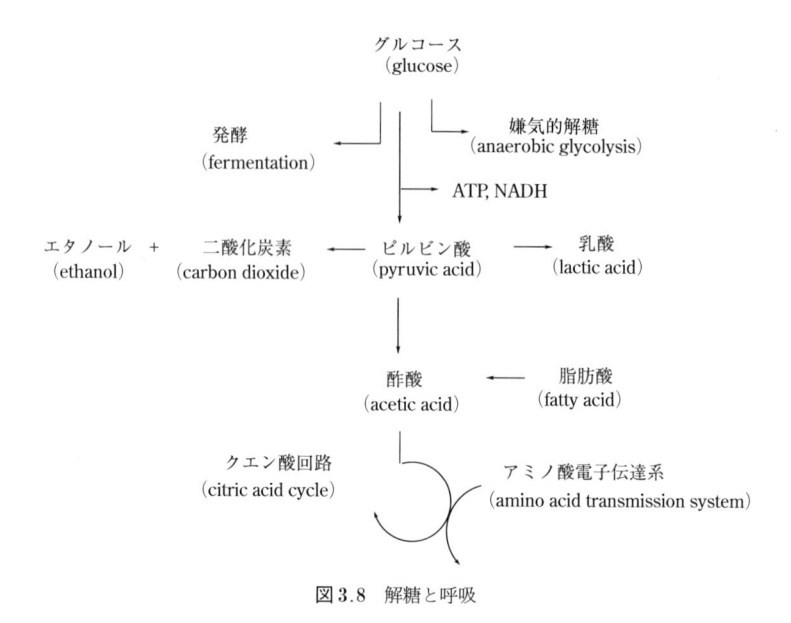

3 生命現象の化学

```
                        グルコース
                        (glucose)
            発酵      ┌───┴───┐   嫌気的解糖
        (fermentation) ←      → (anaerobic glycolysis)
                           ↓
                        ATP, NADH
   エタノール ＋ 二酸化炭素 ← ピルビン酸 → 乳酸
   (ethanol)  (carbon dioxide) (pyruvic acid) (lactic acid)
                           ↓
                         酢酸    ← 脂肪酸
                      (acetic acid) (fatty acid)

       クエン酸回路             アミノ酸電子伝達系
      (citric acid cycle)   (amino acid transmission system)
```

図 3.8 解糖と呼吸

菌がこれを行っている．乳酸菌による解糖を乳酸発酵とよんでいる．

好気的解糖：酸素が使用され，グルコース $[C_x(H_2O)_y]$ がピルビン酸を経て，二酸化炭素と水になること．

嫌気的解糖：酸素が関与することなく，グルコース $[C_x(H_2O)_y]$ がピルビン酸を経て，乳酸へと変換されること．

解糖の全反応を化学量論的に表記すると，下式のように書くことができる．

$$C_6H_{12}O_6 + 2\,NAD^+ + 2\,ADP + 2\,P \\ \text{グルコース} \\ \longrightarrow 2\,CH_3CH(OH)CO_2H + 2\,ATP + H_2O \tag{3.4} \\ \text{乳酸}$$

上記の式の意味するところは，1 mol のグルコースが変換されると乳酸 2 mol が生じ，ATP 2 mol がエネルギー収量として得られるということである．このような解糖や発酵には，多様な形式が知られているが，いずれの場合もエムデン・マイヤーホフ (Embden-Meyerhof, EM) 経路という一連の反応経路でグルコースが分解されていく．この代謝経路では，基質が 10 種類の酵素の触媒作用で代謝されている．解糖系反応経路の変換図を図 3.9 に示す．

狭義の範囲での解糖は，動物組織における乳酸生成をさしており，酵素反応における乳酸発酵と同じものである．酸素不足時の筋肉や乳酸菌では，NADH でピルビン酸

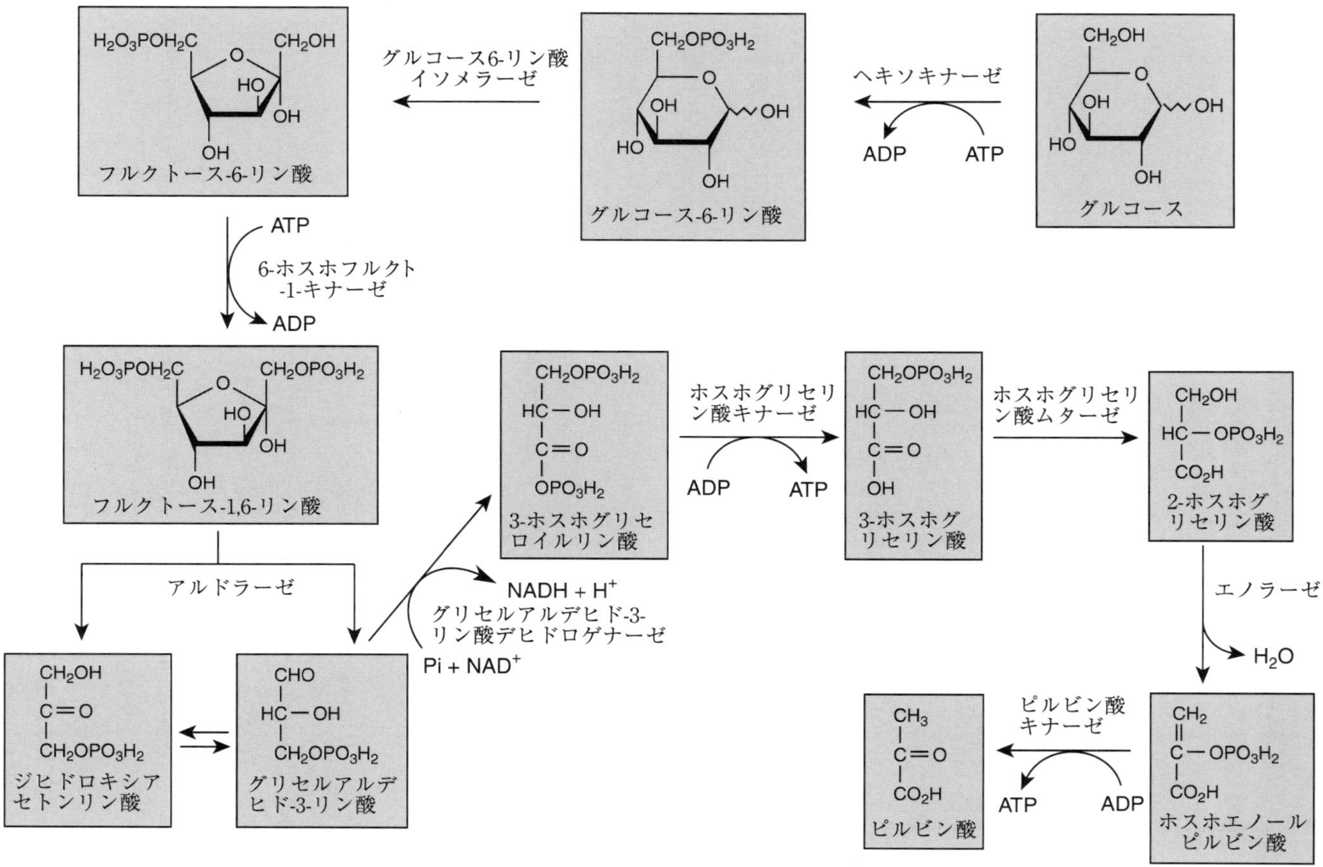
グルコース
ヘキソキナーゼ
ATP
ADP
グルコース-6-リン酸
グルコース6-リン酸
イソメラーゼ
フルクトース-6-リン酸
ATP
6-ホスホフルクト
-1-キナーゼ
ADP
フルクトース-1,6-リン酸
アルドラーゼ
ジヒドロキシア
セトンリン酸
グリセルアルデ
ヒド-3-リン酸
Pi + NAD+
グリセルアルデヒド-3-
リン酸デヒドロゲナーゼ
NADH + H+
3-ホスホグリセ
ロイルリン酸
ホスホグリセリ
ン酸キナーゼ
ADP
ATP
3-ホスホグ
リセリン酸
ホスホグリセリ
ン酸ムターゼ
2-ホスホグ
リセリン酸
エノラーゼ
H2O
ホスホエノール
ピルビン酸
ピルビン酸
キナーゼ
ADP
ATP
ピルビン酸

図 3.9　解糖系

を還元して、乳酸へと変換している。

$$CH_3COCO_2H + NADH + H^+ \longrightarrow CH_3CH(OH)CO_2H + NAD^+ \quad (3.5)$$

脂質での嫌気的解糖と生体触媒による発酵形式の反応(酵母や微生物における発酵)を、区別している反応が知られている。嫌気的条件下の酵母類は、まずピルビン酸から脱炭酸を経てアセトアルデヒドを生成している。この反応経路は動物の組織においては存在しない。

さらに、生成したアセトアルデヒドが、$NADH + H^+ \longrightarrow NAD^+$ の酸化反応形式に従ってエタノールへと還元されるアルコール発酵である。

3.3.3 脂質の代謝

脂質は、加水分解酵素(リパーゼ)でグリセロールと脂肪酸に分解される。さらにグリセロールは、酸化酵素とリン酸化酵素により3-ホスホグリセルアルデヒドへと変換され、解糖系で代謝されていく。一方、脂肪酸はミトコンドリア外膜でATPを消費して、補酵素Aと結合してアシルCoAとなる。このアシルCoAがβ酸化(1回のβ酸化で炭素鎖が2個減少する)を繰り返し行うことにより、最終的にアセチルCoAにまで酸化される(図3.10)。

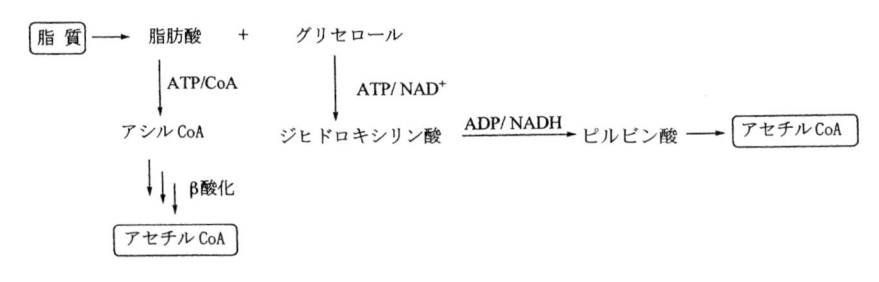

```
[脂質] → 脂肪酸    +    グリセロール
           ↓ ATP/CoA      ↓ ATP/NAD+
         アシルCoA      ジヒドロキシリン酸  ──ADP/NADH──→ ピルビン酸 → [アセチルCoA]
           ↓↓ β酸化
         [アセチルCoA]
```

図 3.10 脂質の代謝

脂質(広義に解釈すると炭水化物、アミノ酸などの有機化合物)は、β酸化を受けて最終的には酢酸へと酸化され、この酢酸の炭素を二酸化炭素と水に完全に酸化し、エネルギーをATPの形で供給しているのが、クエン酸回路とよばれている変換回路である。この回路は、創始者にちなんでクレブス(Krebs)回路、あるいはクエン酸がカルボキシル基を3個有していることからトリカルボン酸回路(TCA回路)とよばれている(次頁参照)。この回路では、ピルビン酸がまず脱炭酸を受けて、活性酢酸と称される中間体を生成する。この活性酢酸とは、ある種の補酵素(補酵素A、略号CoAまたはCoASH)の結合したもので、CH_3COCoAと表記される。

そこで，ピルビン酸の酸化を化学量論的に示すと，(3.6)式のようになる．

$$CH_3COCO_2H + 10\,O_2 + 15\,P + 15\,H^+ \longrightarrow 3\,CO_2 + 17\,H_2O + 15\,ATP \quad (3.6)$$

1 mol のピルビン酸が二酸化炭素と水に完全に酸化されるごとに，15 mol の ATP が生じてくる．この反応がうまく循環する回路になるか否かは，回路の第1段階で必要とされるオキサロ酢酸が，リンゴ酸デヒドロゲナーゼの作用によりリンゴ酸からスムーズに生成するか否かにかかっている．

この回路においては，二酸化炭素を生成する酸化反応（酸化的脱炭酸）が3段階あり，二酸化炭素の放出を伴わない酸化反応が2段階存在している．ここで，ATPを生成するのは電子伝達系であることを考えると，クエン酸回路（および解糖系）の役目は，ATP生成機構に利用される[H]を還元型補酵素(ただし，還元型補酵素は α-ケトグルタル酸，コハク酸の段階がFADHの形であり，そのほかはすべてNADHの形である)の形で準備する回路であると言い表せる．

3.3.4 クエン酸回路

タンパク質は，第1段階の変換様式によりアミノ酸へと変換される．アミノ酸が糖質や脂質と異なる点は，アミノ酸には窒素原子が含まれているということである．特に，アミノ酸の炭素骨格部分の酸化様式はそれぞれのアミノ酸により異なるため，アセチル-CoAを経由してクエン酸回路で代謝されるもの（Ala, Ser, Cys, Glyなど）と，直接クエン酸回路を構成する α-ケトグルタル酸 (Gln, Glu, Pro, Arg, His など)，あるいはコハク酸-CoA (Met, Ile, Thr, Val など) へと変換されるものとに分かれている (図3.11)．一方，窒素原子はアンモニアへと変換される．このアンモニアを排出できる生物体は，細胞外へただちに排出しているが，排出できない生物体は，尿素や尿酸として排出するための代謝経路（尿素回路）をもっている．

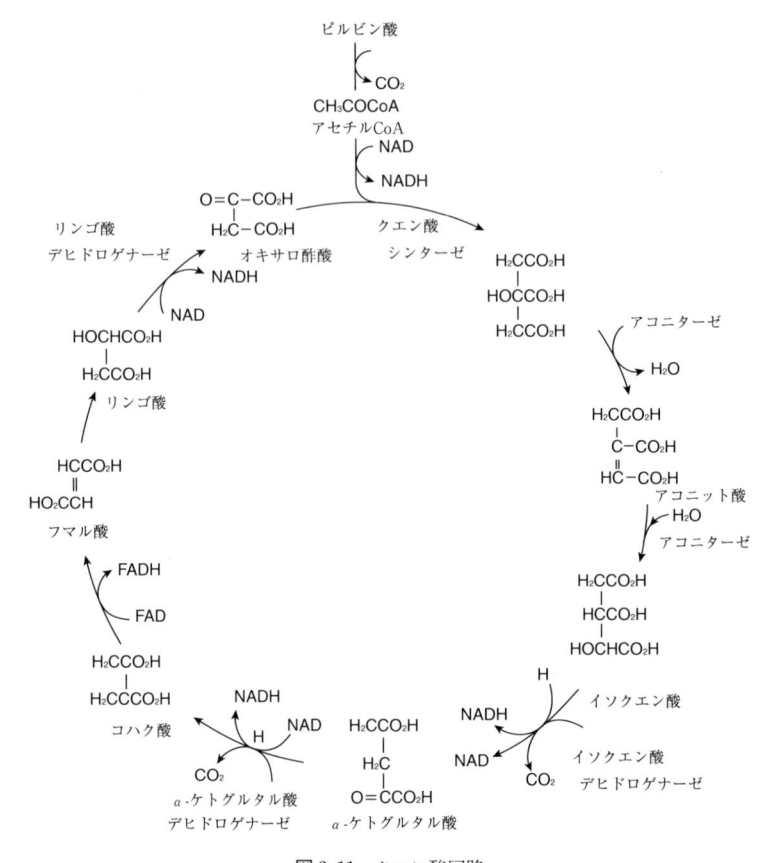

図 3.11 クエン酸回路

3.3.5 物質代謝とエネルギー

　生命現象では，栄養源に潜在している化学エネルギーが細胞へ輸送されて，仕事や熱へのエネルギー変換が起こり，生命体を維持している．エネルギーを使いやすくまとまった形で運搬するのが，前項でも述べたリン酸化合物のアデノシン三リン酸（ATP）である．ATPは，アデニンとリボースの結合物（アデノシン）にリン酸基が3個つながった形をしており，これらのリン酸基はリボースに近い順に α, β, γ 位のリン酸とよばれている（図 3.12）．

　ATP $\longrightarrow$ ADP + P という発アルゴン反応においては，γ 位のリン酸基が切り離されるときにエネルギーが放出されているが，ATP のそれぞれのリン酸基どうしの結合エネルギーは異なっている．

　事実，さまざまなリン酸化合物におけるリン酸基の結合エネルギー，すなわちリン

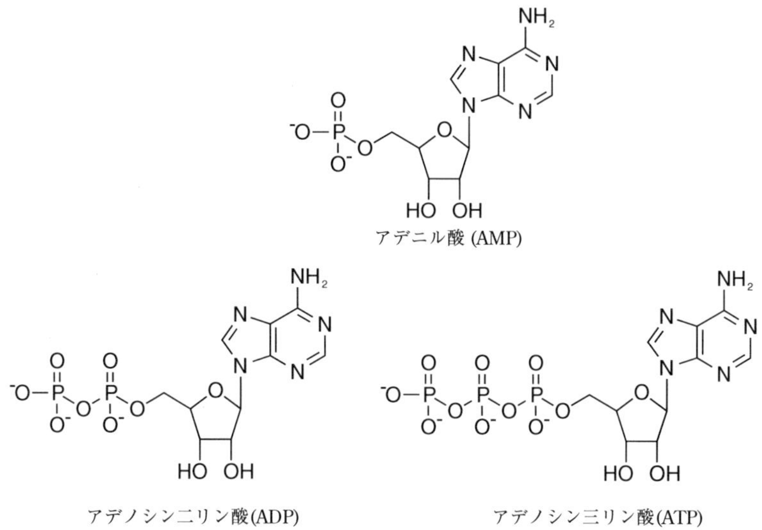

図 3.12 アデニンヌクレオチドの構造

酸基脱着に伴う $\Delta G°$ は，ATP と比較して種々雑多である．$\Delta G°$ が ATP とほぼ同程度以上（>7 kcal mol^{-1}）の値のものを，高エネルギーリン酸化合物（大別してリン酸どうしの結合，カルボキシル基のリン酸化されたアシルリン酸，グアニジンリン酸など）と称し，2〜4 kcal mol^{-1}（糖リン酸エステル，糖の水酸基とリン酸の結合した化合物）の低エネルギーリン酸化合物と区別している．次に，リン酸基脱着に伴う $\Delta G°$ の相違を，いかに物質生産に利用できるのかということを考慮する．まず，ATP のリン酸基を移行してリン酸化すれば，発アルゴン反応となり，$\Delta G° < 0$ となる．

$$\text{ATP} + \text{H}_2\text{O} \longrightarrow \text{ADP} + \text{P}$$
$$\Delta G° = -7 \text{ kcal mol}^{-1} \tag{3.7}$$

そして，グルコースとリン酸からグルコース 6-リン酸を生成させる反応では，吸アルゴンとなるため，$\Delta G° > 0$ となる．

$$\text{グルコース} + \text{P} \longrightarrow \text{グルコース 6-リン酸} + \text{H}_2\text{O}$$
$$\Delta G° = 3 \text{ kcal mol}^{-1} \tag{3.8}$$

$\Delta G°$ の総和は，

$$\text{グルコース} + \text{ATP} \longrightarrow \text{グルコース 6-リン酸} + \text{ADP}$$
$$\Delta G° = -4 \text{ kcal mol}^{-1} \tag{3.9}$$

となる．上式の結果は，グルコースとリン酸からグルコース 6-リン酸を得たいと考えるのなら，ATP のエネルギーを利用すべきであることを示唆している．

3.3.6 ATP の生成と貯蔵

ATP の生体内での生成機構は，アルコール発酵や解糖でみられるような酸化過程で生成されるリン酸エステルとアデノシン二リン酸 (ADP) からの合成反応である (図 3.13)．また，シトクロム系の酸化還元反応や光合成生物においては，光リン酸化反応によっても合成される．ATP は筋肉組織などに貯蔵されており，核酸の合成，糖質，脂質，タンパク質等の代謝・転換などにおいてエネルギー源となるとともに，筋肉の運動や生物発光などの力学的仕事，電気的仕事などの源泉となっている．

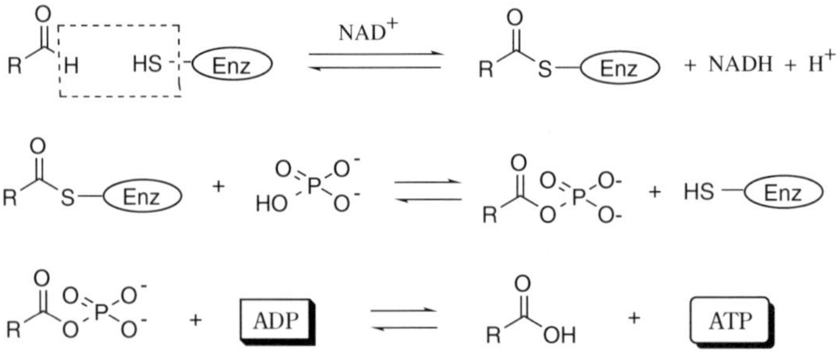

図 3.13 ATP 生成の模範的機構．Enz：酵素

3.3.7 電子伝達系

細胞に存在するミトコンドリア部分における酸化反応により，細胞はエネルギーを得ている．そしてこのミトコンドリア部分は電子伝達系として知られる系であり，この系に代謝物の酸化で得られた電子が供給されると，$3\,\text{ADP} + 3\,\text{P} \longrightarrow 3\,\text{ATP}$ というリン酸化が起こり，ATP が生成する．この系の呼吸担体の主要成分の一部分は各種のシトクロムであり，この系はこのシトクロム類とユビキノン，フラビン，ピリジンヌクレオチドなどの低分子化合物から成り立ち可逆的な酸化還元反応を行っている．図 3.14 に，解糖系，クエン酸回路，電子伝達系，酸化的リン酸化の経路を示す．

さて，酸化還元は電位差により電子が動き回ることにより起こる．このため，酸化還元の電位差と標準自由エネルギー変化の関係が，次の式により表される．

$$\Delta G° = -nFE° \tag{3.10}$$

ここで，n は反応において伝達された電子の mol 数，F はファラデー定数で 1 ボルト，1 当量あたり 23.061 kcal である．$E°$ は標準酸化還元電位差で，これは酸化型と還元型のものをそれぞれ 1 mol ずつ含む溶液を，次の標準水素系と組み合わせたときに生じる電位差である．

3.3 代謝回路

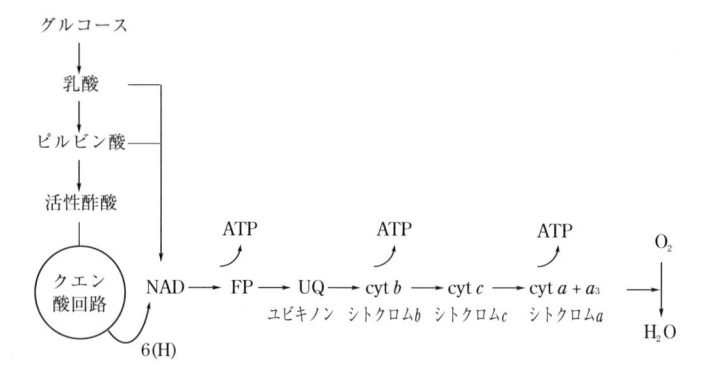

図3.14 電子伝達系

$$H \longrightarrow H^+ + e^- \tag{3.11}$$

すなわち，細胞内の代謝では水はどのような経路で基質から生成してくるのか，一目瞭然である．まず，プロトンがヘム鉄の酸化で生成する．

$$FADH_2 + 2Fe^{3+} \longrightarrow FAD + 2Fe^{2+} + 2H^+ \tag{3.12}$$

このプロトンは，ユビキノン(UQ)に取り込まれ還元される．

$$UQ + 2H\,2Fe^{2+} \longrightarrow UQH_2 + 2Fe^{3+} \tag{3.13}$$

次にユビキノンがシトクロム b で酸化されると，プロトンが遊離される．

$$UQH_2 + 2\,cyt b Fe^{3+} \longrightarrow UQ + 2\,cyt b Fe^{2+} + 2H^+ \tag{3.14}$$

一方，酸素はシトクロムオキシダーゼによって OH^- に還元される．

$$1/2\,O_2 + H_2O + 2\,cytoxFe^{2+} \longrightarrow 2\,OH^- + 2\,cytoxFe^{3+} \tag{3.15}$$

生成した OH^- と H^+ が結合することにより，水が生成する．

さて問題となるのは，電子伝達系で生成した NADH は，このままでは内膜を通過せずミトコンドリアには容易に入れないことである．このことを克服しているのは，細胞質とミトコンドリアの両方に存在している酵素であり，可逆的に酸化還元されるような基質を通じて，NADH の還元力が伝達されている．図 3.15 の例では，リンゴ酸の力で NADH の還元力が輸送されている．すなわち，細胞質でオキサロ酢酸はリンゴ酸へと還元され，このリンゴ酸がミトコンドリアへ移送され，ミトコンドリア内でオキサロ酢酸へと酸化され，さらにオキサロ酢酸がミトコンドリアから細胞質へと移動する過程が，繰り返し起こっている．この酸化還元の過程で，リンゴ酸デヒドロゲナーゼという酵素が作用することによって次の反応が繰り返し行われ，NADH の還元力は往復輸送されている．

$$NADH + H^+ \longrightarrow NAD^+ \tag{3.16}$$

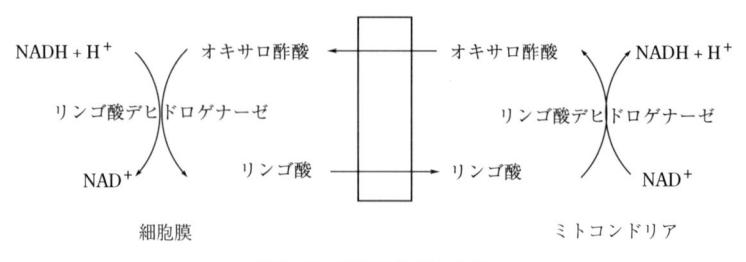

図 3.15 還元力往復輸送系

3.3.8 プロトンポンプ機構

代謝が進行し，最終生成物である乳酸やプロピオン酸により，細胞内は酸性になってくる．細胞が生存できるのは，細胞内が中性に近い状態であることが必要である．細胞内の酸性化を防ぐために，細胞内からプロトンをくみ出す方法として，プロトンポンプ機構がある．このプロトンポンプ機構の考え方は，酸化還元のエネルギーが高エネルギーリン酸結合へどのようにしてスムーズにエネルギーを変換しているのか，という疑問を解くための鍵となる機構である．図3.16 に示すように，この機構では，ミトコンドリア内膜で生成したHはe$^-$を放出し，生成したH$^+$が内膜から外側へくみ出されてくる．一方，放出されたe$^-$と一部分のH$^+$は，酸素と反応してOH$^-$を生成する．ミトコンドリアの内膜を隔ててH$^+$ ＋ OH$^-$の濃度勾配が生じてくる．一方でミトコンドリア内膜には，ADP ＋ P ⟶ ATP ＋ H$_2$O の反応を促進する酵素が存在しており，生成してくるH$_2$Oを取り除くことにより反応は促進され，このプロトンポンプ機構によって，ATPを次から次へと作り出している．

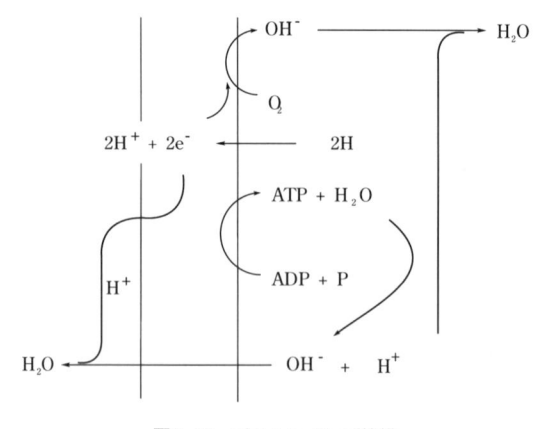

図 3.16 プロトンポンプ機構

3.4 生化学的情報伝達

3.4.1 情報伝達物質と受容体

ホルモンや神経伝達物質は，化学メッセンジャーとして生物機能の発現，調節，制御のための情報伝達（シグナル伝達）を担う分子であり，これらの働きによって恒常性（ホメオスタシス）の維持，外部刺激への応答，分化，成熟などが行われている．これらの物質には，ペプチドやさまざまな低分子有機化合物がある．ホルモンや神経伝達物質は，分泌細胞や神経細胞で生産・分泌されて標的となる組織の細胞に存在する受容体と結合することで，生化学的応答を引き起こす．受容体はタンパク質で，なかには糖鎖が結合しているものもある．化学メッセンジャーと受容体は，イオン結合，水素結合，配位結合，疎水的相互作用といった比較的弱い化学結合で結合している．一般に受容体は，対応する化学メッセンジャーの構造に対してきわめて高い特異性を示す．この高い特異性は，しばしば「鍵と鍵穴」の関係に例えられており（図 3.17），このような機構は，生物進化の過程で高度な生命システムの構築のために，莫大な種類の物質を識別する必要があるので生じたのであろう．このような特異性は酵素と基質間の結合にもみられる（2.4 節参照）が，受容体は化学メッセンジャーに対し触媒作用をするわけではない．

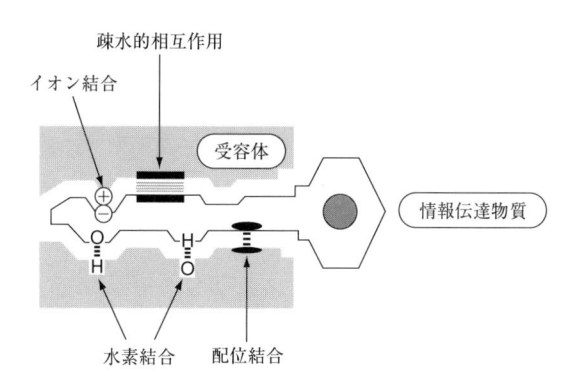

図 3.17 情報伝達物質とその受容体の関係

化学メッセンジャーと標的細胞の受容体が結合し複合体が形成されたのち，細胞質受容体のように直接 DNA に働く場合や，細胞膜受容体のように二次的な化学メッセンジャー（二次メッセンジャー）の生産開始や，イオンチャンネルの活性化を引き起こす場合がある（図 3.18）．

情報伝達物質としてのNOとバイアグラ

　1980年代に，NO（一酸化窒素）に血管平滑筋を緩め，血管を拡張する作用があることが発見されて以来，NOはニューロン間の神経伝達や細胞毒性による防御など，多彩な生理作用にかかわっていることが，次々と報告されるようになった．NOは，その作用において受容体を介さない点で，ホルモン，神経伝達物質，成長因子，サイトカインとはまったく異なる情報伝達物質である．1992年Science誌が，その年で最も話題にあがった分子を対象とする「Molecular of the Year」にこのNOを選んだ．

　NOは，NO合成酵素（NOS）の働きにより，α-アミノ酸の一種であるL-アルギニンから生体内で合成される．その後，NOは細胞内の可溶性グアニル酸シクラーゼという酵素を活性化させ，GTP（グアノシン三リン酸）からcGMP（サイクリックグアノシン一リン酸）という物質を作らせる．このcGMPのレベルの上昇は，カルシウムイオン濃度の低下を引き起こし，その結果，血管平滑筋が収縮して血管が拡張する．cGMPは，役割を終えるとホスホジエステラーゼという酵素によってGMP（グアノシン一リン酸）に変換され，その活性を失う．

　ペニスの勃起においても，NOが重要な役割を果たしている．ペニスに存在する末梢神経のNOSが性的興奮により活性化されてNOを合成し，その結果，ペニス海綿体平滑筋が緩んで血管が拡張し，そこに大量の血液が流入することで勃起が起こるのである．話題となっているバイアグラは，なぜペニスの勃起を引き起こすのだろうか．それはバイアグラの有効成分の構造がcGMPの構造とよく似ており，それがcGMPを分解して，活性を失わせる役割のペニス内ホスホジエステラーゼを阻害し，その働きを抑制してしまうからである．言い換えれば，バイアグラはNO効果を持続させる薬ということができる．

シルデナフィル（バイアグラの有効成分）の構造　　　cGMPの構造

3.4 生化学的情報伝達

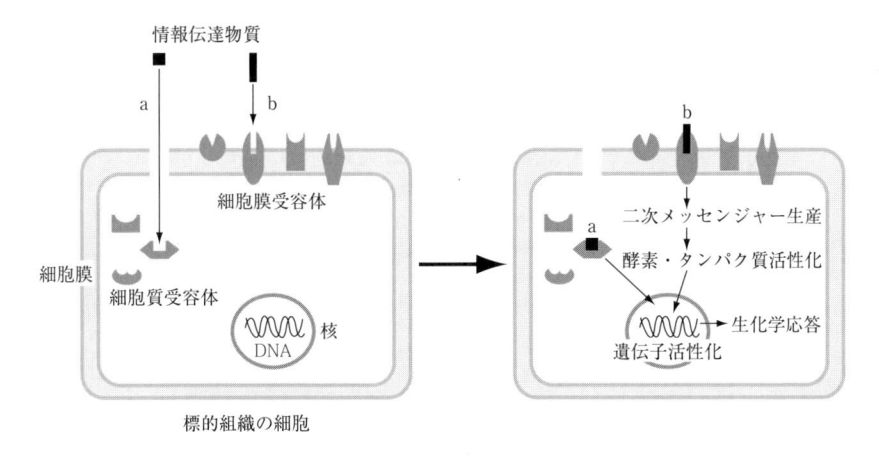

図 3.18 情報伝達物質の細胞受容体と生化学的応答の機構

　化学メッセンジャーの伝達様式としては，化学メッセンジャー生産分泌組織の細胞と標的となる組織の細胞との距離や伝達経路により，おおむね内分泌型，シナプス型，傍分泌型の 3 つの型に分類することができる．ホルモンは内分泌型であり，内分泌組織の細胞で生産・分泌されたのち，血流に乗って遠隔の標的組織の細胞に到達し，受容体に結合することで，生化学的応答を引き起こす．神経伝達物質はシナプス型であり，神経細胞のシナプス小胞部から放出されたのち受容体に結合することで，神経細胞間および神経細胞—標的細胞間の刺激伝達を担っている．また，情報伝達物質には増殖因子やサイトカインも含まれ，これらの多くは傍分泌型であり，分泌組織の細胞で生産・分泌されたのち，近傍の細胞の受容体に捕捉される．

3.4.2　ホルモン

A.　ホルモンの分類と作用

　哺乳類のホルモンには多種多様なものがあり，それらは各種のホルモン分泌器官の細胞（内分泌細胞）で生産・分泌されるメッセンジャーとしての役割をもつ有機化合物であり，血管内に入ったのち，血流に乗って移動し，最終的に標的となる組織の細胞受容体と相互作用する．それらは，化学構造や生理機能によって分類されており，化学構造に基づいて分類すると，ペプチド，アミン，ステロイドの 3 つに分けられる．ヒトの代表的なホルモンについて，生産・分泌組織，標的組織，およびおもな機能を表 3.1 に示す．

表 3.1　おもなホルモンとその作用

分子の種類	生産組織	標的組織	ホルモン	おもな生理機能
ペプチド	視床下部	下垂体前葉	各種の下垂体前葉ホルモン放出ホルモン（甲状腺刺激ホルモン放出ホルモン, 黄体形成ホルモン放出ホルモン, その他）	下垂体前葉が生産する各種ホルモンの分泌を促進
			ソマトスタチン	下垂体前葉が生産する成長ホルモン分泌を抑制
	下垂体前葉	副腎皮質	副腎皮質刺激ホルモン	副腎皮質からのステロイドホルモンの生産・分泌を促進
		肝臓, 腎臓, その他	成長ホルモン	成長促進作用, タンパク質同化促進作用, 脂質代謝作用, 糖代謝作用, 電解質（Na, K, P, Ca）の貯留
		甲状腺	甲状腺刺激ホルモン	甲状腺のヨード摂取率増加, 甲状腺グルコース酸化促進, 甲状腺ホルモンの生産・分泌の調節
		性腺	黄体形成ホルモン	精巣や卵巣からステロイドホルモン分泌促進
		性腺	卵胞刺激ホルモン	精巣：精細管の発育, 精子の形成. 卵巣：卵胞の発育と成熟, エストロゲンの生産・分泌
		乳腺, 性腺	プロラクチン	乳腺の発育促進と乳汁分泌の開始と維持, 卵巣の黄体刺激, 前立腺や精嚢線の発育促進
	下垂体後葉	子宮, 卵管, 乳腺	オキシトシン	子宮筋の収縮, 卵管の蠕動亢進, 乳汁の射出
		尿細管	バソプレッシン	抗利尿作用
	膵臓	筋, 肝臓, 脂肪組織	インスリン	グリコーゲンの合成促進, タンパク質の合成促進, 脂肪の合成促進
		心筋, 肝臓, 膵臓ランゲルハンス島, 脂肪組織	グルカゴン	グリコーゲンの分解促進, タンパク質の分解促進, インスリンの分泌促進
	胃幽門前庭部粘膜上皮	胃体部壁	ガストリン	胃酸分泌の刺激
	十二指腸粘膜細胞	膵臓	セクレチン	胃酸分泌の抑制
		膵臓, 胃・小腸平滑筋	コレシストキニン	膵臓酵素の分泌促進, 胃・小腸平滑筋収縮
	甲状腺		カルシトニン	骨からのカルシウム放出抑制
	副甲状腺	骨, 腎臓	パラトホルモン	血漿カルシウム濃度の上昇, 尿中カルシウムの排出減少
アミン	甲状腺	肺・性腺以外の臓器, 中枢神経, 脳下垂体	チロキシン, トリヨードチロニン, テトラヨードチロニン	哺乳類：臓器の酸素消費増加や水分代謝調節, 神経細胞の分化成熟誘導, 成長ホルモンの合成促進, 甲状腺刺激ホルモンの放出抑制. 両生類：変態. 鳥類：換羽促進
	副腎髄質	肝臓, 筋肉など	アドレナリン（エピネフリン）, ノルアドレナリン（ノルエピネフリン）	血糖上昇, 心拍出力増加
ステロイド	性腺	前立腺, 精嚢, 睾丸, 筋肉, 骨, 皮膚, 毛嚢	男性ホルモン（アンドロゲン）	各種組織に対し増殖・分泌などを促進
		子宮, 膣, 卵管, 乳腺, 骨	女性ホルモン（エストロゲン）	脂質・糖代謝亢進, 受精卵着床促進, 子宮口開大, 乳腺発育促進
		子宮, 性腺	黄体ホルモン	子宮筋細胞肥大増殖, 受精卵着床促進, 乳腺発育促進
	副腎皮質	肝臓, 腎臓, 筋肉, 腸管, 胸腺	グルココルチコイド	グリコーゲン貯留, コレステロール生産, 利尿作用, タンパク質合成抑制, カルシウム吸収抑制
		腎臓, 心臓, 血管, 汗腺, 唾液腺	ミネラルコルチコイド	ナトリウムイオンの再吸収促進, カリウムイオンの排出増加

B. ホルモンの構造

ペプチドホルモンのなかで最もペプチド鎖長の短いものは，視床下部で生産される甲状腺刺激ホルモン放出ホルモンであり，3個のアミノ酸が結合したトリペプチドである（図3.19a）．下垂体後葉ホルモンであるオキシトシン（図3.19b）とバソプレッシン（図3.19c）も，ペプチド鎖長の比較的短いホルモンである．これらの下垂体後葉ホルモンについては，おのおの9個のアミノ酸のうち2つが違うだけであるが，それらの生物活性はまったく異なっている．これは，それぞれについて受容体が異なるからである．これら短鎖ペプチドホルモンは，一般に共通してカルボキシル末端がアミド化されている．膵臓から分泌されるインスリン（アミノ酸残基51）やグルカゴン（アミノ酸残基29）は，中鎖のペプチドホルモンである．また，下垂体前葉ホルモンは長鎖のペプチドホルモンで，黄体形成ホルモン，甲状腺刺激ホルモン，成長ホルモンなどは，いずれも200前後のアミノ酸残基から成る．これら長鎖ペプチドホルモンは，

a $H_3\overset{+}{N}$—Glu—His—Pro—C(=O)—NH$_2$ 甲状腺刺激ホルモン放出ホルモン

b $H_3\overset{+}{N}$—Cys—Tyr—**Ile**—Gln—Asn—Cys—Pro—**Leu**—Gly—C(=O)—NH$_2$
   オキシトシン
   （太字のアミノ酸以外は共通）

c $H_3\overset{+}{N}$—Cys—Tyr—**Phe**—Gln—Asn—Cys—Pro—**Arg**—Gly—C(=O)—NH$_2$
   バソプレッシン

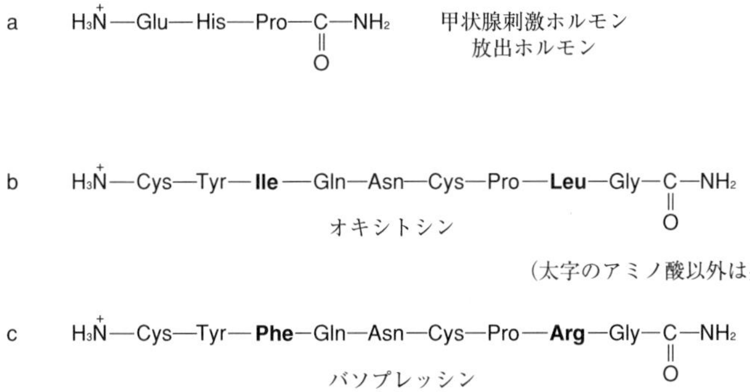

図3.19　ペプチドホルモンの一次構造の例

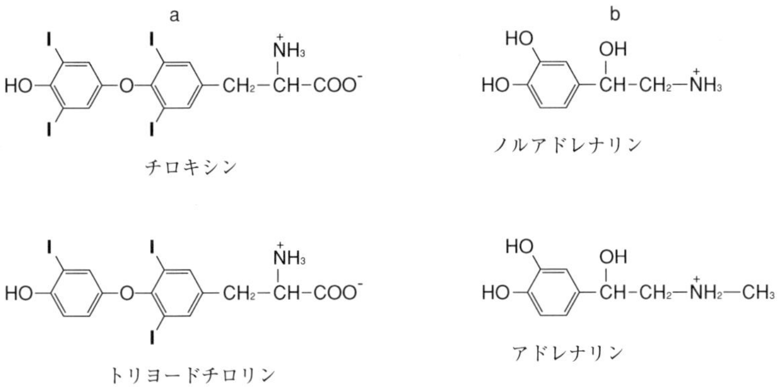

a　チロキシン

b　ノルアドレナリン

トリヨードチロリン

アドレナリン

図3.20　アミンホルモンの構造例

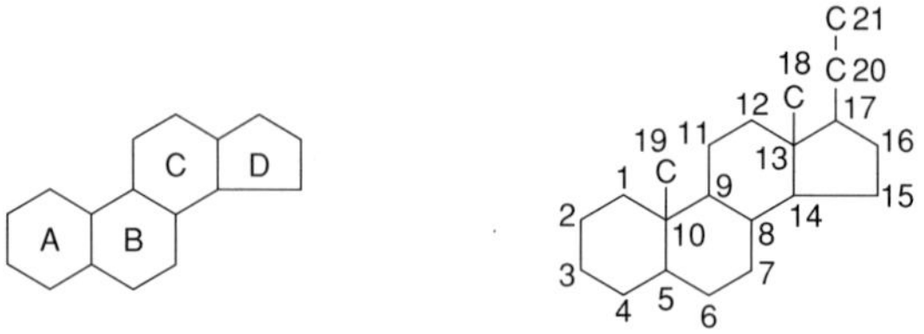

図 3.21 ステロイド骨格の構造と炭素番号のつけ方

男性ホルモン：アンドロゲン

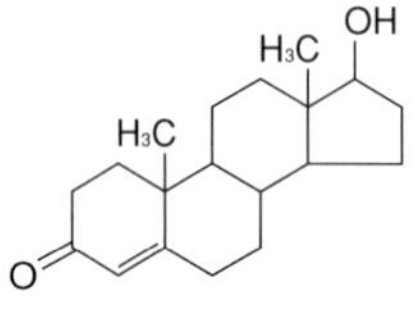

テストステロン 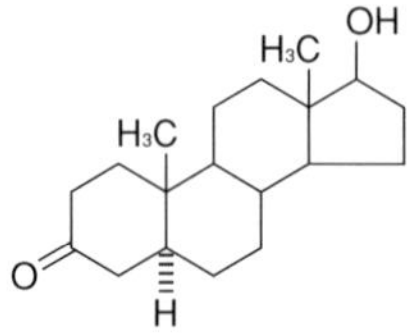　　ジヒドロテストステロン 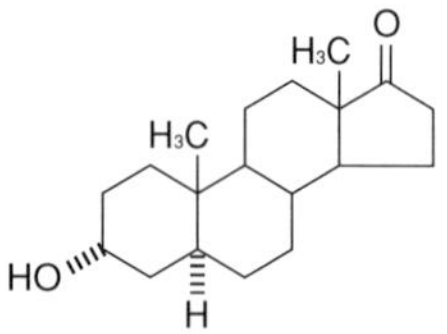　　アンドロステロン

女性ホルモン：エストロゲン

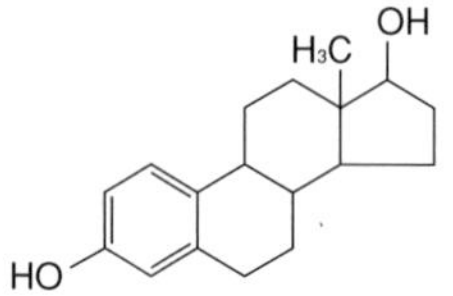

エストラジオール 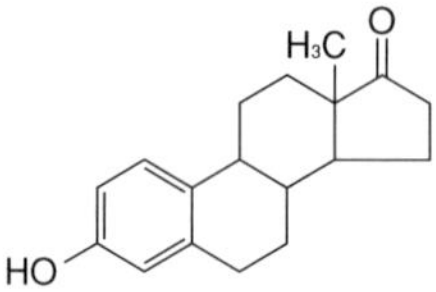　　エストロン 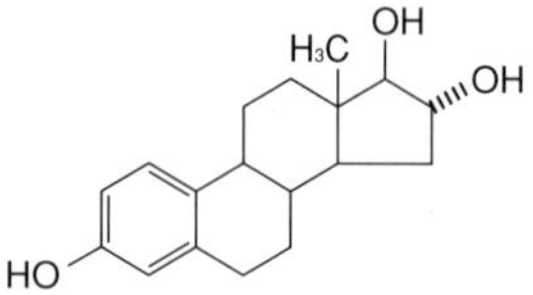　　エストリオール

黄体ホルモン　　グルココルチコイド　　ミネラルコルチコイド

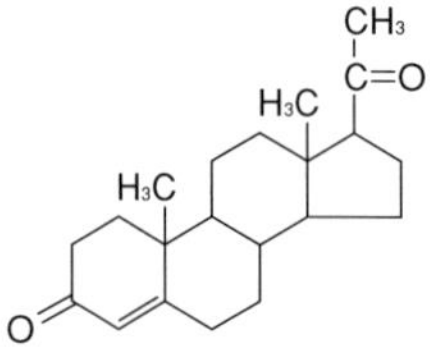

プロゲステロン 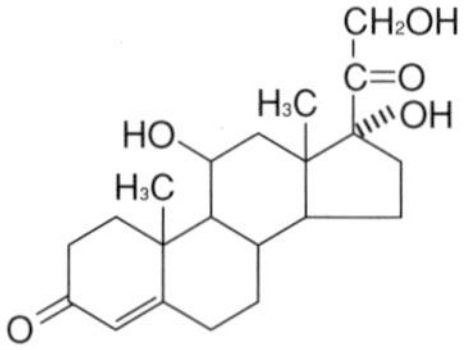　　コルチゾール 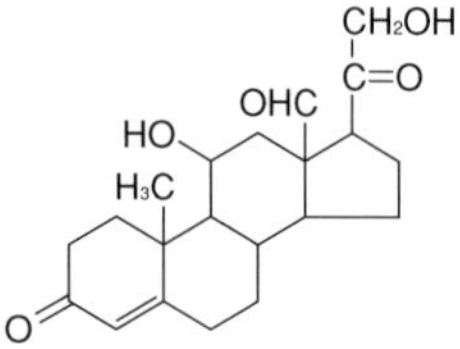　　アルドステロン

図 3.22 ステロイドホルモンの構造例

多くの場合，サブユニット構造を形成している．
　甲状腺ホルモンであるチロキシンやトリヨードチロニン（図 3.20a）は，アミノ酸のL-チロシンから生合成されるアミノ酸誘導体である．また，副腎髄質で生産・分泌さ

れるホルモンであるノルアドレナリンやアドレナリン(図3.20b)は，カテコールアミンの一種である．アドレナリンは副腎髄質のほかに神経細胞でも生合成され，ホルモンとしての作用ばかりでなく，神経伝達物質としても働く．

ステロイドホルモンは，図3.21に示すステロイド骨格(シクロペンタノペルヒドロフェナントレン骨格)を有する脂溶性化合物である．いくつかのステロイドホルモンについて，図3.22に構造を示す．

C. ホルモンの作用機構

ホルモンの作用機構としては，カテコールアミン（副腎髄質ホルモン）やペプチドホルモンのように，細胞膜の受容体と結合したのち，細胞内二次メッセンジャーの生産を誘起し，それを介して生化学応答を引き起こすものや，脂溶性ステロイドホルモンやチロキシンなどの甲状腺ホルモンのように，容易に細胞膜を通過し細胞内の受容体と結合して特定の遺伝子を活性化させ，生化学応答を引き起こすものがある（図3.18参照）．

細胞膜受容体に結合するホルモンの場合，結合によって受容体と複合体を形成するGタンパク質を介して，細胞膜の内側にあるアデニル酸シクラーゼが活性化され，アデノシン三リン酸(ATP)から，二次メッセンジャーである環状アデノシン一リン酸(サイクリックAMP, cAMP)が作られる．その後，cAMPは細胞内の酵素または分子系に情報を伝達し，これに応答してリン酸化酵素（キナーゼ）などの一連の酵素反応が進行する．このような作用機構のホルモンは速効性である．ATPとcAMPの構造を図3.23に示す．

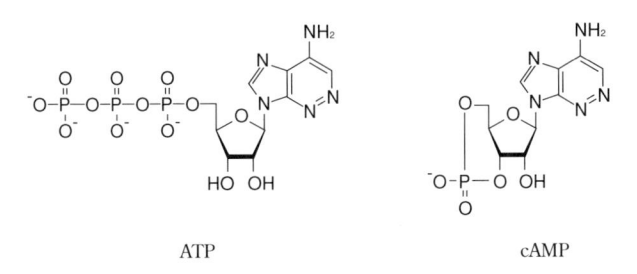

ATP   cAMP

図3.23 ATPとcAMPの構造

アドレナリンを例にあげて，上記の作用機構をより詳細に説明する(図3.24)．標的細胞のアドレナリン受容体には，Gタンパク質とアデニル酸シクラーゼが共役している(図3.24a)．アドレナリンが受容体に結合すると，Gタンパク質中のグアノシン二リン酸(GDP)がグアノシン三リン酸(GTP)になって活性化される(図3.24b)．活性化

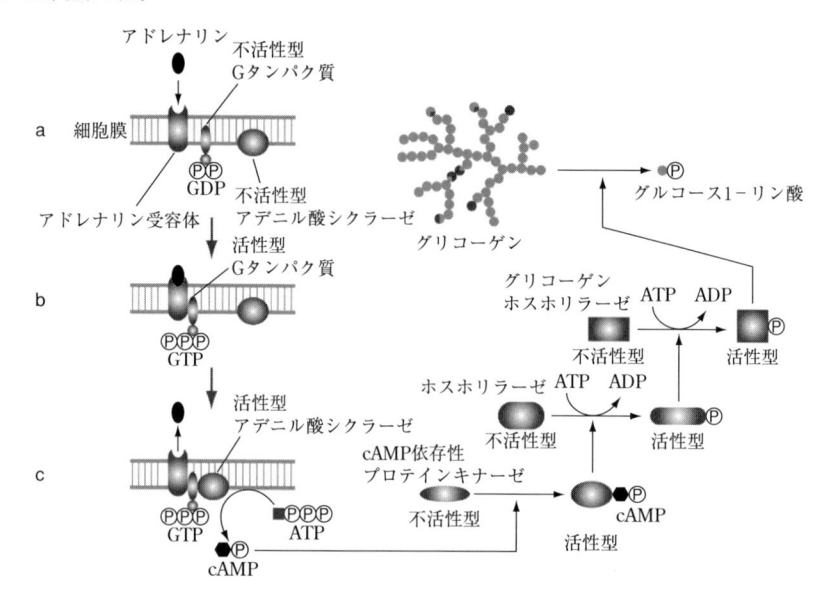

図 3.24 アドレナリンによる血糖値上昇促進の機構

されたGタンパク質は、アデニル酸シクラーゼを活性化し、その結果、細胞中にcAMPが生産される（図3.24c）。生産されたcAMPは、cAMP依存性プロテインキナーゼを活性化する。活性化されたcAMP依存性プロテインキナーゼはホスホリラーゼを活性化し、続いて、活性型ホスホリラーゼはグリコーゲンホスホリラーゼを活性化する。活性化されたグリコーゲンホスホリラーゼは、グリコーゲンからグルコース1-リン酸を生成させ、その結果、血糖値の上昇を引き起こす。

このように、細胞内二次メッセンジャーであるcAMPは、リン酸化による一連の酵素タンパク質の活性化の号令をかける役割を担っている。酵素タンパク質がリン酸化されると活性型になるのは、その構造が変化し触媒機能を発揮するようになるからである。またcAMPは、細胞内の一連のタンパク質を活性化することにより、DNAの転写調節にも関与している。

細胞内受容体に結合するホルモンの場合、細胞内（核内あるいは核外）で形成されたホルモン-受容体複合体が、核内のDNAの特異的な領域に結合し、特定の遺伝子を活性化する。それによって、遺伝子の転写によるmRNAの生成、核外での遺伝情報の翻訳、すなわち、特異的な機能性タンパク質の合成が起こり、特定の代謝が活発化する。このような作用機構のホルモンは遅効性である。

3.4.3 神経伝達物質

A. 神経シグナルの伝達

神経伝達物質は,神経系におけるメッセンジャーとしての役割をもつ有機化合物であり,神経細胞(ニューロン)により生産され,細長く伸びた軸索の先端の前シナプスニューロンから放出され,隣接する神経細胞,筋肉細胞,内分泌細胞といった標的細胞の受容体に結合し,神経刺激を引き起こす.神経伝達物質による神経細胞間でのシグナル伝達の様子を,図 3.25 に示す.前シナプスニューロンにおいて,神経細胞により生産された神経伝達物質がシナプス小胞中に溜め込まれ,その小胞が細胞膜と融合することで,神経伝達物質がシナプス間隙に放出される.放出された神経伝達物質は,一方の神経細胞の後シナプスニューロンの細胞膜に存在する受容体に結合することで,神経刺激を引き起こす.

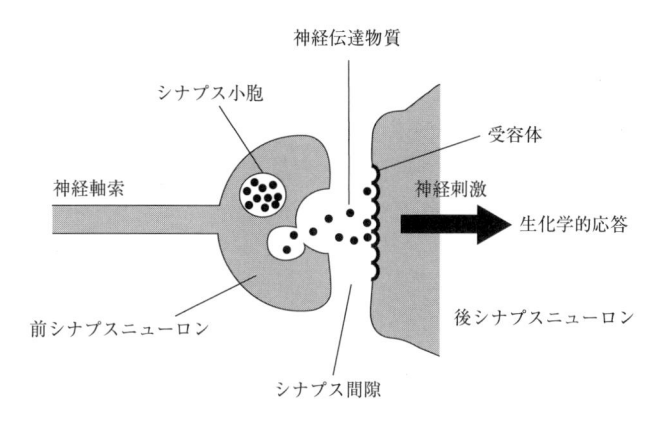

図 3.25 神経細胞間のシグナル伝達

B. 神経伝達物質の受容体と作用

神経伝達物質としては,アセチルコリン,ヒスタミン,アドレナリン,ノルアドレナリン,セロトニン,ドーパミンなどの低分子有機化合物がよく知られている.また,神経伝達に関与するいくつかのペプチドも知られている.以下に,代表的な神経伝達物質について,受容体と作用について示す.

a. アセチルコリンと受容体

アセチルコリンは主として筋調節に関与しており,副交感神経や運動神経によって生産・放出される.アセチルコリンをメッセンジャーとしている神経を,コリン作動性神経として分類している.アセチルコリンの受容体には,ニコチン様受容体とムス

カリン様受容体がある．筋組織の細胞のニコチン様受容体にアセチルコリンが結合すると，細胞膜のイオン透過性が上昇し筋収縮が起こる．一方，ムスカリン様受容体にアセチルコリンが結合すると，細胞内の Ca^{2+} の濃度が上昇し筋収縮や腺分泌が促進される．アセチルコリンの構造を図 3.26 に示す．

アセチルコリンは，受容体に結合してその役目を終えたあと，コリンエステラーゼによって速やかにコリンと酢酸に加水分解され受容体から遊離する．

図 3.26　アセチルコリンの構造

b. ヒスタミンと受容体

ヒスタミンは，ヒスチジン脱炭酸酵素によって L-ヒスチジンから生成され，さまざまな器官や組織の細胞の受容体に結合して，多様な生理作用を引き起こす．ヒスタミン受容体には，H_1～H_3 受容体が確認されている．H_1 受容体は平滑筋・副腎髄質・心臓・血管内皮細胞・脳に分布し，ヒスタミンと結合することで細胞内への Ca^{2+} の流入を促進して，平滑筋の収縮や毛細血管拡張による透過性亢進を引き起こす．また，H_2 受容体は胃・心臓・リンパ球・脳に分布し，ヒスタミンと結合することでアデニル酸シクラーゼを活性化し，細胞内に二次メッセンジャーとして cAMP の産生を誘起する．その結果，血管拡張により血圧が降下し，胃では胃酸の分泌が亢進される．H_3 受容体は，ヒスタミン遊離の調節などに働いていると考えられている．ヒスタミンの構造を図 3.27 に示す．

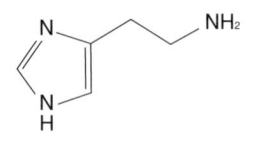

図 3.27　ヒスタミンの構造

c. アドレナリンと受容体

アドレナリンは，副腎髄質で生産されるホルモンとしても知られているが，ある種の神経細胞でも生産・放出され，神経伝達物質としての作用も示す．アドレナリン受容体は，α_1，α_2，β の 3 つに大別される．α 受容体にアドレナリンが結合すると，ホスホリパーゼ C の活性化とアデニル酸シクラーゼの抑制が引き起こされ，平滑筋や血管が収縮して，興奮反応が引き起こされる．また，β 受容体に結合するとアデニル酸シクラーゼが活性化され，α 受容体の場合とは逆に，平滑筋の弛緩や血管の拡張が引き起

こされる．アドレナリンの構造は図 3.20b に示した．

d. オピオイドペプチドと受容体

オピオイドペプチドは鎮痛性ペプチドともいい，モルヒネ様の鎮痛作用を示す一群のペプチドである．これらは中枢および末梢組織中に存在する内因性のペプチドで，エンケファリン，β-エンドルフィン，ネオエンドルフィン，ダイノルフィンなどが知られている．これらのペプチドは，脳，脊髄，末梢組織などに分布するオピオイド受容体（モルヒネ受容体）に結合することで，生化学的応答を引き起こす．オピオイド受容体は，ケシから得られるモルヒネを代表とするオピエート類化合物（アヘン剤）に対しても，強い特異性と親和性を示す．図 3.28 に，オピオイドペプチドとモルヒネの構造を示す．

神経ガス・サリンによる急性中毒

1994 年 6 月 27 日に長野県松本市で，そして 1995 年 3 月 20 日に朝の通勤ラッシュの東京の地下鉄で，前代未聞の許しがたい悲惨な事件が発生した．強力な神経ガスとして知られている有機リン化合物のサリンを使った無差別殺人である．このような毒ガスを使った無差別テロ事件に遭遇したことのなかった国民にとって，この事件がもたらしたショックは計り知れないものであった．また，大都市において有毒化学物質を使えば，容易に無差別大量殺人が可能であることを世界に知らしめ，パンドラの箱を開けることになってしまったのである．

神経伝達物質であるアセチルコリンは，神経細胞から分泌され標的細胞の受容体に結合して神経刺激を伝達し終えたあと，生体内でアセチルコリンエステラーゼにより速やかにコリンと酢酸に分解され，その役割を終えるが，サリンはその分解反応を触媒するアセチルコリンエステラーゼを阻害して，アセチルコリンの分解を抑制する．その結果，アセチルコリンは受容体に結合した状態を維持し続け，したがって神経刺激がずっと続くこととなり，それにより腺分泌の亢進，呼吸困難，低血圧，脈拍数の低下，筋収縮といった急性中毒症状が引き起こされ，ひどい場合は死に至る．

$$CH_3-\underset{OCH(CH_3)_2}{\overset{\overset{O}{\|}}{P}}-F$$

サリンの構造

Tyr-Gly-Gly-Phe-Met-Thr-Ser-Glu-Lys-Ser-
Gln-Thr-Pro-Leu-Val-Thr-Leu-Phe-Lys-Asn-
Ala-Ile-Ile-Lys-Asn-Ala-Tyr-Lys

β-エンドルフィン

Tyr-Gly-Gly-Phe-Met

メチオニンエンケファリン

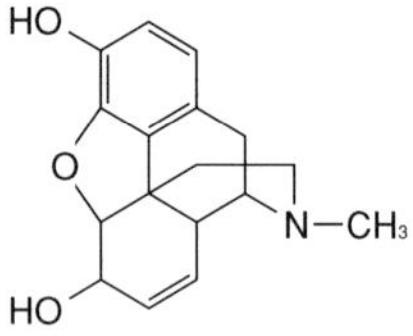

モルヒネ

図3.28 オピオイドペプチドとモルヒネの構造

3.4.4 アゴニストとアンタゴニスト

　薬学の分野では，細胞受容体に結合することにより生化学的応答を引き起こさせる物質をアゴニストと分類する．それに対して，受容体と結合するが正常な応答を引き起こさず，アゴニストの結合を阻害するような物質を，アンタゴニストと分類している．アンタゴニストも酵素阻害剤と似たような型式で受容体に結合する．アンタゴニストは医薬品のなかでも重要な位置を占めている．

　情報伝達物質が正常に生産・分泌されている状態では，生体は恒常性を維持しているが，外界刺激やその他の原因によりそれが異常に生産・分泌された場合，生体は恒常性を維持できなくなり，さまざまな疾患が生じる．受容体に結合することによって反応を引き起こすような情報伝達物質の場合，このような異常生産・分泌が生じた場合，拮抗薬を投与することにより，その作用を抑えることができる．これは，アンタゴニストが受容体に結合し，アゴニストである情報伝達物質の結合が妨害されるからである．種々の情報伝達物質に対するアンタゴニストの構造を図3.29に示す．ここでは，比較的構造の似かよったアンタゴニストの例をあげる．

　このようにアンタゴニストには，対応するアゴニストである情報伝達物質に部分的構造が似かよったものが数多くみられる．このことは，3.4.1項で述べた情報伝達物質と受容体の構造の関係（鍵と鍵穴）を考えれば納得できる．つまり，ある情報伝達物質に対するアンタゴニストは，ある程度結合に必要な構造を有していなければ，受容体に特異的に結合できないことを示している．しかし，拮抗薬としてのアンタゴニストは特異的な受容体に結合することはできるが，情報伝達物質と同様な生理活性を引き起こしてはならない．この生理的不活性は，受容体への特異性，親和性とともにアンタゴニストのたいせつな条件となる．また薬という点から，その毒性，動態，代謝および実際の効果などが，開発にあたっての重要な要素となる．図3.30に，アセチルコリン受容体に対するアセチルコリンとそのアンタゴニストの結合の様子を表した概念図を示す．

3.4 生化学的情報伝達

| 受容体 | 情報伝達物質 アゴニスト | アンタゴニスト |

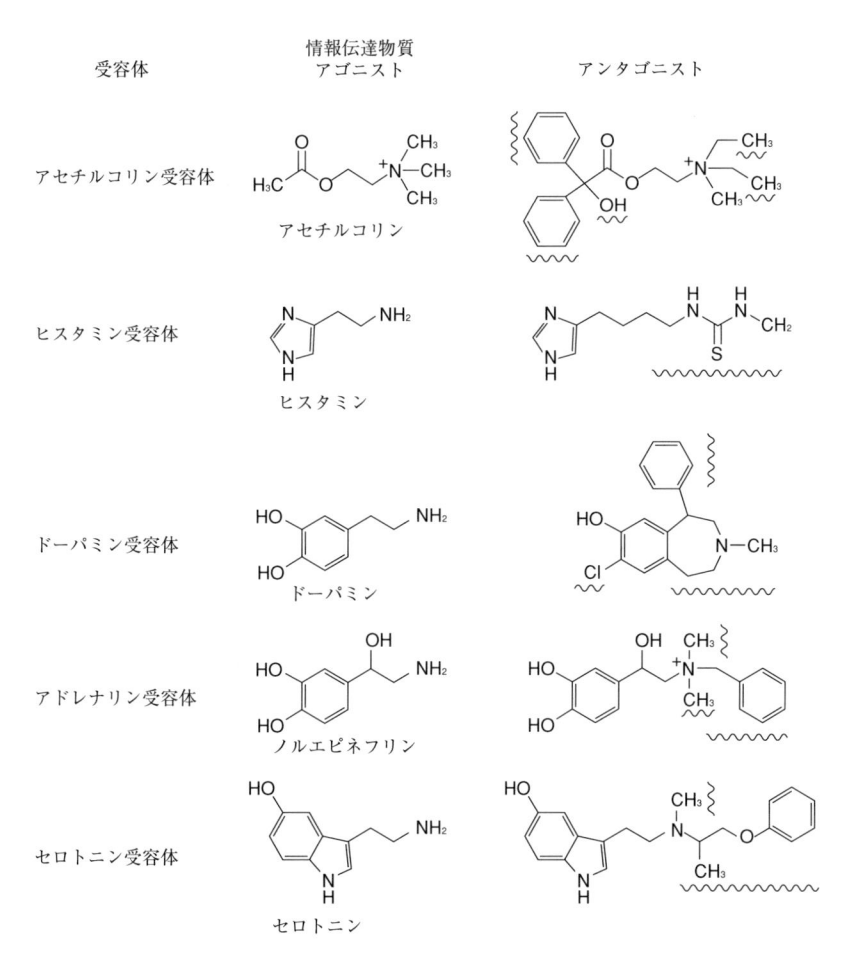

図 3.29 各種の情報伝達物質の受容体に対するアンタゴニストの構造. 〰〰のところは作用薬と構造が異なる

　アセチルコリンはきわめて適合性よく受容体に結合し生理活性を示すが，アンタゴニストは結合にあたっての最低条件を有しているものの，アセチルコリンよりも適合性が悪いため，生理活性を引き起こすまでには至らない．図 3.31 に，アセチルコリン受容体に対するアンタゴニストの例をいくつか示す．これらはアセチルコリン拮抗薬として知られている．

　一般に，ある受容体に特異的に作用する薬物群においては，その阻害活性と化学構造との間には強い相関が認められることが多い．このような薬物の構造と活性の関係を，構造活性相関という．

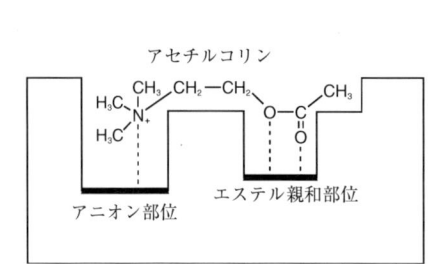

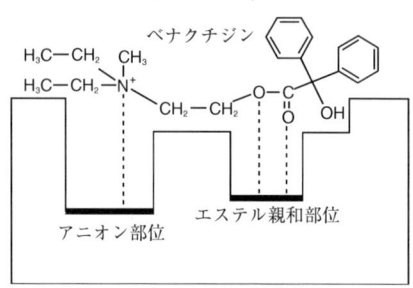

図3.30　アセチルコリン受容体へのアセチルコリンとアンタゴニストの結合

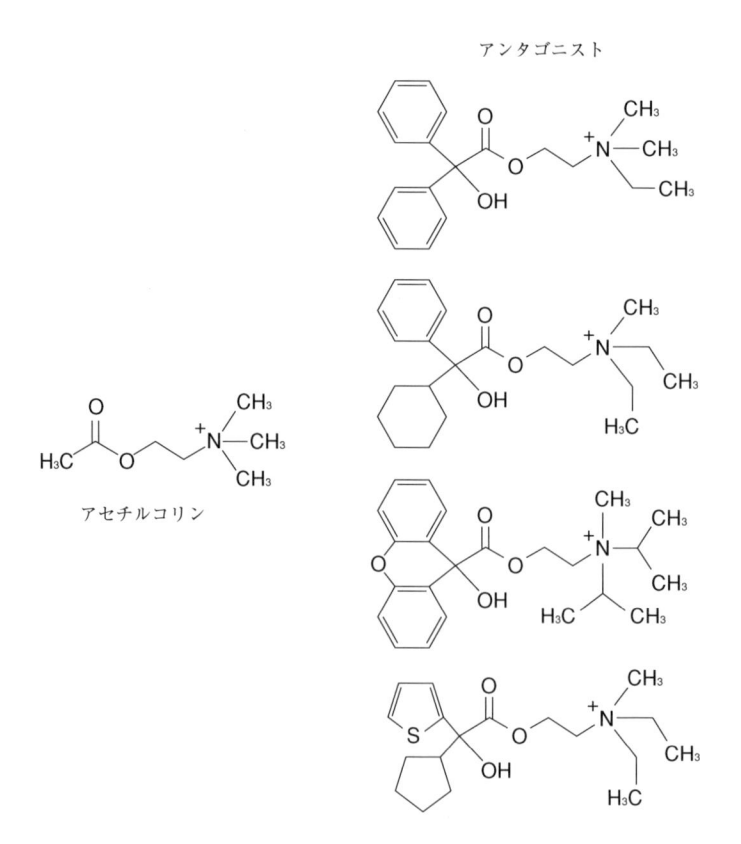

図3.31　アセチルコリン受容体のアンタゴニストの例

3.5 免疫の化学

人間は一度細菌感染症にかかると,その後は二度と同じ感染症にはかからない.この現象は「疫を免れる」という意味で「免疫」と名づけられ,1798年のジェンナー(E. Jenner)や1880年のパスツール(L. Pasteur)のワクチンの成功により,免疫学という学問として確立された.本章では免疫の機構について概説する.また,免疫の中心的な働きを担う抗体タンパク質の構造について述べ,モノクローナル抗体の調製法,ならびに抗体の応用について解説する.

3.5.1 免疫の機構

脊椎動物においては,細菌やウイルスなどの外敵・異物から身を守るための,生体防御機構が発達している.生体の恒常性を維持するため,「自己」と「非自己」を識別し,非自己のみを生体外へ排除するこの機構は,免疫系とよばれる.免疫系を構成する細胞としては,Bリンパ球(B細胞),Tリンパ球(T細胞),マクロファージ,好中球,好酸球,好塩基球,肥満細胞などがある.これら免疫系細胞の源は,すべて骨髄に存在する多機能性幹細胞であり,まずリンパ球系前駆細胞および血球系前駆細胞へと分化する.さらに,リンパ球系前駆細胞はBリンパ球(B細胞)およびTリンパ球(T細胞)へ,そして血球系前駆細胞はマクロファージ,好中球,好酸球,好塩基球,肥満細胞,さらには血小板,赤血球へと分化する(図3.32).

免疫系の機構は,B細胞が関与する体液性免疫とT細胞が関与する細胞性免疫の2つに分けられる.前者の体液性免疫において中心的な働きを担うのが,抗体とよばれるタンパク質である.抗体は,体内に侵入してきた異物(抗原)に特異的に結合し,抗原の破壊・排除へと導く.すなわち,体内に抗原が侵入すると,B細胞の抗体産生細胞への分化が誘導され,抗原特異的な抗体の分泌が起こる.抗体は抗原に特異的に結合したのち,補体系とよばれる一連のタンパク質群の助けを借りて抗原を破壊する.さらに,抗原と結合後の抗体は,マクロファージなどの貪食細胞にレセプター(Fcレセプター)を介して結合し,抗原の破壊・排除を促す.一方,細胞性免疫においては,T細胞が異物の排除に直接働く.すなわち,細菌やウイルスなどの外敵が体内に侵入すると,マクロファージ(抗原提示細胞)に貪食され,抗原に関する情報がT細胞へと伝達される.その結果,情報を受けたキラーT細胞がウイルス抗原などを認識し,標的細胞を破壊するようになる.

上述のB細胞およびT細胞が関与する2つの免疫機構は,まったく独立した応答ではなく,両者は密接に関与している.抗原提示細胞からの情報を受けたヘルパーT

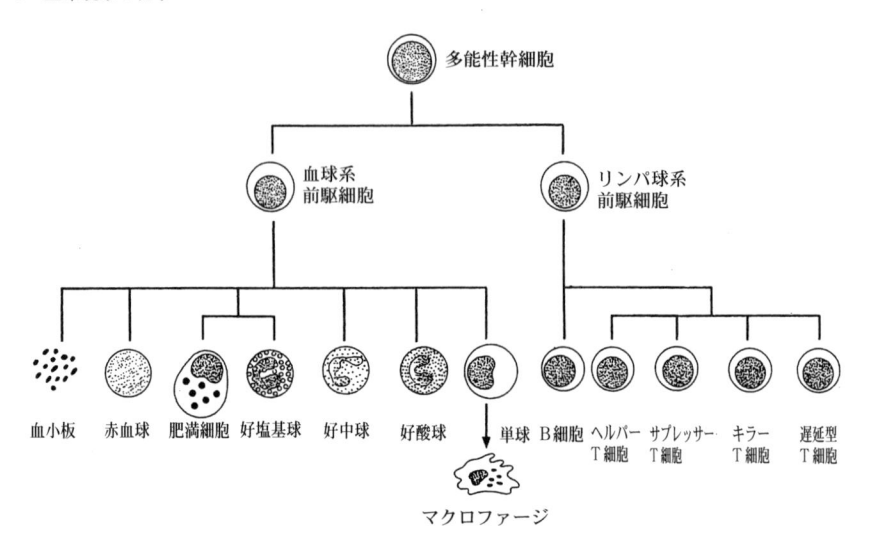

図 3.32 免疫担当細胞の起源
[小山次郎, 大沢利昭, 免疫学の基礎, 第 4 版, p. 90, 東京化学同人(2004)を改変]

細胞は, サイトカインとよばれるタンパク質の放出を介して, あるいは B 細胞と直接相互作用することにより, B 細胞の抗体産生細胞への分化を誘導する. このように, 体液性免疫と細胞性免疫とは密接な関係があり, ヘルパー T 細胞の働きで両機構のバランスが保たれている.

3.5.2 抗体の構造と多様性

抗体は, 抗原と特異的に結合 (抗原-抗体反応) したのち, 補体とよばれる一連のタンパク質群ないしは免疫系細胞と共同し, 抗原の破壊・排除に働く. 体内に侵入してくる抗原はきわめて多様と考えられ, それらすべての抗原に対応するためには, 抗体分子の側にも多様性が必要となる.

A. 抗体の種類と分子構造

抗体は血液中に存在する糖タンパク質であり, 血清タンパク質を電気泳動した際の γ グロブリン画分に存在することから, 免疫グロブリン(Ig)ともよばれる. ヒトの抗体は IgM, IgG, IgA, IgE および IgD の 5 種類のクラスに分類され, さらに IgG は 4 種類 ($IgG_1 \sim IgG_4$), IgA は 2 種類 (IgA_1 および IgA_2) のサブクラスに分けられる (表 3.2). 典型的な抗体分子 (ヒト IgG_1) は, 2 本の重 (H) 鎖と 2 本の軽 (L) 鎖とがジスルフィド結合した, アルファベットの Y 字型の四量体構造をとる (図 3.33). 上述した抗体のクラス・サブクラスは, 当該抗体に含まれる H 鎖の種類により規定され,

3.5 免疫の化学

表3.2 ヒト抗体の分類と性質

クラス	IgM	IgG				IgA		IgE	IgD
サブクラス	IgM	IgG_1	IgG_2	IgG_3	IgG_4	IgA_1	IgA_2	IgE	IgD
H鎖	μ	γ_1	γ_2	γ_3	γ_4	α_1	α_2	ε	δ
L鎖	κ, λ	κ, λ	κ, λ	κ, λ	κ, λ	κ, λ	κ, λ	κ, λ	κ, λ
構成	H_5L_5	H_2L_2	H_2L_2	H_2L_2	H_2L_2	H_2L_2（分泌型は H_4L_4）	H_2L_2（分泌型は H_4L_4）	H_2L_2	H_2L_2
分子量	97万	14.6万	14.6万	17万	14.6万	16万（分泌型は38.5万）	16万（分泌型は38.5万）	18.4万	18.8万
血中濃度(mg/ml)	1.5	9	3	1	0.5	3	0.5	0.03	0.00005

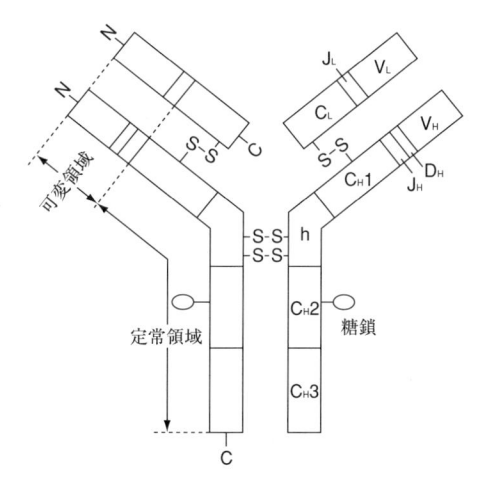

図3.33 抗体分子の構造．典型例としてヒト IgG_1 の構造を示す

IgM，IgG，IgA，IgE，IgD を構成する H 鎖は，それぞれ μ 鎖，$\gamma(\gamma_1 \sim \gamma_4)$ 鎖，$\alpha(\alpha_1$ および α_2)鎖，ε 鎖，δ 鎖とよばれる．また，L 鎖には κ 鎖および λ 鎖の 2 種類が知られているが，これらはいずれのクラス・サブクラスの抗体にも分布している．

ヒト IgG_1 から伸びた 2 本の腕の部分が抗原との結合に関与する領域であり，結合する抗原に応じて異なるアミノ酸配列を有することから，可変 (V) 領域とよばれる．その 2 本の腕は等価であり，互いに独立して抗原と相互作用する．V 領域は H 鎖および L 鎖のアミノ (N) 末端側の約 110 アミノ酸に相当し，2 本のポリペプチド鎖で挟み込む形で抗原に結合する．H 鎖の V 領域は V_H ドメインとよばれ，V_H，D および J の 3 つのセグメントから構成される（3 つのセグメントが V_H―D―J の順に配列したものが V_H ドメイン）．また，L 鎖の V 領域である V_L ドメインは，V_L および J の 2 つの

セグメントに分けられる。ここで述べた V 領域（抗原結合部位）のアミノ酸配列の可変性が，抗体の多様性獲得の原動力となる。

一方，結合後の抗原の破壊・排除といった生物活性をつかさどるのが，定常（C）領域である。C 領域はその名が示すとおり，異なる抗体分子間でアミノ酸配列がよく保存されている。H 鎖の C 領域（C_H）は，それぞれ約 110 アミノ酸から成る C_H1，C_H2 および C_H3 の 3 つのドメインから構成される。C_H1 ドメインおよび C_H2 ドメインの間には，十数アミノ酸のヒンジとよばれる領域が存在する。C_H2 ドメインにはアスパラギン結合型糖鎖が結合しており，生物活性への関与が示唆されている。また，L 鎖の C 領域は約 110 アミノ酸の C_L ドメインのみから成る。V 領域・C 領域を構成する各ドメインは，1 つの分子内ジスルフィド結合をもち，さらに C_H1―C_L 間および 2 本の H 鎖のヒンジ間に存在する分子間ジスルフィド結合により，四量体構造を形成する。

B. 抗体遺伝子と抗体の多様性

免疫系は，これまでに体内に侵入した抗原だけでなく，将来遭遇するであろういかなる抗原に対しても，特異的な抗体を作り出す準備ができている。有限の大きさの染色体 DNA から無限ともいえる数の抗体分子が生み出される仕掛けは，抗体遺伝子の構成と構造に隠されている。

ヒト抗体 H 鎖遺伝子にはイントロンが存在し，各ドメインはそれぞれ異なるエキソンにコードされる*。抗体を産生しない未成熟 B 細胞の染色体においては，250 個ほどの V_H セグメントエキソンが互いに隣接して存在する（図 3.34）。その下流には，10 個

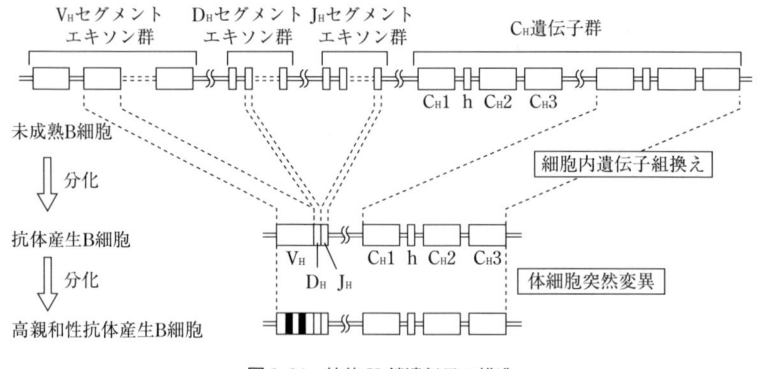

図 3.34 抗体 H 鎖遺伝子の構造

---

*真核細胞の遺伝子においては，タンパク質のアミノ酸配列情報をもつ DNA 領域（エキソン）が，アミノ酸に翻訳されない DNA 領域（イントロン）によって分断されている。真核細胞の遺伝子は核内でイントロンを含む形で転写され，核膜を通過する際にイントロン部分が除去される（RNA スプライシング）。

ほどのDセグメントエキソン，6個のJセグメントエキソン，さらに9個のC_H遺伝子（C_Hの各ドメインエキソンはイントロンにより互いに隔てられている）と続く．そして，抗体産生能を有する成熟型B細胞へ分化していく過程で，染色体上での遺伝子組換えにより，必要なセグメントエキソンのみが選択・再構成され，発現型の抗体遺伝子が作り上げられていく．L鎖遺伝子の成熟過程もH鎖遺伝子とおおむね同様であり，V_H遺伝子およびV_L遺伝子の多様性が，V領域の多様性増大に相乗的に働く．さらに，B細胞の分化・増殖の過程で高頻度で起こる体細胞突然変異と相まって，抗体遺伝子は無限ともいえる多様性を獲得することになる．

3.5.3 モノクローナル抗体とハイブリドーマ

現在，研究や診断などに用いられる抗体標品としては，抗血清とモノクローナル抗体がある．抗原を注射（免疫という）した動物から調製する血清が抗血清であり，無数の抗体産生B細胞によって作られた抗体分子の混合物と考えられる．抗原の多くはその分子表面に多くの抗原決定基（エピトープ）を有するため，抗血清中には異なるエピトープを認識する種々の抗体分子が含まれることになる．一方，単一の抗体産生B細胞クローンに由来する均一な細胞集団によって産生された抗体がモノクローナル抗体であり，抗原に対する特異性や親和性についても均一な抗体の集団といえる．

A. ハイブリドーマの作製法

抗原を注射した動物から取り出した抗体産生B細胞は無限増殖能をもたないため，試験管内（in vitro）で長期間培養できない．このB細胞を腫瘍細胞と細胞融合させることにより，抗体産生能と無限増殖能とを兼ね備えた細胞株を樹立できる．この融合細胞株がハイブリドーマである．ハイブリドーマを用いれば，モノクローナル抗体を大量かつ安定的に得ることが可能となる．

ハイブリドーマの作製に際しては，マウスの系がよく用いられる（図3.35）．抗原で免疫後のマウスから脾臓細胞（抗体産生B細胞を多く含む）を取り出し，ポリエチレングリコールという化学試薬を用いて，マウス骨髄腫培養細胞（ミエローマ）と細胞融合させる．融合後の細胞集団は，HAT培地（ヒポキサンチン（H），アミノプテリン（A），チミジン（T）を含む）とよばれる選択培地で培養する．この際，マウスミエローマとしては，ヌクレオチド代謝経路に変異をもつHAT感受性（HAT培地中で生育できない）細胞株を使用する．その結果，未融合のミエローマは増殖できず，B細胞との融合により正常なヌクレオチド代謝経路を獲得したハイブリドーマのみが，選択的に生育してくることになる．生育したハイブリドーマについて，抗体産生能の確認と単一細胞クローンの分離（クローニングというが，遺伝子クローニングとは別操作）を行う．クローニングに際しては，培養容器内に含まれる細胞が1個程度になるまで

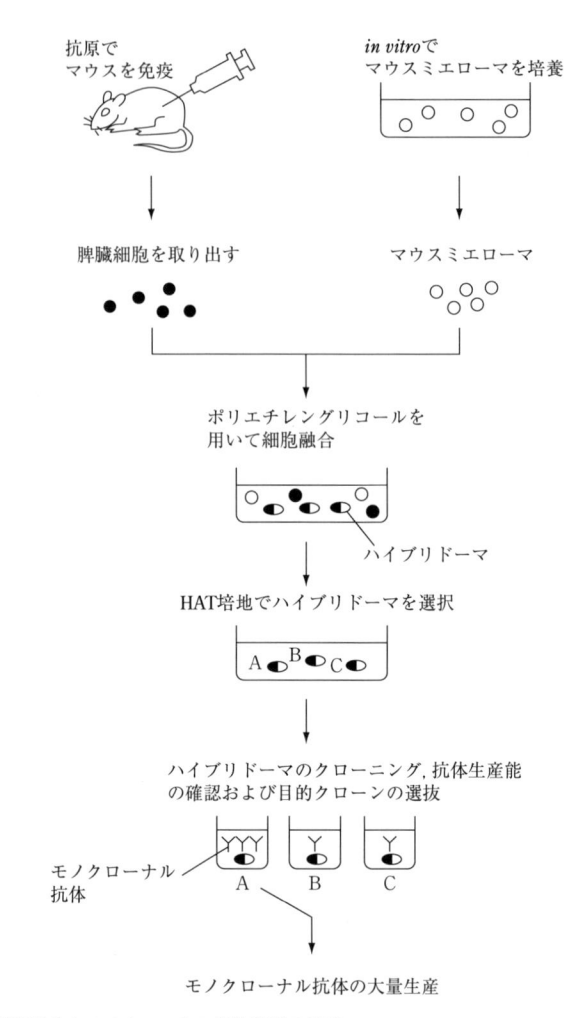

図3.35 細胞融合とモノクローナル抗体調製の概略
[掘越弘毅, 青野力三, 中村聡, 中島春紫, ビギナーのための微生物実験ラボガイド, p.97, 講談社(1993)を改変]

培養液を希釈していく限界希釈法などが用いられる．クローニング操作を繰り返し行うことにより，目的とするモノクローナル抗体を，大量かつ安定に産生するクローンを選抜する．

モノクローナル抗体タンパク質を調製するためには，ハイブリドーマの大量培養が必要となる．ハイブリドーマは浮遊細胞であり，微生物の場合に準じたタンク培養が可能である．培養にはウシ胎児血清を添加した培地が用いられるが，その後の抗体精

製を考慮すると，無血清培地の使用が望ましい．また，マウスの腹腔内にハイブリドーマを注射して体内で増殖させ，腹水中にモノクローナル抗体を高濃度に蓄積させる方法も有効である．培養上清あるいはマウス腹水からの抗体タンパク質の精製法はすでに確立されており，各種クロマトグラフィーにより比較的容易に精製できる．

B. 結合定数によるモノクローナル抗体の評価

抗体の抗原への結合は非共有結合であり，抗原-抗体反応は可逆的である．ハイブリドーマが生産する各種モノクローナル抗体の抗原に対する親和性は，結合定数を求めることにより，比較・評価することができる．いま，抗体濃度を Ab_0（結合部位の濃度は $2Ab_0$），抗原濃度を Ag_0，そして抗体の結合部位の飽和度を R とすると，結合定数 K_A は，

$$K_A = \frac{[抗原と結合した結合部位の濃度]}{[遊離の抗原濃度] \times [遊離の結合部位濃度]}$$
$$= \frac{2Ab_0 R}{(Ag_0 - 2Ab_0 R) \cdot 2Ab_0(1-R)]} \tag{3.17}$$

で表される．この式は，

$$\frac{1}{K_A(1-R)} = \frac{Ag_0}{R} - 2Ab_0 \tag{3.18}$$

と変形できる．したがって，Ag_0 を変化させた際の R を実測し，Ag_0/R を $1/(1-R)$ に対してプロットして得られる直線の傾きから，K_A を求めることができる（図3.36）．このプロットはスキャッチャードプロットとよばれる．典型的な K_A の値は，10^5 から 10^{11} M^{-1} の間に分布している．

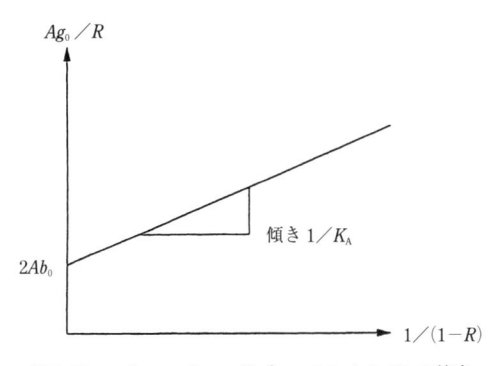

図 3.36　スキャッチャードプロットによる K_A の算出

3.5.4 抗体の応用

細胞融合によるハイブリドーマ作製技術の確立により,均一な抗原結合能を有するモノクローナル抗体の大量調製が可能となった.モノクローナル抗体や抗血清は,定性分析・定量分析・クロマトグラフィーなど,医学・生化学分野を中心として,多方面に応用されている.

A. 免疫凝集

ある細胞の表面抗原に対する抗血清を当該細胞と混合し,抗原-抗体反応を行う.抗体1分子あたり抗原結合部位が2ヵ所存在するため,抗体と細胞とが連鎖的に結合し,肉眼で観察できるほどの巨大な凝集塊を形成する(図3.37).これが免疫凝集反応であり,種々の定性分析に応用される.たとえば,ヒトの血液型(ABO式)を決定しているのは,赤血球表面に存在する糖脂質のオリゴ糖部分の違いである(2.1節参照).この赤血球表面のオリゴ糖に対する抗血清を用いる免疫凝集により,ABO式血液型の迅速・簡便な判定が可能となる.それ以外に,表面抗原解析による病原性微生物の同定などにも,免疫凝集法が用いられる.

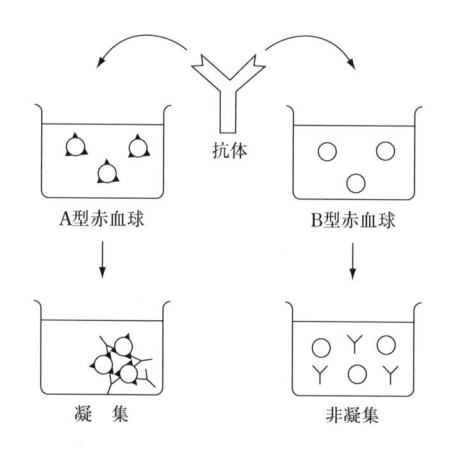

図3.37 免疫凝集反応を用いる血液型の判定. ▲:抗体と結合する表面抗原
[掘越弘毅,青野力三,中村聡,中島春紫,ビギナーのための微生物実験ラボガイド,p.99,講談社(1993)を改変]

B. ラジオイムノアッセイ

ラジオイムノアッセイ(RIA)は,放射性同位元素(ラジオアイソトープ,RI)を利用する高感度免疫化学測定法である.すなわち,未知濃度の抗原を含む検体に対してRI標識した既知量の抗原を加え,一定量の抗体と競合的に結合させる(図3.38).

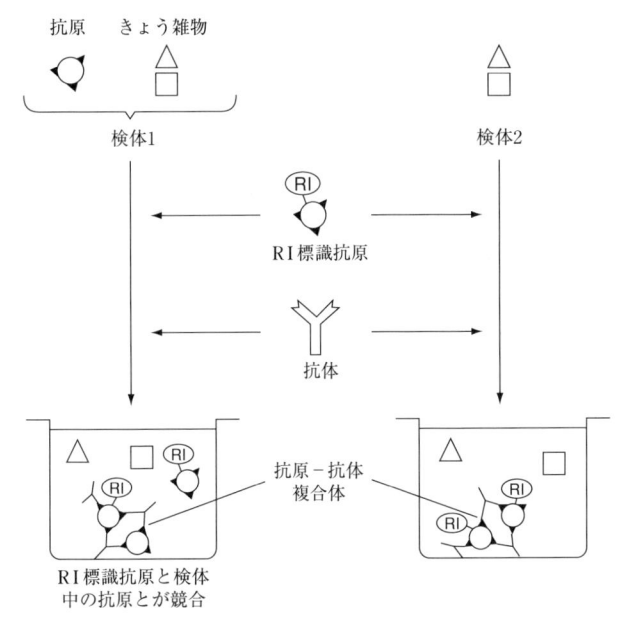

図 3.38 ラジオイムノアッセイの原理

ついで，遠心により沈殿した抗原-抗体複合体に含まれる RI 標識抗原の量を，放射能を指標として測定する．種々の濃度の RI 標識抗原と抗体を用いて作成した検量線との比較により，検体中の抗原量を間接的に見積もることができる．抗原-抗体反応の特異性と親和性はきわめて高く，また放射能の測定感度も高いことから，RIA の感度と精度もたいへん高いものとなる．RIA は，血液中の微量ホルモンの測定など，臨床検査分野で広く用いられる．

C. ELISA

ELISA (enzyme-linked immunosorbent assay) は酵素標識免疫測定法ともよばれ，上述の RIA とともに，高感度免疫化学測定法としてよく用いられる定量分析法である．すなわち，抗原を直接的あるいは間接的に固相表面に吸着させたのち，酵素で標識した抗体と反応させ，特異的に結合した酵素標識抗体の酵素活性を指標として，抗原を検出・定量するというものである．いわゆる ELISA には種々の方法が含まれるが，ここでは二重抗体サンドイッチ法による抗原の定量を例にとって説明する．この方法では，同一の抗原上の互いに異なるエピトープを認識する 2 種類のモノクローナル抗体を使用する（図 3.39）．まず最初に，1 つめの抗体（一次抗体）をプラスチック製容器の内面（固相）に吸着させる．未吸着の余分な抗体を洗浄除去したのち，未知濃度の抗原を含む検体を加え，一次抗体と反応させる．引き続き，酵素標識した 2 つ

(1) 一次抗体の固相への吸着

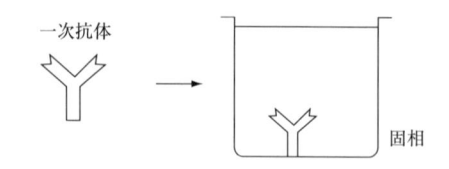

(2) 抗原を含む検体を添加

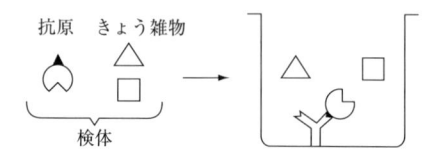

(3) 酵素標識した二次抗体を添加

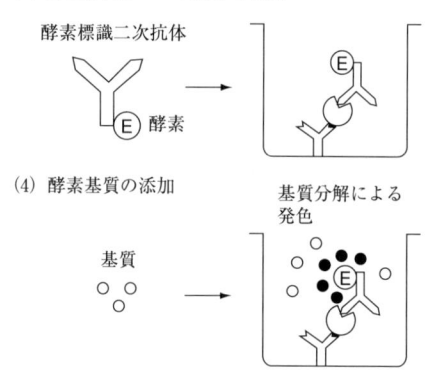

(4) 酵素基質の添加

図 3.39 二重抗体サンドイッチ法による ELISA の原理
［掘越弘毅，青野力三，中村聡，中村春紫，ビギナーのための微生物実験ラボガイド，p.101，講談社(1993)］

めの抗体（二次抗体）を加え，再び未吸着の余分な抗体を洗浄除去する．この段階では，一次抗体を介して固相に固定化された抗原に対して，酵素標識した二次抗体が結合した状態にある．したがって，標識に用いた酵素の基質を加えたのち，酵素反応生成物を定量することにより，検体中に含まれる抗原量を間接的に知ることができる．RIA では人体に悪影響を及ぼす RI が用いられ，さらに専用の RI 使用施設を必要とする．ELISA の測定感度は RIA とほぼ同レベルにまで到達しており，臨床検査分野も含めて免疫化学測定の主流となりつつある．

D. アフィニティークロマトグラフィー

生体物質などの示す特異的な親和性を利用するクロマトグラフィーのことを，特にアフィニティークロマトグラフィーという．抗体の抗原に対する親和性は高く，特異

性の点でもすぐれているため，抗原-抗体反応はしばしばアフィニティークロマトグラフィーに利用される．すなわち，抗体を不溶性担体に固定化したものをカラムに充填したのち，抗原を含む試料溶液を流し，抗原だけをカラムに特異的に結合させる(図3.40)．吸着後の抗原は，カラム内のイオン強度や pH を変化させ，カラムから溶出させる．この方法を用いる場合，きょう雑物の多少にかかわらず，単一ステップでの抗原精製が可能となる．

(1) 抗体の不溶性担体への固定化

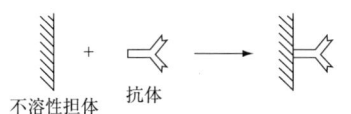

不溶性担体　抗体

(2) 試料中の抗原の吸着

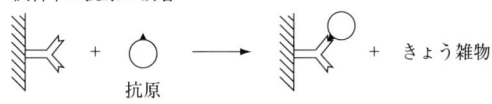

抗原　　　　　　　　　　　　　+ きょう雑物

(3) 抗原の溶出

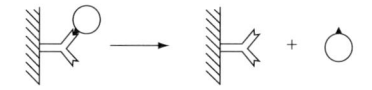

図3.40　抗原-抗体反応を利用するアフィニティークロマトグラフィー
　　　［掘越弘毅，青野力三，中村聡，中村春紫，ビギナーのための微生物実験ラボガイド，
　　　　p.102，講談社(1993)］

参 考 書

今堀和友ほか監修，生化学辞典，第3版，東京化学同人（1998）

D. Voet and J. G. Voet 著，田宮信雄ほか訳，ヴォート 生化学（上・下巻），第3版，東京化学同人（2005）．

下西康嗣ほか編修，新 生物化学実験のてびき（1〜4），化学同人（1996）．
1 生物試料の調製法，2 タンパク質の分離・分析と機能解析法，3 核酸の分離・分析と遺伝子実験法，4 動物とその組織を用いる実験法

泉美治ほか監修，第2版 機器分析のてびき（第1〜3集，データ集），化学同人（1996）．
第1集 赤外線吸収スペクトル法ほか，第2集 有機元素分析ほか，第3集 熱分析法ほか，データ集

阿武喜美子・瀬野信子著，糖化学の基礎，講談社（1984）．

畑中研一ほか著，糖質の科学と工学，講談社（1997）．

有坂文雄著，バイオサイエンスのための蛋白質科学入門，裳華房（2004）．

C. Branden and J. Tooze 著，勝部幸輝ほか監訳，タンパク質の構造入門，第2版，Newton Press（2000）．

藤本大三郎著，酵素の科学，裳華房（1988）．

西沢一俊・志村憲助編，新・入門酵素化学，改訂第2版，南江堂（1995）．

大倉一郎ほか著，新版 生物工学基礎，講談社（2002）．

付録：ノーベル化学賞と生理学医学賞の受賞者一覧

年	化 学 賞	生 理 学 医 学 賞
1901	J.H.van't Hoff　化学熱力学の法則および溶液の浸透圧の発見	E.von Behring　血清療法（特にジフテリアに対する）の研究
1902	E.Fischer　糖およびプリン誘導体の合成	R.Ross　マラリアの侵入機構とその治療法に関する研究
1903	S.A.Arrhenius　電解質溶液の理論に関する研究	N.R.Finsen　強力な光照射による疾病，特に痕瘡の治療法の発見
1904	W.Ramsay　空気中の希ガス類諸元素の発見と周期律におけるその位置の決定	I.P.Pavlov　消化生理に関する研究
1905	J.F.W.A.von Baeyer　有機染料とヒドロ芳香族化合物の研究	R.Koch　結核に関する研究
1906	H.Moissan　フッ素の研究と分離，およびモアッサン電気炉の製作	C.Golgi, S.Ramón y Cajal　神経系の構造に関する研究
1907	E.Buchner　化学-生物学的諸研究および無細胞的発酵の発見	C.L.A.Laveran　疾病の発生において原虫類の演ずる役割に関する研究
1908	E.Rutherford　元素の崩壊および放射性物質の化学に関する研究	P.Ehrlich, E.Metchnikoff　免疫に関する研究
1909	F.W.Ostwald　触媒作用に関する研究および化学平衡と反応速度に関する研究	E.T.Kocher　甲状腺の生理学，病理学および外科に関する研究
1910	O.Wallach　脂環式化合物の分野における先駆的研究	A.Kossel　タンパク質，核酸に関する研究による細胞化学の確立
1911	M.Curie　ラジウムおよびポロニウムの発見とラジウムの性質およびその化合物の研究	A.Gullstrand　眼の屈折機能に関する研究
1912	V.Grignard　グリニャール試薬の発見 P.Sabatier　微細な金属粒子を用いる有機化合物水素化法の開発	A.Carrel　血管縫合および血管または臓器の移植に関する研究
1913	A.Werner　分子内原子の結合に関する研究	C.R.Richet　アナフィラキシーに関する研究
1914	T.W.Richards　多数の元素の原子量の精密測定	R.Bárány　内耳系の生理学，病理学に関する研究
1915	R.Willstätter　植物色素物質，特にクロロフィルに関する研究	なし
1916	なし	なし
1917	なし	なし
1918	F.Haber　アンモニアの成分元素（窒素, 水素）からの合成	なし
1919	なし	J.Bordet　免疫に関する諸発見
1920	W.H.Nernst　熱化学における研究	S.A.S.Krogh　毛細血管運動機能の調節機構の発見
1921	F.Soddy　放射性物質の化学に対する貢献と同位体の存在およびその性質に関する研究	なし
1922	F.W.Aston　非放射性元素における同位体の発見と整数法則の発見	A.V.Hill　筋肉中の熱発生に関する発見 O.Meyerhof　筋肉における乳酸生成と酸素消費との相関関係の発見

183

年	化 学 賞	生 理 学 医 学 賞
1923	F.Pregl　有機物質の微量分析法の開発	F.G.Banting, J.J.R.Macleod　インスリンの発見
1924	なし	W.Einthoven　心電図法の発見
1925	R.Zsigmondy　コロイド溶液の不均一性に関する研究および現代コロイド化学の確立	なし
1926	T.Svedberg　分散系に関する研究	F.G.Fibiger　*Spiroptera carcinoma* の発見（線虫の一種，当時，癌の病原体と誤認された）
1927	H.Wieland　胆汁酸とその類縁物質の構造に関する研究	J.Wagner-Jauregg　麻痺性痴呆に対するマラリア接種の治療効果の発見
1928	A.Windaus　ステリン類の構造とそのビタミン類との関連についての研究	C.J.Nicolle　発疹チフスに関する研究
1929	A.Harden, H.von Euler-Chelpin　糖類の発酵とこれにあずかる諸酵素の研究	C.Eijkman　抗神経炎ビタミンの発見 F.G.Hopkins　成長を促進するビタミンの発見
1930	H.Fischer　ヘミンとクロロフィルの構造に関する諸研究，特にヘミンの合成	K.Landsteiner　人間の血液型の発見
1931	C.Bosch, F.Bergius　高圧化学的方法の発明と開発	O.H.Warburg　呼吸酵素の特性および作用機構の発見
1932	I.Langmuir　界面化学における発見と研究	C.S.Sherrington, E.D.Adrian　神経細胞の機能に関する発見
1933	なし	T.H.Morgan　染色体の遺伝機能の発見
1934	H.C.Urey　重水素の発見	G.R.Miot, W.P.Murphy, G.H.Whipple　貧血に対する肝臓療法の発見
1935	F.Joliot, I.Joliot-Curie　人工放射性元素の研究	H.Spemann　動物の胚の成長における誘導作用の発見
1936	P.J.W.Debye　双極子モーメントおよびX線，電子線回折による分子構造の決定	H.H.Dale, O.Loewi　神経刺激の化学的伝達に関する発見
1937	W.N.Haworth　炭水化物とビタミンCの構造に関する諸研究 P.Karrer　カロテノイド類，フラビン類およびビタミンA, B_2 の構造に関する研究	A.von Szent-Györgyi　生物学的燃焼，特にビタミンCおよびフマル酸の接触作用に関する発見
1938	R.Kuhn　カロテノイド類およびビタミン類についての研究	C.Heymans　呼吸調節における頸動脈洞と大動脈との意義の発見
1939	A.F.J.Butenandt　性ホルモンに関する研究実績 L.Ružička　ポリメチレン類および高級テルペン類の構造に関する研究	G.Domagk　プロントジルの抗菌効果の発見
1940	なし	なし
1941	なし	なし
1942	なし	なし
1943	G.Hevesy　化学反応の研究におけるトレーサーとしての同位体の利用に関する研究	C.P.H.Dam　ビタミンKの発見 E.A.Doisy　ビタミンKの化学的本性の発見

年	化　学　賞	生　理　学　医　学　賞
1944	O.Hahn　原子核分裂の発見	E.J.Erlanger, H.S.Gasser　個々の神経繊維の機能的差異に関する発見
1945	A.I.Virtanen　農業化学と栄養化学における研究と発見，特に糧秣の保存法の発見	A.Fleming, E.B.Chain, H.W.Florey　ペニシリンの発見と種々の伝染病に対するその治療効果の発見
1946	J.B.Sumner　酵素が結晶化されうることの発見 J.H.Northrop, W.M.Stanley　酵素とウイルスタンパク質の純粋調製	H.J.Muller　X線による人工（突然）変異の発見
1947	R.Robinson　生物学的に重要な植物生成物特にアルカロイドの研究	C.F.Cori, G.T.Cori　触媒作用によるグリコーゲン消費の発見 B.A.Houssay　糖の物質代謝に対する脳下垂体前葉ホルモンの作用の発見
1948	A.W.K.Tiselius　電気泳動と吸着分析についての研究，特に血清タンパクの複合性に関する発見	P.Müller　多数の節足動物に対するDDTの接触毒としての強力な作用の発見
1949	W.F.Giauque　化学熱力学への貢献，特に極低温における物質の諸性質に関する研究	W.R.Hess　内蔵の活動を統合する間脳の機能の発見 A.E.Moniz　ある種の精神病に対する前額部大脳神経切断の治療的意義の発見
1950	O.P.H.Diels, K.Alder　ジエン合成（ディールス-アルダー反応）の発見とその応用	E.C.Kendall, P.S.Hench, T.Reichstein　諸種の副腎皮質ホルモンの発見およびその構造と生物学的作用の発見
1951	G.T.Seaborg, E.M.McMillan　超ウラン元素の発見	M.Theiler　黄熱ワクチンの発明
1952	J.P.Martin, R.L.M.Synge　分配クロマトグラフィーの開発と物質の分離，分析への応用	S.A.Waksman　ストレプトマイシンの発見
1953	H.Staudinger　鎖状高分子化合物の研究	F.A.Lipmann　代謝における高エネルギーリン酸結合の意義，およびコエンザイムAの発見 H.A.Krebs　トリカルボン酸サイクルの発見
1954	L.C.Pauling　化学結合の本性ならびに複雑な分子の構造に関する研究	J.F.Enders, T.H.Weller, F.C.Robbins　小児麻痺の病原ウイルスの試験管内での組織培養の研究とその完成
1955	V.du Vigneaud　硫黄を含む生体物質の研究特にオキシトシン，バソプレッシンの構造決定と全合成	H.Theorell　酸化酵素の研究
1956	C.N.Hinshelwood, N.N.Semënov　気相系の化学反応速度論，特に連鎖反応に関する研究	A.F.Cournand, D.W.Richards, W.Forssmann　心臓カテーテル法の研究
1957	A.R.Todd　ヌクレオチドおよびその補酵素に関する研究	D.Bovet　クラレ様筋弛緩剤の合成に関する研究

年	化 学 賞	生 理 学 医 学 賞
1958	F.Sanger　タンパク質，特にインスリンの構造に関する研究	G.W.Beadle, E.L.Tatum　遺伝子の化学過程の調節による支配に関する発見 J.Lederberg　遺伝子組換えおよび細菌の遺伝物質に関する研究
1959	J.Heyrovsky　ポーラログラフィーの理論およびポーラログラフの発明	S.Ochoa, A.Kornberg　RNAおよびDNAの合成に関する研究
1960	W.F.Libby　炭素14による年代測定法の研究	F.M.Burnet, P.B.Medawar　後天的免疫寛容の発見
1961	M.Calvin　植物における光合成の研究	G.von Békésy　内耳蝸牛における刺激の物理的機構の発見
1962	M.F.Perutz, J.C.Kendrew　球状タンパク質の構造に関する研究	F.H.C.Crick, J.D.Watson, M.H.F.Wilkins　核酸の分子構造および生体における情報伝達に対するその意義の発見
1963	K.Ziegler, G.Natta　新しい触媒を用いた重合法開発と基礎的研究	J.C.Eccles, A.L.Hodgkin, A.F.Huxley　神経細胞の末梢および中枢部における興奮と抑制に関するイオン機構の発見
1964	D.C.Hodgkin　X線回折法による生体物質の分子構造の研究	K.Bloch, F.Lynen　コレステロール，脂肪酸の生合成機構と調節に関する研究
1965	R.B.Woodward　有機合成法への貢献	F.Jacob, A.Lwoff, J.Monod　酵素およびウイルスの合成の遺伝的調節に関する研究
1966	R.S.Mulliken　分子軌道法による化学結合および分子の電子構造に関する基礎的研究	P.Rous　発癌性ウイルスの発見 C.B.Huggins　前立腺癌のホルモン療法に関する発見
1967	M.Eigen, R.G.W.Norrish, G.Porter　短時間エネルギーパルスによる高速化学反応の研究	R.Granit, H.K.Hartline, G.Wald　視覚の化学的生理学的基礎過程に関する発見
1968	L.Onsager　不可逆過程の熱力学の基礎の確立とオンサーガーの相反定理の発見	R.W.Holley, H.G.Khorana, M.W.Nirenberg　遺伝情報の解読とそのタンパク質合成への役割の解明
1969	O.Hassel, D.H.R.Barton　分子の立体配座の概念の導入と解析	M.Delbrück, A.D.Hershey, S.E, Luria　ウイルスの増殖機構と遺伝物質の役割に関する発見
1970	L.F.Leloir　糖ヌクレオチドの発見と炭水化物の生合成におけるその役割についての研究	J.Axelrod, J.S.von Euler, B.Katz　神経末梢部における伝達物質の発見と，その貯蔵，解離，不活化の機構に関する研究
1971	G.Herzberg　分子，特に遊離基の電子構造と幾何学的構造に関する研究	E.W.Sutherland　ホルモンの作用機作に関する発見（c-AMPに関する研究）
1972	C.B.Anfinsen　リボヌクレアーゼ分子のアミノ酸配列の決定 W.H.Stein, S.Moore　リボヌクレアーゼ分子の活性中心と化学構造に関する研究	G.M.Edelman, R.R.Porter　抗体の化学構造に関する研究
1973	E.O.Fisher, G.Wilkinson　サンドイッチ構造をもつ有機金属化合物に関する研究	K.von Frish, K.Lorenz, N.Tinbergen　個体的，社会的行動様式の組織と誘発に関する発見
1974	P.J.Flory　高分子物理化学の理論，実験両面にわたる基礎的研究	A.Claude, C.R.de Duve, G.E.Palade　細胞の構造と機能に関する発見

年	化 学 賞	生 理 学 医 学 賞
1975	J.W.Cornforth　酵素による触媒反応の立体化学に関する研究 V.Prelog　有機分子および有機反応の立体化学に関する研究	R.Dulbecco, H.M.Temin, D.Baltimore　腫瘍ウイルスと遺伝子との相互作用に関する研究
1976	W.N.Lipscomb　ボランの構造に関する研究	B.S.Blumberg　オーストラリア抗原の発見 D.C.Gajdusek　遅発性ウイルス感染症の研究
1977	I.Prigogine　非平衡の熱力学，特に散逸構造の研究	R.C.L.Guillemin, A.V.Schally　脳のペプチドホルモン生産に関する発見 R.Yalow　ラジオイムノアッセイ法の研究
1978	P.Mitchell　生体膜におけるエネルギー変換の研究	D.Nathans, H.O.Smith, W.Arber　制限酵素の発見と分子遺伝学への応用
1979	H.C.Brown, G.Wittig　新しい有機合成法の開発	G.N.Hounsfield, A.M.Cormack　コンピュータを用いたX線断層撮影技術の開発
1980	P.Berg　遺伝子工学の基礎となる核酸の生化学的研究 F.Sanger, W.Gilbert　核酸の塩基配列の解明	B.Benacerraf, J.Dausset, G.D.Snell　免疫反応を調節する，細胞表面の遺伝的構造に関する研究
1981	福井謙一，R.Hoffmann　化学反応過程の理論的研究	R.W.Sperry　大脳半球の機能分化に関する研究 D.H.Hubel, T.N.Wiesel　大脳皮質視覚野における情報処理に関する研究
1982	A.Klug　結晶学的電子分光法の開発と核酸・タンパク質複合体の立体構造の解明	S.K.Bergström, B.I.Samuelsson, J.R.Vane　重要な生理活性物質の一群であるプロスタグランジンの発見およびその研究
1983	H.Taube　無機化学における業績，特に金属錯体の電子遷移反応機構の解明	B.Mclintock　移転する遺伝子の発見など，遺伝学上の優れた研究
1984	R.B.Merrifield　固相反応によるペプチド合成法の開発	N.K.Jerne, G.Köhler, C.Milstein　免疫制御機構に関する理論の確立とモノクローナル抗体の作成法の開発
1985	J.Karle, H.A.Hauptman　物質の結晶構造を直接決定する方法の確立	M.S.Brown, G.L.Goldstein　コレステロール代謝とその関与する疾患の研究
1986	D.R.Herschbach, Lee Y.-T., J.C.Polanyi　化学反応素過程の動力学的研究への寄与	R.Levi-Montaltini, S.Cohen　神経成長因子および上皮細胞成長因子の発見
1987	C.J.Pedersen, D.J.Cram, J.M.Lehn　高い選択性で構造特異的な反応を起こす分子（クラウン化合物）の合成	利根川進　多様な抗体を生成する遺伝的原理の解明
1988	J.Deisenhofer, R.Huber, H.Michel　光合成反応中心をなすタンパク質複合体の3次元構造の決定	J.W.Black, G.Elion, G.Hitchings　薬物療法に関する重要な原理の発見と新薬の開発
1989	S.Altman, T.Cech　RNAに触媒作用があることの発見	J.M.Bishop, H.E.Varmus　レトロウイルスのがん遺伝子が細胞起源であることの発見
1990	E.J.Corey　有機合成の理論および方法論の開発	J.E.Murray, E.D.Thomas　人間の病気治療への臓器・細胞移植の適用
1991	R.Ernst　高感度・高分解能磁気共鳴法の開発と実用化	E.Neher, B.Sakmman　細胞内に存在する単一イオンチャンネル開閉機構の解明

年	化 学 賞	生 理 学 医 学 賞
1992	R.A.Marcus 化学系における電子移動理論	E.G.Krebs, E.H.Fischer 生物学的制御機構としてのタンパク質の可逆的リン酸化の発見
1993	K.B.Mullis, M.Smith DNA解析技術の開発（複製連鎖反応（PCR），遺伝子特定位置への点突然変異の導入法）	P.Sharp, R.Roberts 分断遺伝子の発見
1994	G.A.Olah 炭素陽イオンの存在の実証	A.G.Gilman, M.Rodbell Gタンパク質と細胞内へのシグナル伝達に果たすその役割の発見
1995	F.S.Rowland, M.Molina, P.Crutzen 成層圏オゾンの分解（消滅）過程の解明	E.B.Lewis, C.Nüsslein-Volhard, E.F.Wieshaus 初期胚の形態形成の分子生物学的機構の解明
1996	R.F.Curl Jr., Sir H.W.Krote 炭素フラーレン（C 60）の発見	P.C.Doherty, R.M.Zinkernagel 細胞性免疫制御の特異性の解明
1997	P.D.Boyer, J.E.Walker, J.C.Skou ATPの合成と分解に関する酵素の研究	S.B.Prusiner 感染を引き起こす新原因物質，プリオンの発見
1998	W.Kohn, J.A.Pople 定量的量子化学計算理論の開拓と確立	R.F.Fuchgott, L.J.Ignarro, F.Murad 循環器系における一酸化窒素（NO）のシグナル伝達物質としての役割の発見
1999	A.H.Zewail フェムト秒スケールにおける化学反応の遷移状態の研究	G.Blobel 細胞内タンパク質の輸送の制御機構の解明
2000	A.J.Heager, A.G.MacDiamid, 白川英樹 電導性高分子の発見と開発	A.Carisson, P.Greengard, E.R.Kandel 神経系における情報伝達機構の解明
2001	W.S.Knowles, 野依良治, K.B.Sharpless 不斉触媒合成の研究	L.H.Hartwell, R.T.Hunt, Sir P.M.Nurse 細胞周期の制御因子の発見
2002	J.B.Fenn, 田中耕一, K.Wüthrich 生体高分子の同定法と構造解析法の開発	S.Brenner, H.R.Horvitz, J.E.Sulston 臓器発生とプログラム細胞死の調節遺伝子の発見
2003	P.Agre, R.Mackinnon 細胞膜の水およびイオンチャンネルの構造と機構の解明	P.C.Lauterber, Sir P.Mansfield 核磁気共鳴（MRI）映像法の開発
2004	A.Ciechanover, A.Hershko, I.Rose ユビキチンが介在するタンパク質の分解機構の解明	R.Axel, L.B.Buck 臭気受容体と嗅覚器系の組織化の解明
2005	Y.Chauvin, R.H.Grubbs, R.R.Schrock 有機合成におけるメタセシス反応の開発	B.J.Marshall, J.R.Warren ピロリ菌の発見とその胃炎・潰瘍発生の役割の解明

元素の周期表(2004)

索　引

ア

アゴニスト　166
アスコルビン酸　116
アセチル CoA　145
アセチルコリン　163
アデニル酸　151
　──シクラーゼ　161
アデニン　118
アデノシン三リン酸　150
アデノシン二リン酸　151
アドレナリン　164
アニーリング　124
アノマー　39
アフィニティークロマトグラフィー　178
アミド結合　67
アミノエチル化　67
アミノ基　57
アミノ酸　57
　──残基　67
　──組成　73
　塩基性──　58
　酸性──　58
　親水性──　58
　疎水性──　58
　中性──　58
　C 末端──　68
　N 末端──　68
アミノ糖　41
アミン　12
アルカン　4
アルキン　4
アルケン　4
アルコール　7
アルツハイマー病　85
アルデヒド　10
アルドース　36
アルブミン　70
アンセリン　68

アンタゴニスト　166
アンピシリン耐性遺伝子　131

イ

異性体
　幾何──　17
　光学──　19
　構造──　15
　立体──　15, 16, 17
イソプレノイド　53
一次構造　72
遺伝子クローニング　133
遺伝子工学　128
インスリン　69

ウ

牛海綿状脳症　79
ウラシル　118
ウロン酸　42

エ

エタノール　145, 146
エーテル　9
エドマン法　65
エムデン・マイヤーホフ経路　146
エピマー　38
エレクトロポレーション法　131
円二色性スペクトル　80

オ

オキシトシン　69
オリゴ糖　36

カ

開始コドン　127
解糖　145
　──系　146, 147
鍵と鍵穴　96
核酸　118

191

索　　引

核磁気共鳴スペクトル分析法　26
カタール　98
活性酢酸　153
カルシフェロール　111
カルノシン　68
カルボキシメチル化　67
カルボキシメチルセルロース　85
カルボキシル基　57
カルボン酸　11
カーン・インゴールド・プレローグ則　18
還元性末端　43
官能基　2

キ

幾何異性体　17
基質特異性　95
機能性甘味料　44

ク

グアニン　118
クエン酸回路　149
グラム陰性細菌　140,141
グラム陽性細菌　140,141
クリック（Crick）　121
グルタチオン　68
グルテリン　70
グロブリン　70
クローン技術　142

ケ

形質転換体　131
ケトース　36
ケトン　10
ゲノミクス　92
ゲノム　135
ケラチン　84
ゲル泸過法　84
原核生物　140

コ

光学異性体　19
酵素
　――基質複合体　98
　――の活性中心　96
　　異性化――　95

加水分解――　94
結合――　95
抗体――　105
酸化還元――　93
制限――　128
切断――　95
転移――　94
構造異性体　15
高速液体クロマトグラフィー　91
コドン　125,126
コバラミン　116
コラーゲン　83
コロニー　131
コンペテント　131

サ

細胞
　原核――　137,139
　細菌――　137
　植物――　137,139
　動物――　137,139
サブユニット　83
サンガー（Sanger）　69
　――法　65

シ

ジアステレオマー　21
シアノバクテリア　140
脂環式化合物　5
シグナル伝達　155
自己複製　124
脂質　53,148
　――二重層　56
　スフィンゴ――　55
　単純――　53
　中性――　53,54
　糖――　47,49,55
　複合――　53,54
　リン――　53,54
ジチオスレイトール　67
質量分析法　25,30,84
シトクロム c　73,74,88
シトシン　118
ジニトロフルオロベンゼン　65
脂肪族化合物　4

192

索引

宿主　129
受容体　155
少糖　36
ショ糖密度勾配遠心法　84
進化　141
　——系統樹　142
真核生物　140
神経伝達物質　155, 163

ス

スルフヒドリル基　67
生体触媒　101
生物情報科学　92

セ

赤外吸収スペクトル分析法　28
セントラルドグマ　125

ソ

疎水親水性度　75

タ

脱離反応　14
多糖　36
　単純——　45
　複合——　45
ダンシルクロリド　64
炭水化物　35
単糖　35
タンパク質　57
　——構成アミノ酸　58
　——の三次構造　81
　——の変性　86
　——の四次構造　83
　核——　71
　球状——　71
　金属——　71, 87
　硬——　70
　除——　86
　繊維状——　71, 83
　単純——　71
　糖——　47, 71
　複合——　71
　フラビン——　71
　ヘム——　71

リポ——　71
リン——　71
断片化　73

チ

チアミン　113
チオール基　67
置換反応　14
チミン　118
中性糖　40
超遠心法　84
チョウ・ファスマン（Chou-Fasman）　75

テ

テトラサイクリン耐性遺伝子　131
転位反応　15
電子伝達系　152
電磁波分析法　25
転写　125

ト

等イオン点　63
糖鎖
　——工学　47, 50
　——生物学　47, 50
　N-グリコシド型——　50
　O-グリコシド型——　50
等電点　63
トコフェロール　111
トランスクリプトミクス　92
トリカルボン酸回路　148

ナ

内分泌細胞　157

ニ

ニコチン酸　114
二次元電気泳動　91
二次構造　77
二次メッセンジャー　155
二重らせん　121
乳酸　145
尿素回路　149
ニンヒドリン反応　64

193

索引

ヌ
ヌクレオシド 118, 119
ヌクレオチド 118, 119

ハ
配位子 87
配糖体 47
配列相同性 75
ハースの投視式 40
バソプレッシン 69
発酵 145
パントテン酸 115

ヒ
ビオチン 115
非還元性末端 43
ヒスタミン 164
ヒストン 70
ビタミン 109
　脂溶性── 110
　水溶性── 112
ビュレット反応 86
ピリドキシン 114
ピルビン酸 145, 146

フ
ファージ 129
　マクロ── 169
　λ── 129, 130, 132
　M 13── 130
フィッシャーの投影式 38
フィブロイン 84
フィリップ機構 75
フィロキノン 112
フェニルイソチオシアネート 64
フェノール 9
　──試薬 86
付加反応 14
複合糖質 47
複製フォーク 124
複素環式化合物 6
プテロイルグルタミン酸 116
プラーク 132
プリオン 79

プロタミン 70
プロテオグリカン 47, 49
プロテオミクス 90
プロテオーム 90
プロトンポンプ 154
プロラミン 70
分子病 73

ヘ
ベクター 129
ペプチド
　──結合 67
　──ホルモン 69
　オピオイド── 165
　オリゴ── 68
　ポリ── 68
ヘモグロビン 81, 82

ホ
芳香族化合物 5
ホルモン 155, 157
翻訳 125

ミ
ミオグロビン 81, 82
ミカエリス定数 100
ミカエリス・メンテン式 100
ミトコンドリア 152, 153

メ
メタボロミクス 92
2-メルカプトエタノール 67
免疫 169
　──凝集 176
　──グロブリン 170
　──系細胞 169

モ
モノクローナル抗体 173, 174
モノヨード酢酸 67

ユ
融解温度 122
誘導効果 98
油脂 53, 54

ユビキノン 152

ヨ

溶菌斑 132
葉酸 116

ラ

ラインウィーバー・バークプロット 100
ラギング鎖 125
ラジオイムノアッセイ 176
ラマチャンドラン（Ramachandran） 77
ラン藻 140
卵白リゾチーム 74

リ

リゾチーム 73
立体異性体 15,16,17
リーディング鎖 124
リボフラビン 113

レ

レチノール 110

ロ

ローリー法 86

ワ

ワトソン（Watson） 121

欧　文

ADP 150,151
AMP 151,161
ATP 150,151

α ヘリックス 77
BSE 79
β 構造 77
CIP 則 18
2-DE 91
DNA 118
　——ポリメラーゼ 124
　——リガーゼ 128,132
DNFB 65
DNP 法 65
DYDA 64
EcoRI 129,130
ELISA 177
FAB 84
FADH$_2$ 153
HPLC 91
IR 28
MALDI 84
MS 30
NADH 153
NMR 26
PDB 82
PTC 64
RNA 118
　——ポリメラーゼ 125
　m—— 125
　r—— 125
　t—— 125
SDS-PAGE 法 84
TCA 回路 148
Tm 122
X 線解析法 29

著者紹介

奥　忠武（農博）
1963年　日本大学農獣医学部卒業
現　在　日本大学大学院生物資源科学研究科教授

北爪　智哉（工博）
1975年　東京工業大学大学院理工学研究科修了
現　在　東京工業大学名誉教授

中村　聡（工博）
1980年　東京工業大学大学院理工学研究科修了
現　在　東京工業大学生命理工学院教授

西尾　俊幸（農博）
1983年　東京農工大学大学院農学研究科修了
現　在　日本大学大学院生物資源科学研究科教授

河内　隆（工博）
2000年　大阪大学大学院工学研究科修了
現　在　元日本大学大学院生物資源科学研究科専任講師

廣田　才之（農博）
1964年　日本大学理工学部卒業
現　在　日本大学名誉教授・中国農業大学客員教授

NDC 439　205 p　21 cm

生物有機化学入門

2006年3月10日　第1刷発行
2019年8月20日　第6刷発行

著　者　奥　忠武・北爪智哉・中村　聡
　　　　西尾俊幸・河内　隆・廣田才之
発行者　渡瀬昌彦
発行所　株式会社　講談社
　　　　〒112-8001　東京都文京区音羽2-12-21
　　　　　　　販　売　(03)5395-4415
　　　　　　　業　務　(03)5395-3615
編　集　株式会社　講談社サイエンティフィク
　　　　代表　矢吹俊吉
　　　　〒162-0825　東京都新宿区神楽坂2-14　ノービィビル
　　　　　　　編　集　(03)3235-3701
印刷所　星野精版印刷株式会社
製本所　株式会社国宝社

落丁本・乱丁本は、購入書店名を明記のうえ、講談社業務宛にお送り下さい。送料小社負担にてお取替えします。なお、この本の内容についてのお問い合わせは講談社サイエンティフィク宛にお願いいたします。定価はカバーに表示してあります。

Ⓒ T. Oku, T. Kitazume, S. Nakamura,
T. Nishio, R. Kawachi, S. Hirota, 2006

JCOPY　〈(社)出版者著作権管理機構　委託出版物〉

複写される場合は、その都度事前に(社)出版者著作権管理機構（電話 03-5244-5088、FAX 03-5244-5089、e-mail : info@jcopy.or.jp）の許諾を得て下さい。

本書のコピー、スキャン、デジタル化等の無断複製は著作権法上での例外を除き禁じられています。本書を代行業者等の第三者に依頼してスキャンやデジタル化することはたとえ個人や家庭内の利用でも著作権法違反です。

Printed in Japan
ISBN4-06-139816-4

講談社の自然科学書

エッセンシャル タンパク質工学

老川 典夫／大島 敏久／保川 清／三原 久明／宮原 郁子・著
B5・222頁・本体3,200円

エッセンシャル 構造生物学

河合 剛太／坂本 泰一／根本 直樹・著
B5・140頁・本体3,200円

エッセンシャル 食品化学

中村 宜督／榊原 啓之／室田 佳恵子・編著
B5・256頁・本体3,200円

京大発！ フロンティア生命科学

京都大学大学院生命科学研究科・編
B5・336頁・本体3,800円

生物工学系テキストシリーズ

バイオ系の学部3～4年生向けの教科書シリーズ。バイオの分野における学問の基礎、実験手法、応用までを幅広く学ぶことができる。企業の技術者や研究者にとっても最新の情報を得る好個の参考書。

新版 ビギナーのための 微生物実験ラボガイド

中村 聡／中島 春紫／伊藤 政博／道久 則之／八波 利恵・著
A5・224頁・本体2,700円

改訂 酵素 科学と工学

虎谷 哲夫／北爪 智哉／吉村 徹／世良 貴史／蒲池 利章・著
A5・304頁・本体3,900円

改訂 細胞工学

永井 和夫／大森 斉／町田 千代子／金山 直樹・著
A5・244頁・本体3,800円

バイオ機器分析入門

相澤 益男／山田 秀徳・編
A5・184頁・本体2,900円

生物化学工学 第3版

海野 肇／中西 一弘・監修
丹治 保典／今井 正直／養王田 正文／荻野 博康・著
A5・254頁・本体3,300円

生物工学序論

佐田 榮三／小林 猛／本多 裕之・著
A5・152頁・本体2,816円

表示価格は本体価格（税別）です。消費税が別途加算されます。　「2019年7月現在」

講談社サイエンティフィク　http://www.kspub.co.jp/